"十二五"职业教育国家规划教材

经全国职业教育教材审定委员会审定

高等职业院校精品教材系列

机械零件切削加工
（第2版）

韦富基　王大红　主　编

梁永福　副主编

韦　林　主　审

U0218009

电子工业出版社

Publishing House of Electronics Industry

北京·BEIJING

内 容 简 介

本书是在第 1 版教材《零件普通车削加工》得到广泛使用的基础上，根据最新行业调研与工学结合人才培养经验进行修订编写。全书按照企业实际工作技能需求，采用项目驱动方式教学，内容包括车削加工、铣削加工、磨削加工三个项目，共有 23 个典型加工任务。内容由浅入深、循序渐进，符合机械行业生产加工顺序。其中车削加工项目涵盖外圆、端面、台阶、内孔、圆锥、圆弧、沟槽、螺纹、特形面、细长丝杆、蜗杆、偏心工件、薄壁套等复杂零件的车削加工；铣削加工项目涵盖一般机械零件平面、凹凸模型零件、键槽与花键、孔系零件、齿轮等零件的铣削加工；磨削加工项目涵盖平面、外圆、内孔的磨削加工。全书围绕普通车床、铣床、磨床的操作，以实际零件的车、铣、磨加工工艺过程为主线，通过典型零件工艺分析和加工过程展开教学，达到理论学习与职业岗位技能训练相结合的目的。

本书为高等职业本专科院校机械制造、数控、模具、计算机辅助制造、机电一体化等专业的教材，也可作为开放大学、成人教育、自学考试、中职学校、岗位培训班的教材，以及工程技术人员的参考工具书。

本书配有免费的电子教学课件、思考题参考答案，详见前言。

图书在版编目（CIP）数据

机械零件切削加工 / 韦富基，王大红主编 . —2 版 . —北京：电子工业出版社，2015.9
高等职业院校精品教材系列
ISBN 978-7-121-26515-0

Ⅰ . ①机…   Ⅱ . ①韦… ②王…   Ⅲ . ①机械元件－金属切削－高等职业教育－教材   Ⅳ . ①TH13

中国版本图书馆 CIP 数据核字（2015）第 147209 号

策划编辑：陈健德（E-mail：chenjd@phei.com.cn）
责任编辑：徐　萍
印　　刷：涿州市般润文化传播有限公司
装　　订：涿州市般润文化传播有限公司
出版发行：电子工业出版社
　　　　　北京市海淀区万寿路 173 信箱　邮编 100036
开　　本：787×1 092　1/16　印张：17.5　字数：448 千字
版　　次：2010 年 3 月第 1 版
　　　　　2015 年 9 月第 2 版
印　　次：2025 年 2 月第 12 次印刷
定　　价：49.00 元

凡所购买电子工业出版社图书有缺损问题，请向购买书店调换。若书店售缺，请与本社发行部联系，联系及邮购电话：（010）88254888，88258888。

质量投诉请发邮件至 zlts@phei.com.cn，盗版侵权举报请发邮件至 dbqq@phei.com.cn。
本书咨询联系方式：chenjd@phei.com.cn。

第 2 版前言

我国现已成为世界性制造大国，需要大量的高素质技能型操作人才，高等职业院校为满足行业人才需求做了大量的工作，不仅要合理安排理论知识的学习，而且要注重企业岗位技能的训练，其中零件的车、铣、磨加工操作训练是机械类专业学生必须要掌握的职业技能。

随着高等职业教育教学改革的发展，需要建设更适合区域经济发展的专业课程，培养符合机械行业技能需求的高素质人才。作者在对行业企业进行深入调查研究的基础上，结合第 1 版教材《零件普通车削加工》的使用反馈意见和专家建议，根据国家示范建设项目新的课程改革成果，结合机械制造类专业人才培养方案和新的课程改革要求，把普通车削加工、铣削加工、磨削加工等机械切削加工工艺和实际操作技能训练进行整合，修订编写出以项目驱动教学的理实一体化教材。本书的主要特点如下：

1. 把常见机械零件从毛坯到成品所涉及的车削、铣削、磨削加工紧密联系起来，形成完整的实践训练过程，围绕工作过程开展教学；

2. 把车削、铣削、磨削三个工种的训练图样进行系统设计，实现上个工种的训练成品为下一工种训练的坯料；

3. 使整个加工工序设计与零件机械加工工艺课程相呼应，让学生对机械零件的加工工艺流程有全方位的了解并能亲自动手完成加工；

4. 注重提高学生综合能力，加强学生对零件制造工艺、公差与配合、质量管理等课程的学习效果，突显职业教育的特色；

5. 教材内容通俗易懂，图文并茂，方便教学，对车、铣、磨操作实训具有实质性的指导作用。

本教材由柳州职业技术学院从事三十年理论与实践教学经验的韦富基教授、王大红高级工程师任主编，由梁永福高级技师任副主编，由韦林副教授对全书进行主审，参加编写的还有：张映故高级实验师、毛丹丹讲师、蓝卫东讲师、甘达浙高级技师、罗炳钧高级技师、陈勇高级技师等。其中韦富基编写任务 1.1、任务 1.5、任务 1.8、任务 1.9、任务 2.7、任务 2.8，并修改和统稿全书；王大红编写任务 3.1、任务 3.2 及项目 3 的内容设计；梁永福提供部分素材并编写任务 2.1～2.4 等；阙燚彬编写任务 1.3、任务 1.11 等；张映故编写任务 1.2、任务 1.10 及附录的部分内容；蓝卫东编写任务 1.4、任务 1.7 等；甘达浙编写任务 2.5、任务 2.6；毛丹丹编写任务 1.1 的部分内容及附录的部分内容；罗炳钧、陈勇参与编写任务 3.3、任务 3.4 等内容。

由于时间紧张和编者水平，书中疏漏和错误之处在所难免，恳请读者批评指正。

为了方便教师教学，本书还配有免费的电子教学课件与习题参考答案，请有此需要的教师登录华信教育资源网（http://www.hxedu.com.cn）免费注册后进行下载，有问题时请在网站留言或与电子工业出版社联系（E-mail:hxedu@phei.com.cn）。

编 者

目 录

项目 **1**

零件的车削加工

任务 1.1 车工基本功训练

任务描述

学习车工操作，必须从基本功开始，也就是车工入门训练，入门训练内容主要有车床的基本操作与安全技术、车床的日常维护保养知识、车刀刃磨技术、量具的使用与保养、简单轴零件的车削技术等。本任务的车削训练以光轴、台阶轴、销轴为加工实例，通过本任务掌握最基本的车工操作技术，为后面进一步学好车工操作技能奠定基础。

技能目标

（1）能安全操作车床，能根据加工要求变换车床变速及变换走刀量，能对车床进行日常维护保养。

（2）懂得外圆车刀、切断刀的角度要求及刃磨技术，能按要求刃磨车刀。

（3）会用钢尺、游标卡尺、千分尺测量零件。

（4）能用自磨的车刀加工简单轴类零件，并能合理选择切削用量，按图样要求加工合格的轴类零件。

1.1.1 车工入门知识

车床是利用工件的旋转运动（主运动）和刀具的直线运动（从运动）来加工工件的。它主要是加工各种带有旋转表面的零件，最基本的车削内容有车外圆、车端面、切断和车槽、钻中心孔、钻孔、车孔、铰孔、车螺纹、车圆锥面、车成形面、滚花和盘绕弹簧等，分别如图 1.1.1 所示。如果在车床上装上其他附件和夹具，还可以进行镗削、磨削、研磨、抛光以及各种复杂零件的外圆、内孔等。因此，在机械制造工业中，车床是应用得非常广泛的金属切削机床之一。

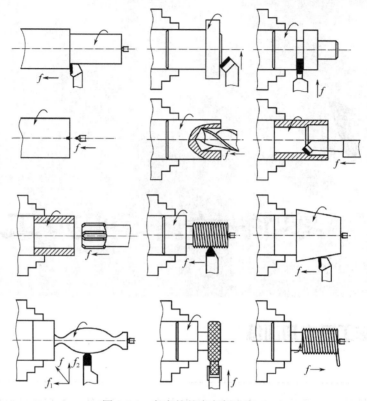

图 1.1.1 车床的基本车削内容

1. 卧式车床的型号

卧式车床的工艺范围很广，是最常用的一种车床，其通用特性代号为 C。如：C620（过去的命名），C6140。本项目内容以 CA6140 型卧式车床为例，其外形见图 1.1.2 所示。

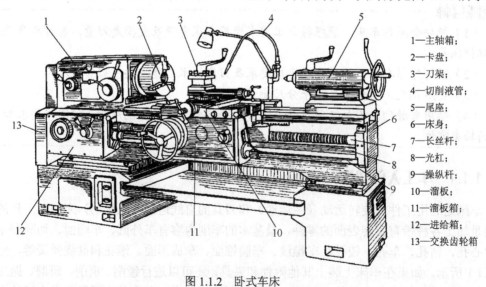

1—主轴箱；
2—卡盘；
3—刀架；
4—切削液管；
5—尾座；
6—床身；
7—长丝杆；
8—光杠；
9—操纵杆；
10—溜板；
11—溜板箱；
12—进给箱；
13—交换齿轮箱

图 1.1.2 卧式车床

CA6140 型卧式车床型号的代号和数字的含义：

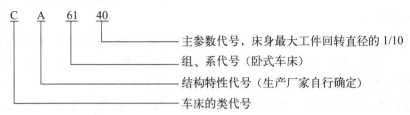

主参数代号，床身最大工件回转直径的 1/10
组、系代号（卧式车床）
结构特性代号（生产厂家自行确定）
车床的类代号

CA6140 型号的卧式车床，类代号 C 后的大写英文字母 A 是结构特性，表示对 C6140 型号车床而言主参数值相同，经改进，而结构性能不同，用 A 加以区别。结构特性代号由生产厂家根据需要确定。

2．卧式车床主要部件的名称和用途

1）床头部分

（1）主轴箱（床头箱）：主轴箱内有多组齿轮变速机构，通过调整变换箱外手柄的位置可使主轴得到各种不同转速。

（2）卡盘：用来装夹工件，带动工件一起旋转。

2）交换齿轮箱部分

交换齿轮箱部分的作用是把主轴旋转运动传送给进给箱，在必要时调换箱内齿轮后，可以车削各种不同螺距的螺纹。

3）进给部分

（1）进给箱：利用箱内的齿轮传动机构，把主轴传递的动力传给光杠或丝杠，变换箱外的手柄，可以使光杠或丝杠得到各种不同的转速。

（2）丝杠：用来车削螺纹。

（3）光杠：用来带动溜板箱，使车刀按要求方向作纵向或横向运动。

4）溜板部分

（1）溜板箱：变换箱外手柄的位置，在光杠或丝杠的传动下，使车刀按要求方向作进给运动。

（2）床鞍、中拖板及小拖板：床鞍与车床导轨精密配合，纵向进给时保证轴向精度。中拖板由它进行横向进给，并保证径向精度。小拖板可左右移动角度，车削锥度。

（3）刀架：用来装夹车刀。

5）尾座

尾座用来装夹顶尖和钻头、铰刀等刀具。

6）床身

床身是支承件，用来支承其他各部件。

7）附件

（1）中心架：车削较长工件时用来支撑工件。

（2）切削液管：用来浇注切削液。

3．车床操作规程

（1）开机前检查车床各部分机构是否完好，各手柄位置是否正确。检查所有注油孔，并进行润滑。然后低速运行两分钟，查看运转是否正常（冬天尤为重要）。若发现机床有异常响声，立即关机，检查修理（在手柄位置正确情况下）。

（2）熟悉图样和工艺文件，明确技术要求。如有问题，应及时与有关部门联系。

（3）检查毛坯在车削时余量是否足够（特别是铸件）。

（4）在使用三爪卡盘或四爪单动卡盘装夹工件时，必须确认装夹牢固后，方可慢速试车。装夹较重较大的工件时，必须在机床导轨面上垫上木板，防止工件突然堕下。

（5）在切削时，要正确选用各类车刀，当刀用钝（溅火星、切削成锯齿形）时，则不能继续切削，以防加重机床负荷，损坏车床，并使车削零件表面粗糙。

（6）根据工件材质、硬度、车削余量的大小，合理选择进给量及背吃刀量。

（7）工作时不任意让车床空转，不无故离开机床。若要离开机床，必须将机床关闭并切断电源。

（8）批量生产时，第一件工件车削完工后须得到检验认可后盖合格章，方可继续车削。以免造成工件批量报废。

（9）工作结束后，将所有用过的物件擦净归位。并清除车床上的切屑，擦净后按规定在加油部位加注润滑油。

4．车床的润滑

为了使车床在工作中减少机件磨损，保持车床的精度，延长车床的使用寿命，必须对车床上所有摩擦部位定期进行润滑。

根据车床各个零部件在不同的受力条件下工作的特点，常采用以下几种润滑方式：

（1）浇油润滑：车床露在外面的滑动表面，如车床的床身导轨面，中、小拖板导轨面和丝杠等，擦干净后用油壶浇油润滑。

（2）溅油润滑：车床齿轮箱内等部位的零件，一般是利用齿轮转动时把润滑油飞溅到各处进行润滑。注入新油时应用滤网过滤，油面不低于油标中心线。换油期一般为每三个月一次。

（3）油绳润滑：进给箱内的轴承和齿轮，除了用齿轮溅油进行润滑外，还靠进给箱上部的储油槽，通过油绳进行润滑。因此，除了需要注意进给箱油标里的油面高低外，每班次还需要给进给箱上部的储油槽适量加油一次。

（4）弹子油杯润滑：车床尾座中、小拖板摇手柄转动轴承部位，一般采用这种方式润滑。润滑时用油嘴将弹子掀下，滴入润滑油。弹子油杯润滑每班次至少加油一次。

（5）油脂杯润滑：车床交换齿轮箱的中间齿轮等部位，一般用油脂杯润滑。润滑时先在油脂杯中装满油脂，当拧进油杯盖时，润滑油脂就挤入轴承套内。油脂杯润滑每周加油一次，每班次旋转油杯一圈。

（6）油泵循环润滑：这种方式是依靠车床内的油泵供应充足的油量来进行润滑。

如图 1.1.3 所示是 CA6140 型卧式车床的润滑系统图。润滑部位用数字标出，图中所注②处的润滑部位用 2 号钙基润滑脂进行润滑，30处的润滑部位用 30 号机油进行润滑，每班加油一次，其余的所圈数字表示 L-AN46 全损耗系统用油润滑，如 46/50 表示 L-AN46 全损耗系统用油 46#机油/两班制换（加）油天数为 50 天。

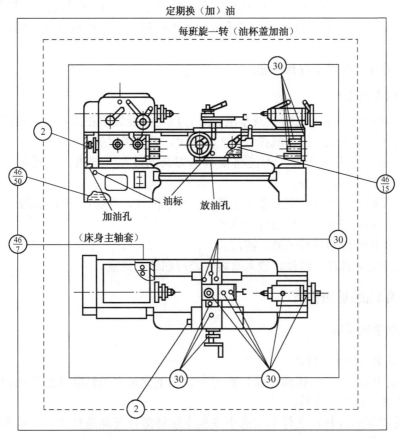

图 1.1.3　CA6140 卧式车床的润滑系统位置

由于长丝杠和光杠的转速较高，润滑条件较差，必须注意每班次加油，润滑油可以从轴承座上面的方腔中加入，如图 1.1.4 所示。

5. 车工的安全技术

操作时必须提高执行纪律的自觉性，遵守规章制度，并严格遵守下列安全技术：

（1）工作时应穿工作服，戴袖套，并经常保持清洁整齐。女同志应戴工作帽，头发或辫子应塞入帽内。车削金属零件前必须戴上防护眼镜。

图 1.1.4　丝杆、光杠轴承润滑

（2）正常车削时，操作者应站在刀架的右后方，不得正对卡盘近距离观看或头不应跟工件靠得太近，以防碎切屑溅入眼中或长切屑伤人。

（3）加工过程必须集中精力，不允许擅自离开机床或做与车床工作无关的事。手和身体不能靠近正在旋转的工件或车床部件的转动部位。

（4）工件和车刀必须装夹牢固，防止脱落飞出后伤人。卡盘必须有保险装置。

（5）不准用手去刹住转动着的卡盘。

（6）车床开动时，不能测量工件，也不要用手去摸工件的表面。

（7）清除切屑时，必须用专用的钩子进行清理，绝对不允许用手拉扯或清除切屑。

（8）工件装夹后，卡盘扳手必须随手取下。当棒料伸出主轴后端过长时，应使用料架或挡板。

（9）在车床上工作时不准戴手套。

6．车工的文明生产

（1）工作时所用的工、夹量具及车削工件，应尽可能集中在操作者的范围。量具不能直接放在机床的导轨面上，应摆放在专用工具架上，并分类摆放。

（2）工具箱内应分类布置，不能将量具与刀具同放在一层内。较重的工具应放在下面。工具箱应保持清洁、整齐。

（3）加工图样、工艺卡片应夹在工作盘上，便于阅读，并保持图样的整洁与完整。

（4）工件毛坯、已车削工件要分开堆放。

（5）机床周围应经常保持畅通、清洁。

（6）量具用完后擦净、涂油，放入盒内并及时归还工具室。

1.1.2 车床的基本操作

1．车床各手柄操纵

1）主轴箱变速和开、停车

（1）低速挡运转操作：接通电源，在停车状态下变换主轴转数挂到低速挡位，启动车床，操纵杠正转、停车、反转。

（2）中速挡运转操作：在停车状态下变换主轴转数挂到高速挡位，启动车床，操纵杠正转、停车、反转。

（3）高速挡运转操作：在停车状态下变换主轴转数挂到高速档位，启动车床，操纵杠正转、停车。特别注意，在高速挡时，不要在正转时突然操作反转，以免出现卡盘脱落飞出造成事故或车床离合器损坏。

2）走刀箱手柄操作

停车或低速状态（高速时不宜）变换进给箱外手柄位置，调整进给量练习。例：纵向走刀量 f_1=0.1、f_2=0.5，两种横向走刀量 f_3=0.08、f_4=0.18，调整手柄位置。

3）纵、横向溜板的手动操纵

切断电源，手动床鞍（大拖板）纵向往复移动，手动中滑板横向往复运动，手动小滑板短矩离纵向往复移动。要求进退刀方向正确，反应灵活，动作准确。并且快、慢分明，能模拟车削时走刀速度缓慢、匀速地移动滑板为合格。

4）纵、横向机动进给正反走刀练习

要求：主轴转速小于 400 转/分，按要领操作，并注意行程极限位置。先纵向机动进给的正向走刀、停止，变换反向纵向机动进给的走刀、停止；再进行横向机动进给的正向走刀、停止，变换横向机动进给的反向走刀、停止。反复练习至熟练掌握为止。

2. 卡盘与卡爪的拆装

卡盘分为单动卡盘和自定心卡盘。

单动卡盘俗称四爪卡盘，见图 1.1.5（a），四个爪分别由四个螺杆带动各自独立运动，因此，工件装夹时必须找正，使加工部位的旋转中心与车床主轴旋转中心重合，才能车削。找正工作比较麻烦，单动卡盘一般只用于夹持加工偏心工件、外轮廓为四方形或非对称的零件等。

（a）四爪卡盘　　（b）三爪心卡盘

图 1.1.5

自定心卡盘俗称三爪卡盘，见图 1.1.5（b），三个爪由一个平面螺纹带动同步运动，能自动定心，新卡盘只要安装合理，定心精度较高，工件装夹后一般不须找正。自定心卡盘用于夹持加工圆柱形工件，也可夹持正三棱柱形、正六棱柱形等工件。

四爪卡盘与三爪卡盘比较，前者加持力较大，但找正相对麻烦，对加工外轮廓不太平整或余量不均的铸件和锻件，四爪卡盘更适合。

1）四爪卡盘的拆装方法

四爪卡盘与法兰盘用四个内六角螺栓连接在一体，通过法兰盘的内螺纹与主轴连接，并装有一个防松扣，防止反转时松脱。可单独卸下卡盘，也可连同法兰盘一切卸下，卸法兰盘时，必须先松开防松扣的紧固螺钉，再取下防松扣才能退出法兰盘。可用卡盘扳手转动螺杆反时针旋转，把卡爪退出卡盘。

2）三爪卡盘的拆装方法

三爪卡盘用三个或六个内六角螺栓从背面连接法兰盘，法兰盘装卸与四爪卡盘的法兰盘装卸方法相同。三爪卡盘在使用过程中易被切屑堵塞，引起操作不灵，因此需要经常拆下清理。以下着重介绍三爪卡盘的拆装方法。

（1）准备工作：为了安全起见，先关掉车床电源。

（2）用卡盘扳手插入卡盘方孔，反时针转动扳手，三个卡爪同时向外退出，当卡爪伸出卡盘外约三分之二长度时，左手旋转卡盘扳手，右手准备接住其中一个先脱落的卡爪（逐一检查较松的那个），然后依次退出卡爪，按顺序摆放。

初学者注意：检查卡爪上有无号码，同一副卡爪应该在方槽中各有相同的一组号码，分别在槽的端头打有 1 或 2 或 3 字样，代表安装顺序。如果没有安装顺序号，可以根据卡爪夹持端到平面螺纹第一齿的距离长短来判别安装顺序，最短的为 1，次短的为 2，最长的为 3。

3）卡盘的拆装步骤

（1）准备工作：（先关掉车床电源）用一块木板横跨垫在车床导轨上，在主轴孔中插入一个长圆柱套筒，防止卡盘脱落砸伤手或导轨面。

（2）卸下卡盘：用相应尺寸的内六角扳手松开卡盘后面的紧固螺栓，把卡盘扳手插入方孔中，右手托住主轴孔中套筒的一端，左手握住卡盘扳手沿轴线反向向右轻轻冲击，直至卡盘松脱，双手取下卡盘。力气小的可请个帮手，但必须注意动作协调，防止被砸伤。

（3）拆卸卡盘内部零件：从卡盘背面松开后盖紧固螺钉和锥齿轮的限位螺钉，取出后盖和锥齿轮，用铜棒或木块平行冲出平面螺纹。如果卡爪因事先未取出，可把卡盘背面朝

下在木板上冲击，冲出平面螺纹。

（4）把卡盘内腔及拆卸下来的零件经擦拭干净，再按逆着拆卸的顺序装配及拧紧各部分螺钉。卡盘装上法兰盘以后，再按顺序安装卡爪。安装结束必须检查是否有误后，方能开机。

3．工件安装与找正练习

切削加工时，工件必须在机床夹具中定位和夹紧，使它在整个切削过程中始终保持正确的位置。工件的装夹方法和装夹速度，直接影响加工质量和劳动生产率。

1）工件在三爪卡盘上的装夹

三爪卡盘可安装正爪和反爪，装夹工件有夹或撑两种方式，如图 1.1.6 所示。

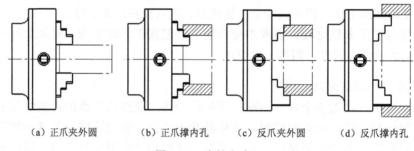

（a）正爪夹外圆　　（b）正爪撑内孔　　（c）反爪夹外圆　　（d）反爪撑内孔

图 1.1.6　夹持方式

三爪卡盘有自动定心功能，但夹持较长的工件时，远离卡盘端的旋转中心不一定与车床主轴旋转中心重合，这时必须找正。另外，由于存在卡盘使用时间较长而导致精度下降的情况存在，当工件加工精度要求又较高时，也需要找正。

以装夹毛坯ϕ50×100 mm 材料为例，三爪卡盘夹ϕ50 外圆，使毛坯伸出长度约 80 mm，轻微夹紧后进行找正。毛坯的找正方法有三种。

（1）目测粗略找正：启动车床，转速约 250 r/min，注视工件上表面晃动的虚影，用木槌轻敲上跳的表面虚影，直到工件转动平稳为好。

（2）用铜棒靠正：如图 1.1.7（a）所示，刀架上装夹一根铜棒（或其他软质材料），启动车床，转速约 100 r/min，移动中滑板使铜棒缓慢靠近工件表面，直到工件旋转稳定为好。

（3）用划针盘找正：如图 1.1.7（b）所示，划针盘放在中滑板上，调整划针尖靠近工件上表面，手动缓慢转动卡盘，注视工件上表面与划针尖的距离，用木槌轻敲工件找正，反复检查。

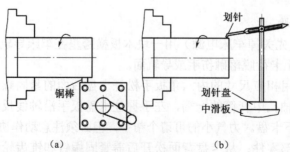

划针

铜棒

划针盘
中滑板

（a）　　　　　　　　　（b）

图 1.1.7　毛坯的找正

工件找正后再夹紧。

2）用四爪卡盘装夹零件

四爪卡盘适用于装夹形状不规则的工件，卡爪还可以反装，用来装夹直径较大的大型工件。熟练掌握工件找正方法，是操作者必须掌握的基本功。分下面三个步骤介绍。

（1）工件装夹：以毛坯ϕ50×100 mm 材料来装夹，先调整四个卡爪，使两两对应的距离略大于 50 mm，把工件置于卡爪里，伸出长度约 80 mm，分别对称逐一轻微夹紧。

（2）用划针盘找正：按图 1.1.8 所示方法，把划针盘放置在中滑板上，移动大拖板使划针靠近卡爪如图中位置 1，调整划针尖靠近工件上表面。手动缓慢转动卡盘，每当转到划针尖与卡爪对称中线对正时，注视工件上表面与划针尖的距离，与对面的卡爪比较，划针尖距离工件表面较远的那个爪稍微放松，而把对面的爪夹紧，如此对称地调整卡爪，使四个卡爪相对划针的位置与上工件表面的距离接近一致时为止；接着移动大拖板使划针移至如图中位置 2，比

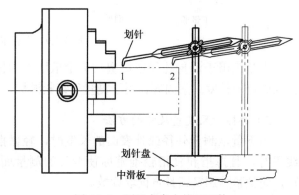

图 1.1.8　四爪卡盘上找正工件

较位置 1 和位置 2 两处工件表面与划针的距离，如果 2 处较近，用铜棒轻敲使工件偏离与 1 处相等，如果 2 处离得远，铜棒从工件下方（2 处的对边）往上轻敲；再把卡盘转过90°，同样的方法找正 2 处与 1 处工件表面与划针的距离一致。然后手动缓慢转动卡盘转过 360°，看工件表面与划针的距离是否一致，若不一致，稍加校正。再移动大拖板使划针回到 1 处，转动卡盘转过 360°检查是否有变化。按以上方法检查两端的圆跳动接近为止。

（3）四爪的夹紧：工件找正后，分别按对角交替逐渐夹紧。不能把其中一个夹紧再夹下一个，也不能按顺序夹紧，否则，夹紧后将产生偏摆。

注意： 300 mm 四爪卡盘的卡爪由具有 4 mm 螺距、矩形螺纹的螺杆来传递夹紧力，螺杆中间切出有环形槽，槽底的螺杆直径较小。当扭矩过大时，螺纹齿部或环形槽处很容易断裂，所以夹紧不能按三爪卡盘那样对四爪卡盘施力。

1.1.3　量具的使用与保养

常用量具有钢直尺、游标卡尺、千分尺等。测量精度较高的是千分尺，钢直尺的测量误差较大，一般只用于测量毛坯和一些不重要的尺寸。这里以游标卡尺、千分尺的使用进行介绍。

1. 游标卡尺的测量方法

1）游标卡尺各部分名称及用途

游标卡尺各部分名称见图 1.1.9 所示。

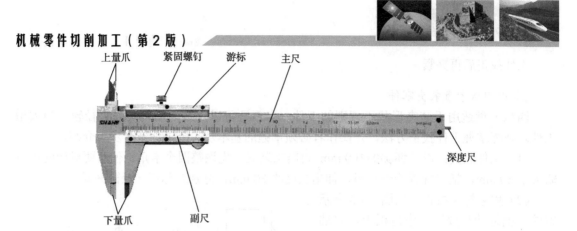

图 1.1.9 游标卡尺

上量爪用于测量孔径或槽宽，下量爪用于测量外径或外表面的长度，深度尺用于测量孔深或台阶长度。紧固螺钉用于测量后锁紧游标，防止读数变动。

2）游标卡尺度量尺寸的方法

用下量爪测量外径或外表面的长度时，轻微摆动主尺使卡尺的测量面与被测表面的素线平行，且拇指和食指轻推游标使卡尺的测量面与被测表面贴合。为了防止测量读数变动，先把紧固螺钉锁紧再读取读数。

用深度尺测量孔深或台阶长度时，主尺端面贴平被测要素端平面，使深度尺与被测长度方向平行，轻推游标使深度尺端面与台阶面重合。

3）游标卡尺读数的方法

如图 1.1.10（a）所示是 0.02 mm 精度的游标卡尺，以图例来说明读数方法，先读出副尺的基线所对主尺上的整数为 42 偏大些，应读为 42 mm，再找出副尺上与主尺上的线对齐的"2"右侧第一线（即左数第 11 根线），副尺上的小数度为 0.22 mm，最终读数应为 42+0.22=42.22 mm。

又如图 1.1.10（b）所示，先读出副尺的基线所对主尺上的整数为 50 偏小些，应读为 49 mm，再找出副尺上的"7"过两根线与主尺上的线对齐，副尺上的小数度为 0.74 mm，最终读数应为 49+0.74=49.74 mm。

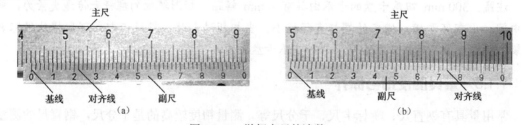

图 1.1.10 游标卡尺的读数

4）注意事项

（1）游标卡尺使用完毕，用棉纱擦拭干净。长期不用时应将它擦上黄油或机油，两量爪合拢并拧紧紧固螺钉，放入卡尺盒内盖好。

（2）游标卡尺是比较精密的测量工具，要轻拿轻放，不得碰撞或跌落地下。使用时不要用来测量粗糙的物体，以免损坏量爪，不用时应置于干燥的地方防止锈蚀。

（3）测量时，应先拧松紧固螺钉，移动游标时不能用力过猛。两量爪与待测物的接触不宜过紧，不能使被夹紧的物体在量爪内挪动。

（4）读数时，视线应与尺面垂直。如需固定读数，可用紧固螺钉将游标固定在尺身上，防止滑动。

2．外径千分尺测量外径的方法

1）外径千分尺各部分名称及用途

外径千分尺常简称为千分尺，它是比游标卡尺更精密的长度测量仪器，规格有 0～25、25～50、50～75 mm 等。如图 1.1.11 所示是量程 0～25 mm、分度值 0.01 mm 的千分尺。外径千分尺的结构由固定的尺架、量砧、锁紧装置、测微螺杆、固定套管、微分筒、测力装置等组成。固定套管上有一条水平线，这条线上、下各有一列间距为 1 mm 的刻度线，上面的刻度线恰好在下面二相邻刻度线中间。微分筒上有将圆周分为 50 等分的刻度线。

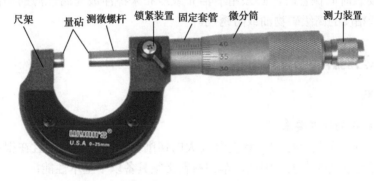

图 1.1.11　外径千分尺

根据螺旋运动原理，当微分筒（又称可动刻度筒）旋转一周时，测微螺杆前进或后退一个螺距 0.5 mm。当微分筒旋转一个分度（刻度线 1 格）后，它转过了 1/50 周，这时螺杆沿轴线移动了 1/50×0.5 mm=0.01 mm，因此，使用千分尺可以准确读出 0.01 mm 的数值。

2）外径千分尺测量的方法

用测微螺杆测量外径时，左手扶住尺架，右手转动测力装置，使千分尺的量砧测量面与被测表面的素线平行，慢慢旋转使量砧与工件测量面接触，测力装置的棘轮打滑发出声响后，右手一边左右前后轻微晃动尺身，一边转动测力装置使千分尺的测量面与被测表面贴合，此时测力装置的棘轮再发出声响，即可把锁紧装置手柄轻轻扳紧，左手持尺架平行慢慢地滑出工件表面，再读取读数。

3）外径千分尺的读数方法

如图 1.1.12（a）所示，微分筒端面对着固定套筒上主尺的读数"30"偏右些，先读为30 mm，再看固定套筒上的基线对准微分筒上的读数为"17"，读为 0.17 mm，最终读数应为 30+0.17=30.17（mm）。

如图 1.1.12（b）所示，与（a）图的读数不同，微分筒端面对着固定套筒上主尺的读数"30"，但下方的 0.5 刻线已经明显露出，所以固定套筒上主尺的读数为 30.5 mm，加上微分筒上的读数为 0.17 mm，最终读数应为 30.5+0.17=30.67 mm。

注意　读数时应注意看主尺下方的 0.5 mm 线是否露出，来判断主尺读数是否加上 0.5 mm。

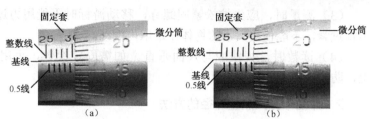

图 1.1.12　外径千分尺读数

4）注意事项

（1）外径千分尺是比较精密的测量工具，要轻拿轻放，不得碰撞或跌落地下。使用时不要用来测量粗糙的物体，以免损坏测量面，不用时应置于干燥的地方防止锈蚀。

（2）在使用后，不要使两个量砧紧密接触，而是要留出间隙（大约 0.5～1 mm）并紧锁。

（3）如果要长时间保管时，必须用清洁布或纱布来擦净成为腐蚀源的切削油、汗、灰尘等后，涂敷低粘度的高级矿物油或防锈剂。

1.1.4　车刀的种类与几何形状

1. 车刀材料

1）对车刀材料的性能要求

车刀切削部分在车削过程中，承受着很大的切削力和冲击力，并且在很高的切削温度下工作，连续经受强烈的摩擦。因此，车刀材料必须具备以下基本性能：

（1）高硬度。常温硬度一般要求在 HRC60 以上。

（2）耐磨性好。耐磨性是表示车刀材料抵抗磨损的能力。一般说来，刀具材料的硬度越高，耐磨性也越好。

（3）耐热性好。耐热性是指车刀在高温下仍能保持其切削性能的性能。

（4）足够的强度和韧性。由于车刀要承受较大的切削力和冲击力，因此车刀材料必须具有足够的强度和韧性，才能防止脆性断裂和崩刃。

（5）良好的工艺性。所谓工艺性，就是刀材料自身的加工工艺性能，如热处理性能、焊接性能等。

2）常用的刀具材料

目前主要常用的刀具材料有高速刚和硬质合金两大类。

（1）高速钢：高速钢是一种含钨（W）、铬（Cr）、钒（V）等合金元素较多的工具钢。热处理后硬度可达 HRC63～66，其耐热性较差，切削温度在 660 ℃以上时将急剧磨损，因此，只适宜于低速切削。

虽然高速钢的硬度、耐热性、耐磨性远不及硬质合金，但制造简单、刃磨方便、切削刃口锋利、物理性能稳定，因此，高速钢是制造成型刀具的主要材料，如麻花钻、铣刀、滚齿刀、插齿刀、铰刀、拉刀、锉刀、丝锥、板牙等。常用的高速钢牌号有 W18Cr4V、W9Cr4V2，前者使用最为广泛。

（2）硬质合金：硬质合金是由硬度和熔点很高的金属碳化物（WC、TiC、TaC、NbC

等）粉末和粘结剂（Co、Mo、Ni 等）经高压成型，并在真空炉或氢气还原炉中以 1 500 ℃的高温烧结而成的粉末冶金制品。

硬质合金常温下硬度为 HRA89～94（相当于 HRC74～84），耐磨性很好，尤其是它的热硬性高，即使在 1 000 ℃高温下仍能保持良好的切削性能。因此，硬质合金车刀的切削速度比高速钢车刀高 4～10 倍，能加工高速钢无法加工的材料。

硬质合金的缺点是，抗弯强度低、冲击韧性较差，但这些缺陷可通过刃磨合理的车刀切削角度来弥补。所以，硬质合金是目前应用最广泛的一种车刀材料。

硬质合金按其成分不同，常用的有以下几类：

① 钨钴类（WC+Co）硬质合金（代号 YG），是由碳化钨（WC）和钴（Co）组成。这类硬质合金具有较高的抗弯强度，导热性相对其他几类要好，但耐热性和耐磨性相对较差，适合加工脆性材料（如铸铁和有色金属）或冲击性较大的工件。牌号有 YG3、YG6、YG8，后面的数字是含钴量的百分数。YG8 适合于粗加工，YG6 适合于半精加工，YG3 适用于精加工。细晶粒的 YG 类硬质合金有 YG3X、YG6X，在含钴量相同条件下，YG3X、YG6X 的硬度和耐磨性比 YG3、YG6 高，但抗弯强度和韧性稍差。

② 钨钛钴类（WC+TiC+Co）硬质合金（代号 YT），是由碳化钨（WC）、碳化钛（TiC）和钴（Co）组成，其硬度和耐磨性比 YG 类合金高，抗粘附性较好，能承受较高的切削温度，所以适用于加工钢或其他韧性较大的塑性材料。但导热性能较差，抗弯强度低，不耐冲击，因此不宜加工脆性材料。钨钛钴合金常用牌号有 YT5、YT15、YT30 等，牌号后面的数字是含碳化钛量的百分数，YT5 适用于粗加工，YT15 适合于半精加工和精加工，YT30 适用于精加工。

③ 钨钽钴类（WC+TaC+Co）硬质合金（代号 YA），是在 YG 类合金的基础上添加 TaC 或 NbC 派生出来，TaC 或 NbC，能细化晶粒，提高常温、高温下的硬度与强度、耐磨性、冲击韧性和抗氧化能力。常用牌号有 YA6，A 表示含 TaC（NbC）的 YG 类合金，可用于加工铸铁和不锈钢。

④ 钨钛钽钴类（WC+TiC+TaC+Co）硬质合金（代号 YW），是在 YT 类合金基础上添加适当的 TaC 或 NbC 派生出来的，比 YT 类合金提高了硬度、抗弯强度、疲劳强度、冲击韧性、高温硬度及抗氧化能力，既可以加工钢，又可加工铸铁（可锻铸铁、球墨铸铁、合金铸铁）及有色金属，因此称为通用硬质合金（又称万能硬质合金）。目前主要用于加工耐热钢、高锰钢、不锈钢等难加工材料。常用牌号为 YW1 和 YW2，W 表示通用合金。YW1 适用于半精加工和精加工，YW2 适用于粗加工。

2．车刀的种类与用途

1）车刀的种类

车刀按材料分高速钢车刀、硬质合金车刀和特殊材料车刀。

按车削加工内容可分为外圆车刀、端面车刀、切断刀、内孔车刀和螺纹车刀等，如图 1.1.13 所示。本项目只介绍外圆车刀、端面车刀、切断刀。

2）车刀的用途

（1）90°外圆车刀：用于车削工件的外圆、端面和台阶，如图 1.1.14 所示。

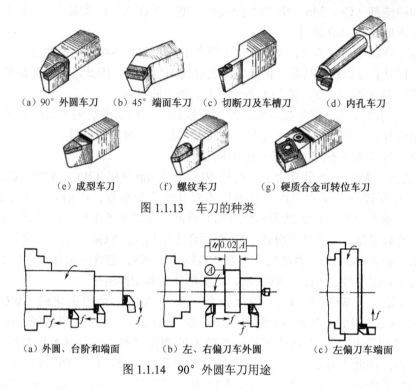

图 1.1.13　车刀的种类

图 1.1.14　90°外圆车刀用途

（2）45°端面车刀：用于车削工件的外圆端面和倒角，如图 1.1.15（a）所示。

（3）切断刀及切槽刀：切断刀用于切断工件，切槽刀用于车削工件的沟槽，如图 1.1.15（b）、（c）所示。

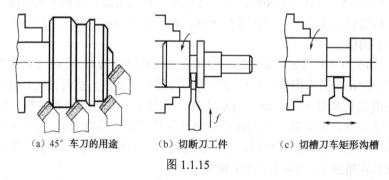

图 1.1.15

（4）内孔车刀：用于车削工件的内孔。

（5）成型车刀：用于车削工件台阶处的圆角和圆槽或车削成型面工件。

（6）螺纹车刀：用于车削各种不同规格的内外螺纹。

（7）硬质合金可转位车刀：这种车刀不需焊接，刀片用机械紧固方式装夹在刀柄上。在车削过程中，当一个刀尖磨损后，不需刃磨，只需松开夹紧装置，将刀片转过一个角度，即可重新继续切削，提高刀柄利用率。这种车刀可根据车削内容不同，选用不同形状和角度的刀片，从而组成外圆车刀、端面车刀、切断刀和车槽刀、内孔车刀和螺纹车刀等，是目前国内外应用很广泛的刀具。

3. 车刀的几何形状

1）车刀的组成部分

车刀是由刀头（或刀片）和刀杆两部分组成。刀头部分担负切削工作，故称切削部分，刀杆用于把车刀安装在刀架上。刀头由以下几部分组成，见图 1.1.16 所示。

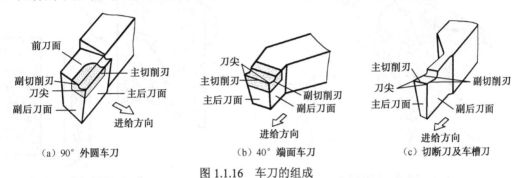

（a）90°外圆车刀　　　　（b）40°端面车刀　　　　（c）切断刀及车槽刀

图 1.1.16　车刀的组成

（1）前面：切屑流出时所经过的刀面。

（2）后面：有主后面和副后面之分。主后面是车刀相对着加工表面的刀面，副后面是车刀相对着已加工表面的刀面。

（3）主刀刃：前面与主后面的交线，担负主要切削工作。

（4）副刀刃：前面与副后面的交线，担负次要切削工作。

（5）刀尖：主刀刃与副刀刃的交点。

（6）过渡刃：主刀刃与副刀刃之间的刀刃称过渡刃，见图 1.1.17（a）过渡刃有直线型和圆弧型两种。

（7）修光刃：副刀刃前端一窄小的平直刀刃称修光刃，见图 1.1.17（b）。

所有车刀都有上述组成部分，但数目不完全相同，典型的外圆车刀由三面二刃一刀尖组成，而切断刀则由四面三刃两刀尖组成。此外，根据不同用途的车刀，刀刃可以是直线的，也可以是曲线的。

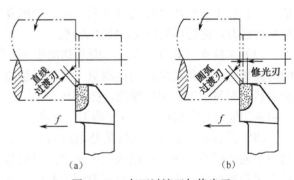

（a）　　　　　　　（b）

图 1.1.17　车刀过渡刃与修光刃

2）辅助平面

为了确定和测量车刀的几何角度，需要设想以下三个辅助平面作为基准，即切削平面、基面和截面，见图 1.1.18。

（1）切削平面：通过刀刃上某一选定点，切于工件加工表面的平面。图 1.1.18（a）中的 *BCDE* 平面即为 *A* 点的切削平面。

（2）基面：通过刀刃上某一选定点，垂直于该点切削速度方向的平面。如图 1.1.18（a）中的 *FGHI* 平面即为 *A* 点的基面。对于车削基面一般是通过工件轴线的。

（3）截面：通过切削刃选定点并同时垂直于基面和切削平面的平面，如图 1.1.18（a）

右图中的 P_o—P_o 平面是通过主切削刃的截面，称为主截面；P'_o—P'_o 是通过副切削刃上的截面，称为副截面。图 1.1.18（b）是主截面中获得的车刀角度，有前角 γ_0 和主后角 α_0。

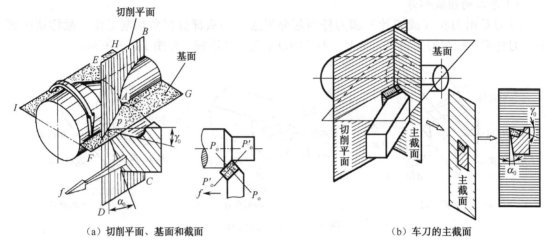

（a）切削平面、基面和截面　　　　（b）车刀的主截面

图 1.1.18　辅助平面

3）车刀的主要角度和作用

外圆车刀的六个主要角度：前角（γ_0）、主后角（α_0）、副后角（α'_0）、主偏角（κ_r）、副偏角（κ'_r）、刃倾角（λ_s）的标注方法见图 1.1.19。

（1）前角（γ_0）：前刀面与基面之间的夹角。前角的主要作用是使刃口锋利，减少切削变形和磨擦力，使切切削轻松，排屑方便。

（2）主后角（α_0）：主后刀面与切削平面之间的夹角。主后角在主截面内测量，其作用是减少主后刀面与加工表面的摩擦，改变其大小，将影响主切削刃的锋利程度，并影响刀尖强度。

（3）副后角（α'_0）：副后角是副后刀面与副切削平面之间的夹角，在副截面内测量。副后角的作用是减少副后刀面与已加工表面的摩擦，改变其大小，影响刀尖强度和零件的表面粗糙度。

（4）主偏角（κ_r）：主刀刃在基面上的投影与走刀方向的夹角，在基面内测量。改变其大

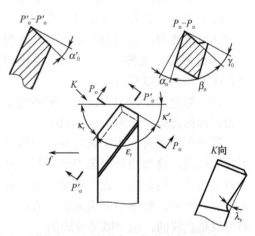

图 1.1.19　外圆车刀的六个主要角度

小，可改变切削层厚度和宽度，从而改变刀具与工件的受力情况和刀头的散热条件。

（5）副偏角（κ'_r）：副刀刃在基面上的投影与背离走刀方向之间的夹角，在基面内测量。改变其大小，可改变副切削刃与工件已加工表面之间接触长度，直接影响已加工表面残留面积的高度，从而影响零件表面粗糙度。

（6）刃倾角（λ_s）：主刀刃与基面之间的夹角，在切削平面内测量。它的变化可以控制切屑流向并影响刀头强度。

当主刀刃和基面平行时，刃倾角为零度（$\lambda_s=0$），切削时切屑垂直于主刀刃方向流出，

见图 1.1.20（a）。当刀尖是主刀刃最高点时，刃倾角为正值（$+\lambda_s$），切削时切屑流向待加工表面，图 1.1.20（b），车出的工件表面粗糙度较小，但刀尖强度差，不耐冲击。当刀尖是主刀刃最低点时，刃倾角为负值（为 $-\lambda_s$），切屑流向已加工表面，见图 1.1.20（c），容易擦伤已加工表面，但刀尖强度好，耐冲击。

车刀的上述六个角度为基本角度，此外，还有两个派生角度楔角（β）和刀尖角（ε_r），可以通过计算得出。

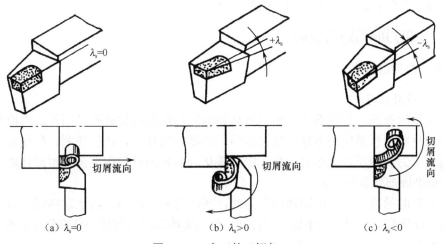

（a）$\lambda_s=0$　　　　　　　（b）$\lambda_s>0$　　　　　　　（c）$\lambda_s<0$

图 1.1.20　车刀的刃倾角

（1）楔角（β）：在主截面内前刀面与后刀面之间的夹角，其大小影响刀尖强度和散热条件。其计算公式为：

$$\beta = 90° - (\alpha_0 + \gamma_0) \tag{1-1}$$

（2）刀尖角（ε_r）：主刀刃和副刀刃在基面上投影间的夹角，其大小影响刀头强度和散热条件。其计算公式为：

$$\varepsilon_r = 180° - (\kappa_r + \kappa_r') \tag{1-2}$$

4）车刀主要角度的初步选择

正确选择车刀角度，对于保证零件的加工质量和提高生产效率是十分重要的，由于车刀角度的选择不仅和切削用量有关，而且和刀具材料及被加工件材料都密切相关，所以，选择车刀角度，务必要多方考虑，综合分析，特别要考虑工件材料的性质。下面提供几种主要角度的选择原则。

（1）前角（γ_0）：前角的大小与工件材料、加工性质及刀具材料有关，特别是工件材料影响最大。选择前角大小的口诀为：软料取大硬料小，塑（性）料取大脆料小。韧料取大不宜小，精车取大粗车小。高速刚刀大前角，合金车刀前角小。

（2）后角（α_0）：选择后角要考虑车刀强度和工件表面粗糙度，后角太大，车刀强度差，后角太小，会使车刀后面与工件表面增加摩擦，影响工件表面粗糙度。选择后角口诀为：粗加工时强度高，后角勿大应取小。工件料软大后角，料硬后角宜取小。

（3）主偏角（κ_r）：选择主偏角要考虑刀尖强度、刀头散热条件、工件径向抗力等因素。主偏角的选择口诀为：材料很硬刚性好，避免取大宜取小。刚性较差细长轴，宜取大值不取小。多台阶件批量少，宜取大值通用刀。

（4）副偏角（κ_r'）：选择副偏角的大小主要是考虑减小工件的表面粗糙度和刀具的耐用度。副偏角太大时，刀尖角就减小，影响刀头强度。副偏角一般采用 6°～8°，但当加工中间切入的工件时，副偏角应取得较大，采用 45°～60°。

（5）刃倾角（λ_s）：选择刃倾角的大小主要是考虑刀尖强度和切削流向。一般车削时，选择零度刃倾角；断续切削和强力切削时，为了增加刀头强度，刃倾角应取负值；精车时，为了减小工件表面粗糙度值应取正值。

1.1.5 车刀的刃磨与安装

1. 车刀的刃磨技术

1）车刀刃磨练习

（1）砂轮的选择：常用磨刀砂轮有氧化铝砂轮和绿色碳化硅砂轮两种。刃磨车刀时，要根据车刀材料的性质选用砂轮，氧化铝砂轮的砂粒韧性好，比较锋利，但硬度低，适用刃磨高速钢车刀和硬质合金车刀刀杆。绿色碳化硅砂轮的砂粒硬度高，耐磨性能好，但较脆，用来刃磨硬质合金车刀。

（2）刃磨时的冷却：刃磨高速钢车刀时，要注意充分冷却，防止发热退火而降低刀具硬度；刃磨硬质合金车刀一般不能进行冷却，如确需冷却时，可将刀杆部分浸在水中。

（3）磨刀一般有如下几个步骤。

① 粗磨焊渣：先把车刀前面、后面的焊渣磨去，磨削时采用氧化铝砂轮。

② 粗磨刀杆：刃磨主、副后面的刀杆部分时，其后角应比所要求的刀片角度大 2～3度，以便刃磨刀片上的后角，刃磨采用氧化铝砂轮。

③ 粗磨刀片：粗磨刀片的主后刀面和副后刀面，采用粗粒度的绿色碳化硅砂轮，刃磨位置要接近砂轮的中心位置。先刃磨主后刀面，保证主偏角和主后角；再磨副后刀面，保证副偏角和副后角，如图 1.1.21 所示。

④ 磨断屑槽：断屑槽一般有直线型、圆弧型和直线圆弧型三种形状。刃磨时先磨平前刀面再磨断屑槽。刃磨时，有刀尖朝下或刀尖朝上两种磨法，如图 1.1.22 所示。刀尖朝下的磨法，刀尖和副刀刃容易出现小崩口，只用于粗磨，不能左右转动。

  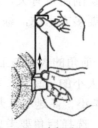 

(a) 刃磨主偏角和主后角　　(b) 刃磨副偏角和副后角　　　(a) 刀尖朝下　　　(b) 刀尖朝上

图 1.1.21 刃磨后刀面　　　　　　　　　　　图 1.1.22 磨断屑槽

⑤ 精磨主后刀面和副后刀面：精磨主后刀面时必须兼顾主偏角和主后角，精磨副后刀面时必须兼顾副偏角和副后角。

⑥ 磨过渡刃：过渡刃有直线形和圆弧型两种。

⑦ 磨负倒棱：车刀负倒棱倾斜角度为-5°，宽度 $b=(0.4～0.8)f$，如图 1.1.23（a）所示。刃磨时手要拿得稳，前刀面与砂轮侧平面形成-5°，且主切削刃与侧平面平行（使刃倾角为 0°），刀刃慢慢靠近砂轮，轻微接触即可磨出负倒棱，如图 1.1.23（b）所示。

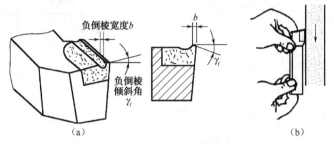

图 1.1.23　90°车刀倒棱

（4）车刀刃磨时的注意事项：

① 砂轮刚启动时，不要立即磨刀，待运转平稳后再磨。如果磨削表面过大跳动，应采用金刚石砂轮笔修正后再刃磨。

② 砂轮表面应经常修整，使砂轮的外圆及端面没有明显跳动。

③ 必须根据车刀材料来选择砂轮种类，否则将影响刃磨效果。

④ 刃磨车刀各面时，应按砂轮旋转方向由刃口向刀体磨削（即刃口朝上），以免造成崩刃现象。

⑤ 在平行砂轮上磨刀时，尽量避免使用砂轮的侧面，在杯形砂轮上磨刀时，尽量避免使用砂轮的内圆和外圆。

⑥ 刃磨时，手握车刀要平稳，压力不能太大，并要不断左右移动车刀，这样可使车刀受热均匀、砂轮表面平直。

⑦ 磨刀结束后应随手关闭砂轮机电源。

（5）车刀刃磨安全知识：

① 砂轮必须装有防护罩。

② 砂轮托架和砂轮之间的间隙不能太大，以避免车刀嵌入而发生事故。也不准在没有安装托架的砂轮上磨刀。

③ 磨刀前应戴防护眼镜，刃磨刀具时，不要正对着砂轮站立，应站在砂轮侧面，可防止万一砂轮破碎飞出伤人。

④ 磨刀时不能用力过猛，以防打滑伤人。

⑤ 磨刀用的砂轮不应磨其他物件。

2）粗车刀和精车刀要求

车削轴类工件时，一般可以分为粗车和精车两个阶段。粗车是为了提高劳动生产率，高速度地将毛坯上的车削余量的大部分车去。所以除了留一定的精车余量外，并不要求工件达到图样要求的尺寸精度和表面粗糙度。精车必须达到图样或工艺上规定的尺寸精度、形位精度和表面粗糙度。

小作业

（1）刃磨如图 1.1.24 所示的 45° 与 90° 高速钢车刀。

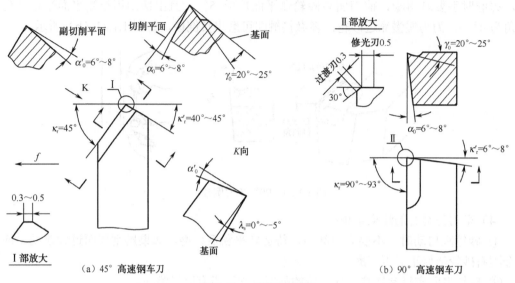

图 1.1.24　高速钢车刀

（2）刃磨如图 1.1.25 所示的 45° 与 90° 硬质合金车刀。

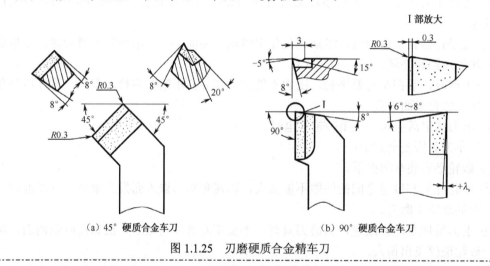

图 1.1.25　刃磨硬质合金精车刀

由于粗车和精车目的不同，因此对车刀的要求也不一样。

（1）粗车刀的要求：粗车刀必须适应粗车时切削深、进给快的特点，主要要求车刀有足够的强度，能在一次进给车去较多的余量。

选择粗车刀几何参数的一般要求是：

① 为了增加刀头强度，前角 γ_0 和后角 α_0 应小些。但必须注意，前角过小会使切削力增大。

② 主偏角（κ_r）不宜过小，否则容易引起车削振动。当工件外圆形状许可时，主偏角最好选用 75° 左右，此时，刀尖角（ε_r）较大，能承受较大的切削力，而且有利于切削刃

散热。

③ 一般粗车时采用-3°～-8°的刃倾角（λ_s），以增强刀头的强度。

④ 为了增强切削刃强度，主切削刃上应磨有倒棱，其宽度 $b_{r1}=(0.5\sim0.8)f$，倒棱前角 $\gamma_{01}=-(3°\sim6°)$。

⑤ 为了增加刀尖的强度，改善散热条件，使车刀耐用，刀尖处一般应磨有过渡刃。一般采用直线型过渡刃，过渡刃长度取 0.5～2 mm。

（2）精车刀的要求：精车时要求达到工件的尺寸精度和尽可能小的表面粗糙度，并且切去的金属较少，因此要求车刀锋利，切削刃平直光洁，刀尖处必要时还可磨修光刃。切削时必须使切屑流向工件的待切削表面。

选择精车刀几何参数的一般要求是：

① 前角（γ_0）应大些，使车刀锋利，切削轻快。

② 后角（α_0）也应大些，以减少车刀和工件之间的摩擦。

③ 为了减小工件的表面粗糙度，应取较小的副偏角（κ_r'）或在刀尖处磨修光刃。修光刃长度一般为（1.2～1.5）f。

④ 为了控制切屑流向待加工表面，应选取正值刃倾角（$\lambda_s=3°\sim5°$）。

⑤ 精车塑性金属时，前刀面应磨有相应宽度的断屑槽。

2. 车刀安装

1）对车刀安装高度的要求

车刀安装时，刀尖应对准工件回转中心高。如图 1.1.26（a）所示，刀尖对准工件中心安装时，设切削平面（包含切削速度 v_c 的平面）与车刀底面相垂直，则基面与车刀底面平行，刀具径向工作前角和工作后角等于静态时的角度。如果刀尖不对准工件回转中心高，将对车刀工作角度乃至切削产生较大的影响。

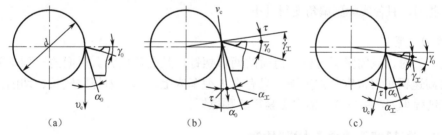

图 1.1.26 车刀安装高低对工作角度的影响

（1）车刀安装高度对车刀工作角度的影响如下。

① 刀尖装夹得高于工件中心时，如图 1.1.26（b）所示，切削速度 v_c 所在平面（即切削平面）倾斜一个角度 τ，则基面也随之倾斜一个角度 τ，从而使工作前角 $\gamma_工$ 比静态前角 γ_0 增大了，即 $\gamma_工=\gamma_0+\tau$；工作后角 $\alpha_工$ 比静态后角 α_0 减小了，即 $\alpha_工=\alpha_0-\tau$。

② 刀尖装夹得低于工件中心时，如图 1.1.26（c）所示，则工作前角 $\gamma_工$ 比静态前角 γ_0 减小了，即 $\gamma_工=\gamma_0-\tau$，工作后角 $\alpha_工$ 比静态后角 α_0 增大了，即 $\alpha_工=\alpha_0+\tau$。

（2）车刀安装高度对车端面的影响如下。

① 车刀安装高于工件回转中心时，如图 1.1.27（a）所示，工件表面顶住车刀后刀面，

无法切削，若强行进刀，将顶偏工件或造成崩刀。

② 车刀安装低于工件回转中心时，如图 1.1.27（b）所示，无法车平端面，且车刀接近工件中心时，切削速度的分力使车刀突然扎向工件，使工件抬起引起打刀现象。

（3）车刀安装高度对车外圆表面质量的影响如下。

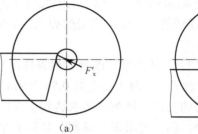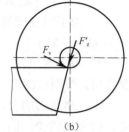

图 1.1.27　车刀安装高度对车端面的影响

① 当车刀安装高度大于工件回转中心时，径向工作前角变大，而径向工作后角变小，使后刀面与工件已加工表面产生摩擦，导致已加工表面产生鳞刺，表面粗糙度变大。

② 当车刀安装低于工件回转中心时，径向工作后角变大，但径向工作前角变小，使车削受挤压，排屑不顺，容易产生积屑瘤，同样使已加工表面粗糙度变大。

因此，装刀时必须调整车刀刀尖与工件回转中心等高，且用于调整车刀高度的垫块要平整，垫块数量少而厚，确保夹紧后车刀高度不变，切削受力不易变形。避免采用多块薄片的垫块，造成车刀安装不牢靠。

2）对刀杆伸出长度的要求

安装车刀时，刀杆伸出长度太短，不便观察，伸出太长，则影响车刀刚性。一般刀杆伸出长度约等于刀高的 1.5 倍左右为宜。

3）对主偏角安装角度的要求

对车削台阶轴，安装 90° 外圆车刀时，应注意车刀实际主偏角为 90°～93°。

安装时，若实际主偏角<90°，无法加工垂直的台阶。若实际主偏角>93°，切削过程容易产生扎刀，且使实际副偏角变得过小。

4）车刀夹紧

夹紧车刀时，只需紧固刀位上前面的两颗螺钉，且交替加力。后面的一颗不要上紧，特别是对高速钢车刀很容易被夹断。只有在大型车床上，由于刀杆比较长、切削力大，为防止加工过程车刀产生位移，需要上紧第三颗螺钉。

1.1.6　车削加工表面与切削用量

1. 车削时的加工表面

在车削过程中，工件上通常有三个处于变动的表面，见图 1.1.28。

（1）待加工表面：就是将被切除的余量层表面。

（2）已加工表面：工件经切削后产生的新表面。

（3）过渡表面：由切削刃在工件上形成的那部分表面，它总是位于待加工表面和已加工表面之间。

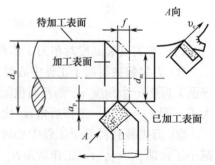

图 1.1.28　车削时的加工表面

2. 切削用量

切削用量是表示主运动及进给运动大小的参数，它包括切削深度、进给量和切削速度三要素。合理地选择切削用量，能提高车削加工的质量和劳动生产率。在实际生产中，根据工件材料、刀具材料和加工要求等因素选定切削用量的大小，可参考表 1-1 来选择切削用量参数。

表 1-1　车削加工切削速度及进给量选择参考表

被加工材料		a_p（mm）	高速钢刀具		硬质合金刀具	
名称	硬度 HBS		v_c（m/min）	f（mm/r）	v_c（m/min）	f（mm/r）
碳钢	低碳 125～225	1	43～46	0.18	140～150	0.18
		4	30～43	0.4	115～125	0.5
		8	27～30	0.5	88～100	0.75
	中碳 175～275	1	34～40	0.18	115～130	0.18
		4	23～30	0.4	90～100	0.5
		8	20～26	0.5	70～78	0.75
	高碳 175～275	1	30～37	0.18	115～130	0.18
		4	24～27	0.4	88～95	0.5
		8	18～21	0.5	69～76	0.75
铸铁	160～260	1	26～43	0.18	84～135	0.18～0.25
		4	17～27	0.4	69～110	0.4～0.5
		8	14～23	0.5	60～90	0.5～0.75

（1）切削深度 a_p：切削深度也称背吃刀量，是工件上已加工表面与待加工表面之间的垂直距离，单位为 mm。

切削深度 a_p 的计算公式如下：

$$a_p=（d_w-d_m）/2 \qquad (1-3)$$

式中：d_w 为工件待加工表面直径（mm）；d_m 为工件已加工表面直径（mm）。

实例 1-1　现有一根直径为 80 mm 的棒料，一次进给至 73 mm，求背吃刀量 a_p。

解　根据公式（1-3）得：

$$a_p=（d_w-d_m）/2=（80\ mm-73\ mm）/2=3.5\ mm$$

切削深度 a_p 的选择原则：粗加工时，为了尽快车去多余的材料应尽可能取大值；精加工时，为了满足零件的表面质量要求，尽量取小值。要合理选择还要根据加工情况来定。

① 粗加工的切削深度选择依据：粗加工时，根据被加工材料的性质，再根据车床动力和刚性、刀具材料和刀杆强度与刚性、工件刚性来选择切削深度。只要上述条件和零件的加工余量允许的情况下，尽可能取较大的切削深度。

例如，粗加工中碳钢材料，刀具是硬质合金材料，在 C6140 车床上加工，根据表 1-1，可选择切削深度 a_p=4 mm。硬质合金车刀精加工切削深度一般在 0.15～0.3 mm。

② 精加工的切削深度选择依据：精加工时，根据被加工零件的尺寸精度和表面粗糙度要求选择切削深度，尺寸精度高、表面粗糙度值小的表面选择较小的切削深度，相反取稍大些。

（2）进给量 f：是指工件每转一转车刀沿进给方向移动的距离，单位为 mm/r，也称走刀量。

进给量有纵向进给和横向进给量两种，沿车床床身导轨方向的是纵向进给量；垂直于车床床身导轨方向的是横向进给量。进给量 f 的大小直接影响零件加工的表面粗糙度。

进给量 f 的选择原则：粗加工时，在确定了切削深度后，车床动力及刚性、刀具材料和刀杆强度与刚性允许的前提下尽可能取大值；精加工时，在满足零件表面加工质量要求的前提下取相应值。

例如，粗加工实例 1-1 中的零件，已参考表 1-1 确定了切削深度，对应表中选择进给量最大值为 $f_{max}=0.5$ mm/r，若系统刚性和刀具条件差些，应略取小一些。精车时表面粗糙度要求如果为 $Ra3.2$ μm，进给量取 0.08 mm/r，当刀尖圆弧较大的情况下，可略取大些。

（3）切削速度 v_c：是指主运动的线速度，单位是 m/min。

车削时切削速度为：

$$v_c = \pi\, d_w n / 1\,000 \tag{1-4}$$

式中：d_w 为工件待加工表面直径（mm）；n 为车床主轴每分钟转速（r/min）。

车削时，工件做旋转运动，切削刃上不同的点切削速度也不同。在计算时，以刀具切削状态的最大直径作为计算切削速度的 d_w 值。如车削外圆时就应以待加工表面的直径为准。

实例 1-2 车削直径 60 mm 工件的外圆，车床主轴转速为 600 r/min。求切削速度 v_c。

解 根据公式（1-4）得：

$$v_c = \pi\, dwn / 1\,000 = 3.14 \times 60 \times 600 / 1\,000$$

$$v_c \approx 113 \text{ m/min}$$

在实际生产中，通常是由图样已知加工工件直径和工件材料以及加工要求，然后选择刀具种类及牌号，再根据车床及加工系统情况各因素选定切削深度，再选定进给量，后选择切削速度，最后将切削速度换算成车床主轴转速。

实例 1-3 在 C6140 车床上，用硬质合金车刀粗车毛坯直径 75 mm 的工件外圆，材料为 45 钢，切削深度 $a_p=4$ mm，试确定车床主轴的转速 n。

解 根据加工中碳钢、$a_p=4$ mm、刀具为硬质合金，由表 1-1 查得 $v_c=90 \sim 100$ m/min，因为是粗车，所以选定切削速度为 90 m/min。

根据公式（1-4）$v_c = \pi\, dwn / 1\,000$ 得：

$$n = 1\,000\, v_c / \pi\, dw$$

$$n = 1\,000 \times 90 / (3.14 \times 75) \approx 382 \text{ r/min}$$

选取车床实际速度时，n 应取小于计算值且最接近的车床转速。

切削用量初步选择后，在实际车削加工过程中，还要根据切削状况和排屑状况及加工表面质量等方面可能出现的问题，如：切削产生振动、切削力过大引起工件跳动、切削温度过高刀尖变红或工件变颜色、切屑为带状缠绕在工件和车刀上等等，应对切削用量加以调整，以便达到较为合理的状态，达到保证加工质量、提高加工效率、降低生产成本的目的。

下面通过实例来介绍简单轴的车削方法。

实例 1-4 光轴的车削

1）加工基本知识与操作技术

如图 1.1.29 所示的光轴，材料 45 钢，毛坯为 $\phi50\times103$ mm。按图样要求，先加工 $\phi47\times70$ mm，另一端外圆同样为 $\phi47$ mm，再工件掉头装夹并找正后方能车削，确保直线度误差≤0.1 mm。

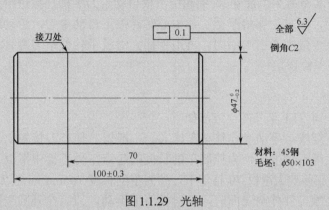

图 1.1.29 光轴

车刀：第一次车削练习，用 45°、90° 高速钢车刀车削。

量具：125/0.02 mm 游标卡尺。

车床：C620 或 CA6140 车床。

加工操作步骤：车右端面→车 $\phi47$ mm×70 外圆→倒角 $C2$→掉头找正后车左端面取总长 100 mm→车 $\phi47$ mm（接口平整）→倒角 $C2$。具体方法如下。

（1）三爪卡盘装夹毛坯：以外圆定位，伸出长度 80 mm，找正后夹紧。

（2）安装车刀：调整车刀高度、伸出长度及主偏角，螺钉不要直接压在高速钢刀上，以防表面打滑或损坏螺钉头，所以车刀上应垫一块垫刀片后再夹紧。

（3）切削用量的确定：图样中零件的加工余量只有 3 mm，所以，背吃刀量 $a_p\leqslant$ 1.5 mm；根据表 1-1，零件材料为中碳钢，刀具材料为高速钢，选择的切削速度 v_c 选取 30 m/min 左右，进给量 f 取 0.2 mm/r。车床转速由公式（1-4）$v_c=\pi d_w n/1\,000$ 计算，现毛坯直径为 $d_w=50$，计算车床转速如下：

$$n =1\,000\,v_c / \pi d_w =1\,000\times30\div(3.14\times50) \approx191（\text{r/min}）$$

所以，取车床转速为 200 r/min。

2）车平端面

采用试刀法控制车削深度（初学者应采用手动进给练习车削），车端面的方法如下。

（1）碰刀：选用 45° 车刀，开动车床使主轴正转 200 r/min，碰刀寻找车削起点：摇动大滑板手轮及中滑板手柄使车刀左侧顶尖轻轻刮碰工件端面，停下，摇动中滑板手柄使车刀沿端面退出外圆以外。

（2）试走刀：调整横向进给量 f=0.2 mm/r，并自动横向走刀手柄至正确位置，按自动走刀方式试切削一次，以便掌握走刀与停止要领。

（3）调整背吃刀量 a_p：手动操作移动车床大、中滑板，使车刀左侧的刀尖缓慢接触工件端面，移动中滑板使车刀横向退出工件表面。使用大滑板刻度盘控制，移动大滑板向左移动 1 小格，即是背吃刀量 a_p=1 mm。

（4）车端面：摇动中滑板手柄使车刀按相当于进给量 f=0.2 mm 的速度慢慢移动进行端面的车削，一直车至工件旋转中心为止，即完成手动车削端面。随后摇动大滑板手轮使车刀离开端面，随后摇动中滑板退出车刀，停车检查。再启动车床并调整背吃刀量 a_p= 0.5 mm 左右（注意留另一端面的加工余量），提起中滑板自动走刀手柄，按进给量 f= 0.2 mm 进行自动走刀精车端面，当车刀即将车至工件中心时，停下自动走刀，手动缓慢走刀车平中心凸台即停下，避免走过中心引起崩刀。再用手摇大滑板手轮使车刀离开端面，随后摇动中滑板退出车刀，停车检查。

3）车外圆

用 45° 或 90° 车刀车车外圆，方法如下。

（1）车削长度划线：手动操作移动车床大、中滑板，使车刀接触工件端面与外圆相交处后停下，记下大滑板刻度，作为控制车削长度的起点。再手摇中滑板手柄使车刀退出外圆约 2 mm 后，向左移动大滑板 70 格停下，即为车削长度 70 mm 的终点，手摇中滑板手柄使车刀刀尖缓慢接触工件外圆表面时，中滑板停下不动，刀尖在外圆表面划出一条线，作为车削长度 70 mm 的记号。

（2）试车与调整背吃刀量 a_p：作上述长度记号后停车，记下中滑板刻度值（也可记下刻度归零操作），稍退出中滑板，再向右移动大滑板使车刀退出工件端面。然后手摇中滑板至刚才记下的刻度值（或归零位），在此基础上加上背吃刀量 a_p 的刻度数值（若粗车至 ϕ47，a_p=（50-47.4）/2=1.3 mm，对应的刻度盘数值为 26 格），调整中滑板刻度盘加上 26 格，即是背吃刀量 a_p=1.3 mm，接着手动走刀试车外圆约 2 mm 长度，停下，纵向迅速退出车刀，停车检查试车部位的尺寸是否等于 ϕ47.4 mm（此方法称试切法）。

（3）车削外圆并控制长度：试切停车测量 ϕ47.4 mm 确定无误后，自动进给车削外圆至接近划线位置，停下自动走刀，以手动方式车至长度，停车检查长度，若长度为到，继续车至长度，完成粗车 ϕ47.4 mm×70 mm 外圆。此时中滑板不动，只退出大滑板至端面以外，再调整中滑板进刀使 a_p=0.2 mm，继续用试切法车外圆 ϕ47 mm，长度 2 mm，停车测量外圆符合要求后，再自动走刀完成 ϕ47 mm×70 mm 外圆的车削。

4）倒角

双手摇大、中滑板使车刀主切削刃中部慢慢靠近工件端面与外圆尖角，接触后按滑板刻度控制倒角 $C2$。

5）工件掉头装夹找正

夹持外圆 ϕ47，工件伸出 70 mm，找正外圆的跳动度≤0.1 mm，再夹紧。

6）车端面取总长

用试切法车削 ϕ47 外圆至接刀处，使接口平整，检查尺寸。

7）倒角

倒角，完工，卸下工件。

实例 1-5　台阶轴的车削

车削如图 1.1.30 所示的台阶轴，毛坯是上次练习光轴的材料。从台阶轴零件图可知，直径和长度尺寸精度及表面粗糙度有较高要求，为了保证台阶面对轴线的垂直度，应采用硬质合金车刀车削。根据尺寸精度要求，量具选用千分尺和游标卡尺。

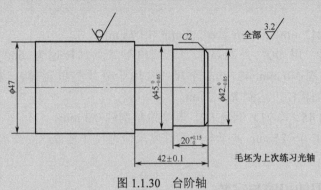

图 1.1.30　台阶轴

台阶轴的车削方法如下。

1）90° 外圆车刀的安装

车刀安装时，先调整顶尖高度与工件回转中心等高，并调整车刀伸出长度。再把手摇滑板使车刀靠近工件端面，检查主偏角等于 90°～93°，再夹紧车刀。

2）车削参数选择

（1）背吃刀量 a_p 的确定：按切削用量的选择原则，粗车时应选择较大切削深度，但是，由于本次练习各台阶直径的加工余量不大，所以各台阶粗车用一次走刀，精车一次走刀即可，精车余量在 0.3～0.5 mm 为好。

（2）进给量 f 的确定：零件材料为中碳钢，刀具材料为硬质合金，一般粗车时选择进给量 f=0.25～0.7 mm/r，初学者选取 0.25 mm/r 为宜。

（3）车床转速的选择：根据表 1-1，零件材料为中碳钢，刀具材料为硬质合金，粗车时选择的切削速度 v_c≤100 m/min，车床转速由公式（1-4）$v_c = \pi d_w n/1\,000$ 计算，现毛坯直径为 d_w=47，计算车床转速如下：

$$n = 1\,000 v_c / \pi d_w = 1\,000 \times 100 \div (3.14 \times 47) \approx 678\ (\text{r/min})$$

所以，取车床转速为 500 r/min。

3）台阶长度的控制方法

粗车时可采用划线的方法、大滑板刻度控制长度的方法，留 0.2 mm 的余量。精车前用游标深度尺测量出准确的余量，再根据精度要求，采用大滑板刻度盘或小滑板刻度盘控制长度。

4）外圆尺寸的控制

按试切法控制粗车尺寸，把两台阶的外圆分别粗车至 ϕ45.5 mm、ϕ42.5 mm，长度各留余量 0.3 mm。用千分尺测量 ϕ45.5 外圆的实际尺寸，调整背吃刀量 a_p，按试切法精车至中间值 ϕ45$_{-0.025}$ mm，确定无误后再自动进给车削外圆至长度 42 mm。同样方法精车 ϕ42.5 mm 外

圆至 $\phi42_{-0.025}$ mm。

5）实施加工

（1）车端面（用 45°车刀），控制总长度 99 mm。

（2）粗车外圆 $\phi45$ mm×42 mm 至 $\phi45.5$ mm×41.7 mm。（用 90°粗车刀、用游标卡尺测量直径与长度尺寸）。

（3）粗车外圆 $\phi42$ mm×20 mm 至 $\phi42.5$ mm×19.7 mm。

（4）精车外圆（用 90°外圆精车刀）调整车床主轴转速为 600 r/min，进给量 $f=0.08$ mm/r。精车外圆 $\phi46$ mm×42 mm 至尺寸（用千分尺测量直径），精车外圆 $\phi42$ mm×20 mm 至尺寸，表面粗糙度达到 $Ra3.2$ μm。

（5）倒角。（用 45°车刀）倒角 $C2$，其余锐角倒钝 0.3 mm。

（6）检查。采用 0~25 mm 的千分尺和深度尺检查尺寸是否达到要求（工件符合图样要求即可取下工件）。

1.1.7 切断刀的刃磨与安装

1. 切断刀的几何角度

在车削完后把工件从原材料上切下来，这样的加工方法叫做切断。

切断刀是以横行进给为主，前端的切削刃是主切削刃，两侧的切削刃是副切削刃。为了提高工件材料的利用率，并能一刀切到工件的中心，一般切断刀的主切削刃都比较窄，刀头较长，因此刀头强度比其他车刀差，所以选择几何参数和切用量时应特别注意。

（1）高速钢切断刀：其形状见图 1.1.31。

① 前角 γ_0：为了使切削顺利，在切断刀的前面上应磨出一个较浅的卷屑槽，一般深度为 0.75~1.5 mm，形成径向前角，切断中碳钢工件时，$\gamma_0=20°~30°$；切断铸铁工件时，$\gamma_0=0°~10°$。

② 主后角 α_0：切断刀的主后角在刀头的前端，$\alpha_0=6°~8°$。

③ 副后角 α_0'：为了减少副后刀面与工件两侧面的摩擦，切断刀两侧有两个对称的副后角，同时为了使刀头有较好的刚性，副后角不宜太大，一般 $\alpha_0'=1°~2°$。

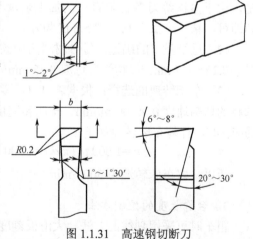

图 1.1.31　高速钢切断刀

④ 主偏角 κ_r：切断刀以横向切断为主，因此，主偏角 $\kappa_r=90°$。

⑤ 副偏角 κ_r'：副偏角的作用是减少副切削刃与沟槽两侧面的摩擦。为了不削弱切断刀刀头的强度，一般取 $\kappa_r'=1°~1°30'$。

⑥ 主切削刃宽度 b：当切断较大工件时，刀头较长，为了提高刀头的强度和刚性，主切削刃宽 b 可大些，反之则狭而短。一般主切削刃宽度 b 可用下面的经验公式计算。

$$b=(0.5~0.6)\sqrt{d_w}$$

式中：b 为主切削刃宽度（mm）；d_w 为工件待加工表面直径（mm）。

⑦ 刀头长度 L：切断带通孔零件，如图 1.1.32（a）所示，刀头长度 L 可以用下列公式计算：

$$L=h+(2\sim3)\ \text{mm}$$

式中：h 为切入深度（mm）。

切断实心零件时，刀头长度 L 略大于工件切断处直径的一半，即：$L=d/2+(2\sim3)\ \text{mm}$。

切断时，为了防止切下的工件断面有一小凸头，以及带孔工件不留边缘，可以把主切削刃磨成几度的偏斜，即主偏角 $\kappa_r<90°$，如图 1.1.32（b）所示。

（2）弹性切断刀：为了节省高速钢，切断刀可做成片状，再装夹在弹簧刀柄上，见图 1.1.33。这样在切断时，如发生刀片折断，只需调换刀片即可，节约了刀具材料，刀柄又有弹性。当进给量过大

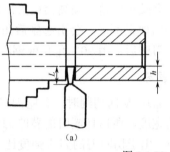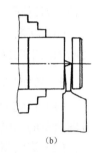

（a）　　　　　　　（b）

图 1.1.32

时，由于弹性刀片受力变形，刀柄弯曲中心在上面，刀头会自动退让一些，因此切断刀不易"扎刀"，更不容易折断。

（3）硬质合金切断刀：硬质合金切断刀和高速钢切断刀有同样的要求。为增强刀头强度，可在主切削刃两侧磨出倒角或呈人字形，如图 1.1.34 所示。并在主切削刃上磨出负倒棱。为防止刀片脱焊，增大焊接面积，可将刀柄上的刀片槽制成 V 形。为增强刀头的支撑刚性，常将切断刀的下部做成凸圆弧形。为防止刀片过热或脱焊，在切削中应加注充分的切削液。

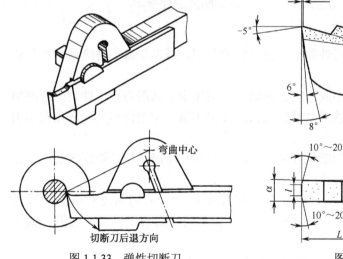

图 1.1.33 弹性切断刀

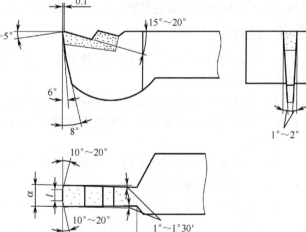

图 1.1.34 硬质合金切断刀

2．切断刀的刃磨方法

刃磨切断刀时，应先磨两副后刀面，以获得两侧副偏角和两侧副后角。刃磨时，必须保证两副后刀面平直、对称，并得到需要的主切削刃宽度。其次磨主后刀面，保证主切削

刃平直，得到主偏角和主后角。最后磨卷屑槽，具体尺寸由工件直径、工件材料和进给量决定。为了保护刀尖，可以在两边刀尖处各磨一个小圆弧。

3．切断刀的装夹

（1）切断刀不宜伸出过长，同时切断刀的中心线必须装得跟工件轴线垂直，以保证两副偏角 κ_r' 对称。

（2）切断无孔工件时，切断刀必须装得跟工件轴线等高，否则不能切入中心，而且容易使车刀折断（偏低会减小后角、偏高会增大后角）。

（3）切断刀底平面如果不平，会引起副后角的变化（α_0' 不对称）。因此刃磨之前，应把切断刀底平面磨平。刃磨后，用 90° 角尺或钢直尺检查两侧副后角的大小。

4．切断加工三要素

（1）背吃刀量（a_p）：横向切削时，背吃刀量 a_p 即在垂直于加工端面（已加工表面）的方向所量的切削层的宽度，所以切断时的背吃刀量等于切断刀的主切削刃宽度。

（2）进给量（f）：由于切断刀的刀头强度比其他车刀低，所以应适当地减小进给量。进给量太大时，容易使切断刀折断；进给量太小时，切断刀后面跟工件产生强烈摩擦会引起振动。进给量的具体数值应根据工件和刀具材料来决定。一般用高速钢车刀切钢料时，$f=0.05\sim0.1$ mm/r；切铸铁时，$f=0.1\sim0.2$ mm/r；用硬质合金车刀切钢料时，$f=0.1\sim0.2$ mm/r；切铸铁时，$f=0.15\sim0.25$ mm/r。

（3）切削速度（v_c）：用高速钢车刀切刚料时，$v_c=30\sim40$ m/min，切铸铁时，$v_c=15\sim25$ m/min。

用硬质合金车刀切刚料时，$v_c=80\sim100$ m/min；切铸铁时，$v_c=60\sim80$ m/min.

切断时，由于切断刀伸入工件被切割的槽内，周围被工件和切屑包围，散热情况极为不利。为了降低切削区域的温度，应在切断时加充分的切削液进行冷却。

5．切断方法

（1）切断毛坯表面的工件前，用外圆车刀把工件先车圆，或尽量减小进给量，以免造成"扎刀"现象而损坏车刀。

（2）手动进给切断时，摇动手柄应连续、均匀，以避免由于切断刀跟工件表面摩擦增大，使工件表面产生冷硬现象从而使刀具磨损加快。如果不得不中途停车时，应先把车刀退出再停车。

（3）用卡盘装夹工件切断时，切断位置离卡盘的距离应尽可能接近。否则容易引起振动，或使工件抬起压断切断刀。

（4）切断由一夹一顶装夹的工件时，工件不应完全切断，应切到还有小直径圆柱时，停车扳断。切断较小的工件时，要用盛盘接住，以免切断后的工件混在切屑中或飞出难找。

（5）切断时不能用两顶尖装夹工件，否则切断后工件会飞出造成事故。

6．切断刀折断的原因及预防方法

切断刀本身强度较差，很容易折断，操作时必须特别小心。

切削刀折断的原因有：

（1）切断刀的角度刃磨不正确，尤其是副偏角和副后角磨得太大，削弱刀头的强度，如果把这些角度磨得太小或没有磨出，那么副切削刃、副后刀面跟工件表面会发生强烈的摩擦，使切断刀折断。另外，刀头磨得歪斜，也会使切断刀折断。

（2）切断刀装得跟工件轴线不垂直，并且没有对准工件中心。

（3）进给量太大。

（4）车刀前角太大，中滑板松动，切断时产生扎刀，致使切断刀折断。

降低切断振动的方法：切削直径较大工件时，因刀头很长，刚性差，容易引起振动。为了切断时排屑顺利降低振动，可采用反向切削法，如图 1.1.35 所示，即用反切刀并使工件反转进行切削。这样切断时切削力和工件重力方向一致，切屑不容易堵塞在工件槽中。

使用反切法时，卡盘跟主轴连接的部分必须装有保险装置，否则卡盘会因倒车而从主轴上脱开造成事故。

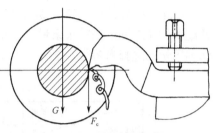

图 1.1.35 反切法切断刀

实例 1-6 销轴的车削

按一般工作过程实施的销轴车削加工步骤如下。

1）读图：分析零件图，明确加工内容及要求

如图 1.1.36 所示的圆肩销，用于零件的限位。圆肩销形状简单，只有两挡台阶，尺寸变化不大，$\phi12_{-0.16}^{-0.06}$ 外圆公差为 0.1 mm，表面粗糙度为 $Ra3.2$ μm，其他尺寸要求较低（自由公差，按 IT14 级查出公差），靠右端有一个 $\phi4$ mm 的径向孔用于安装插销。材料为 45 钢，批量生产，机械加工完毕表面经过磷化处理，美观防锈。

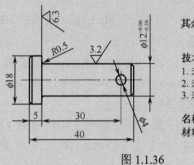

图 1.1.36

技术要求：
1. 未注公差按 IT12 加工
2. 未注倒角 C1
3. 表面处理：磷化

名称：圆肩销
材料：45 钢

2）加工方案及装备的确定

（1）选择毛坯：按批量生产选择型材 45 圆钢，锯割每根 $\phi20$ mm×500 mm，分多件加工。

（2）加工方案的确定。车工：车削加工外圆台阶、端面与倒角；钳工：钻 $\phi4$ mm 的径向孔；热处理：磷化处理。

（3）选择设备：因零件较小，首选 C6132 型车床，选 C6140 型车床偏大，有些浪费。

（4）工艺装备：采用三爪自定心卡盘装夹。

（5）选用刀具：45°车刀，90°硬质合金粗车刀，90°硬质合金精车刀，硬质合金切断刀（刀头宽＜3 mm）。

（6）选用量具：0.02 mm/（0～150）mm 的游标卡尺（带深度尺），0～25 mm 的千分尺。

3）拟定加工步骤及选定切削用量

（1）拟定加工步骤：车右端面→粗车ϕ18 外圆→粗车ϕ12 外圆→精车ϕ12 外圆及长度→精车ϕ18 外圆→倒角→切断→调头车端面、倒角。

（2）切削用量的选择：加工时应分粗车和精车两个阶段，以保证工件的加工质量。粗车：由于工件较小，刚性差，背吃刀量 a_p 为 2～3 mm，进给量 f 取 0.3 mm/r，切削速度选取 70 m/min，按公式（1-4）计算车床主轴转速，直径尺寸留约 0.5～1 mm 的精车余量。台阶长度留约 0.2 mm 的精车余量；精车时切削速度可选择 80 m/min，进给量取 0.15 mm/r。各切削用量的选择参考表 1-2。

表 1-2　切削用量的选择

切削要素 加工内容	主轴转速（r/min）	进给量 f（mm/r）	背吃刀量 a_p（mm）
车端面（45°车刀）	1200	0.2	0.3～0.5
粗车外圆（90°粗车刀）	1200	0.3	2～3
精车外圆（90°精车刀）	1300	0.15	0.3～0.5
切断（硬质合金切断刀）	600	0.1	2.5～3（刀头宽）

4）实施加工

（1）准备刀具、工夹量具。

（2）检查毛坯，毛坯尺寸ϕ20 mm×80 mm。

（3）装夹 45°车刀、90°外圆粗车刀和 90°外圆精车刀在方刀架上，并将车刀刀尖对准工件中心。

（4）装夹毛坯，毛坯伸出三爪自定心卡盘约 50 mm，用 45°车刀车右端面，车平即可，进给量 f=0.2 mm/r，车床主轴转速为 1200 r/min。

（5）将 90°外圆粗车刀调整到工作位置，取 a_p =0.8 mm，进给量 f=0.3 mm/r，车床主轴转速为 1 200 r/min，粗车外圆ϕ18×45 mm 至ϕ18.5×45 mm。取 a_p =2 mm 左右，进给量 f=0.3 mm/r，粗车外圆ϕ12×35 mm 至ϕ13×34.8 mm。

（6）将 90°外圆精车刀调整到工作位置，调整车床主轴转速为 1300 r/min，启动车床，使工件回转。精车外圆ϕ18×45 mm、ϕ12$_{-0.16}^{-0.06}$×35 mm 至尺寸要求，表面粗糙度达到 Ra3.2 μm。

（7）调整 45°车刀至工作位置，倒角 C1。采用 0～25 mm 的千分尺或游标卡尺检查尺寸是否达到要求。

（8）装夹硬质合金切断刀（安装时刀尖对准工件中心），取总长为 40.2 mm，调整车床主轴转速为 600 r/min，进给量 0.1 mm/r 切断工件。切断最好用手动走刀，避免排屑不顺时产生崩刀现象。

（9）工件切断后，调头安装，垫开边套（或铜皮垫）夹ϕ12$_{-0.16}^{-0.06}$ mm 外圆处，调整 45°车刀至工作位置，车平端面保证台肩 5 mm 长度，倒角 C1，去毛刺。

5）检查

（1）检查零件各处尺寸是否符合图样要求。

（2）检查加工过程机床运行情况、加工结束手柄复位情况、机床维护情况。

（3）检查刀具磨损情况、量具、工具等。

6）评价

（1）加工质量评价：按图样要求逐项检查圆肩销的加工质量，参照评价表 1-3 进行质量评价。

表 1-3 质量检测评价

零件编号：		学生姓名：			成绩：	
序号	项目内容及要求	占分	记 分 标 准		检查结果	得分
1	$\phi12^{-0.06}_{-0.16}$；Ra3.2	20；6	超差 0.01 扣 4 分；Ra 大一级扣 2 分			
2	$\phi18$；Ra6.3	10；5	不合格不得分			
3	40	12	不合格不得分			
4	5	12	不合格不得分			
5	R0.5	5	不合格不得分			
6	两处倒角	10	不合格不得分			
7	安全文明生产： （1）无违章操作情况； （2）无撞刀及其他事故； （3）机床维护	20	违章操作、撞刀、出现事故者、机床不按要求维护保养，扣 5～10 分			

（2）加工质量分析：车削简单轴类零件时废品的产生原因及预防方法见表 1-4。

表 1-4 车削简单轴类零件时产生废品的原因和预防方法

废品种类	产生原因	预防措施
尺寸精度达不到要求	1. 看错图样或者刻度盘使用不当； 2. 没进行试切削； 3. 量具有误差或测量不正确； 4. 机动进给没及时停止，使车刀进给长度超过台阶长度； 5. 尺寸计算错误，使槽深不正确	1. 必须看图样尺寸要求，正确地使用刻度盘，看清刻度值； 2. 根据余量算出切削深度，进行试切削，然后修正切削深度； 3. 量具在使用前必须检查和调整零位，正确掌握测量方法； 4. 注意及时停止机动进给或提前停止机动进给，用手动进给到达长度尺寸； 5. 对留有磨削余量的工件，车槽时应考虑磨削余量
产生锥度	1. 用卡盘装夹工件纵向进给车削时产生锥度，是由于车床床身导轨和主轴轴线不平行； 2. 工件装夹时悬伸较长，车削时因切削力的影响使前端让开，产生锥度； 3. 车刀在加工中途逐渐磨损	1. 调整车床主轴与床身导轨的平行度； 2. 尽量减小工件的伸出长度，或另一端用顶尖支承，增加装夹刚性； 3. 选用合适的刀具材料，或适当降低车削速度

续表

废品种类	产生原因	预防措施
圆度超差	1. 车床主轴间隙太大； 2. 毛坯余量不均匀，切削过程中切削深度发生变化	1. 车削前检查主轴间隙，并调整合适； 2. 粗车、精车分开
表面粗糙度达不到要求	1. 车床刚性不足，如滑板镶条太松，传动零件（如带轮）不平衡或主轴太松引起振动； 2. 车刀刚性不足或伸出太长引起振动； 3. 车刀几何参数不合理，如选用过小的前角、后角和主偏角； 4. 切削用量选用不当。	1. 消除或防止由于车床刚性不足而引起的振动（如调整车床各部件的间隙）； 2. 增加车刀刚性和正确装夹车刀； 3. 选择合理的车刀角度； 4. 进给量不宜太大，精车余量和车削速度应选择恰当

1.1.8　车床的维护保养

除了每天班前班后按要求对规定的部位进行润滑，每天班后必须清理干净车床上的切屑和油污、车床表面擦拭干净外，再给一些裸露在外的重要表面抹上机油防锈（如导轨面、中滑板、丝杠、尾座套筒等）。

当机床使用到一定期限，各运动件之间的间隙增大，各紧固、联接件会产生松动，机床外表会现锈蚀、油污，这些情况的出现直接影响零件的加工质量和生产效率。为了保证车床加工精度和延长车床使用寿命，必须对车床进行合理、必要的保养。保养的主要内容是清洁、润滑和必要的调整。

当车床运转 500 小时后，需要进行一级保养。一级保养以操作工人为主，维修工人进行配合。保养前，必须切断电源，然后按保养内容和要求进行保养，具体内容如下。

1）外保养

（1）清洁机车外表面及各罩盖，保持内外清洁，无锈蚀，无油污。

（2）清洁长丝杠、光杆和操纵杆。

（3）检查并补齐螺钉、手柄等，检查清洗机床附件。

2）主轴变速箱

（1）清洗滤油器，使其无杂物。

（2）检查主轴螺母有无松动，紧固螺钉是否锁紧。

（3）调整摩擦片间隙及制动器的松紧。

3）溜板

（1）拆卸刀架，调整中、小滑板镶条间隙。

（2）清洗并调整中、小滑板丝杠螺母的间隙。

4）交换齿轮箱

（1）清洗齿轮、轴套并注入新油脂。

（2）调整各齿轮啮合间隙。

（3）检查轴套有无晃动现象。

5）尾座

（1）清洗尾座外表面。

（2）经常清洗套筒外表面及锥孔，并注意润滑防锈。

6）电器部分

（1）用干抹布擦拭电动机、电器箱表面（不得用水擦洗）。

（2）电器装置应固定完好，并保持清洁整齐。

技能训练 1

完成如图 1.1.37 所示零件的加工任务。

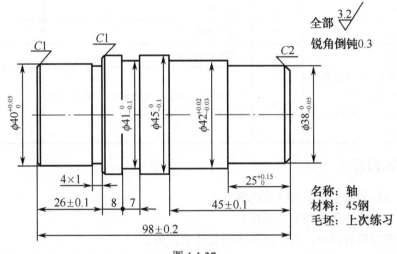

图 1.1.37

（1）读图：分析零件图，明确加工内容及要求。

（2）确定零件装夹定位方式及加工方案，选择装备。

① 确定加工方案；

② 选择设备及工艺装备；

③ 选用刀具、量具、工具。

（3）拟定加工步骤、选定切削用量。

① 拟定加工步骤；

② 选择切削用量。

（4）实施加工。记录实施方法及步骤。

（5）检查：对照图样检查零件加工质量，检查工装设备完好情况。

（6）加工质量分析评价：

① 加工质量评价参考表 1-5。

② 对加工质量进行分析。

表1-5　质量检测评价

零件编号：		学生姓名：		成绩：	
序号	项目内容及要求	占分	记 分 标 准	检查结果	得分
1	$\phi45^{0}_{-0.1}$；$Ra3.2$	6；3	超0.01扣4分；Ra大一级扣2分		
2	$\phi42^{+0.02}_{-0.03}$；$Ra3.2$	10；3	超0.01扣2分；Ra大一级扣2分		
3	$\phi38^{0}_{-0.05}$；$Ra3.2$	10；3	超0.01扣2分；Ra大一级扣2分		
4	$\phi40^{+0.05}_{0}$；$Ra3.2$	10；3	超0.01扣2分；Ra大一级扣2分		
5	槽$\phi41^{0}_{-0.1}$；$Ra3.2$；7	6；3；3	超0.01扣3分；Ra大一级扣2分		
6	槽4×1	4	不合格不得分		
7	4处长度	4×3	不合格不得分		
8	3处倒角	3×2	不合格不得分		
9	两处倒钝	2	不合格不得分		
10	其余$Ra3.2$	6	不合格不得分		
11	安全文明生产及5S管理： （1）无违章操作情况； （2）无撞刀及其他事故； （3）机床维护	10	违章操作、撞刀、出现事故者、机床不按要求维护保养，扣5～10分		

思考与练习题1

1．车工操作的安全规程有哪些内容？

2．刃磨车刀应注意哪些安全事项？

3．刃磨车刀后刀面时，刀面出现多面是什么原因？

4．车削外圆时中滑板的反向间隙如何影响尺寸控制？如何才能避免进刀刻度误差？

5．测量外圆时，测得的尺寸大于零件实际直径尺寸，是什么原因？

任务1.2　锥体台阶轴的车削工艺与加工

任务描述

　　轴类零件在机器制造中主要支撑传动件及传递扭矩的作用，其外形大致由外圆、台阶、圆锥、沟槽和螺纹等结构组成。台阶轴结构简单但精度要求较高，外圆尺寸精度、表面粗糙度和形位公差要求较高。

　　本任务的训练目标是完成含外圆、台阶、外圆锥等结构的车削任务，以图1.2.1所示工件的加工为实例。

　　完成本任务要掌握的知识内容有：台阶轴的加工工艺及知识；车削加工轴类零件所用刀具要求与刃磨方法；一夹一顶装夹和两顶尖间装夹加工轴类零件的方法与操作技能；外圆锥的车削方法和测量方法等。

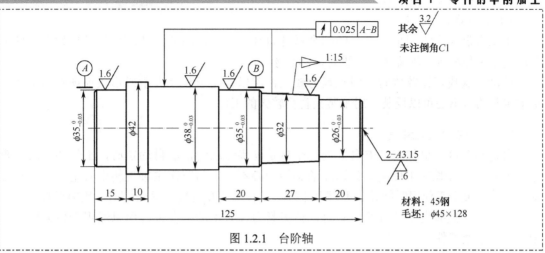

图 1.2.1 台阶轴

技能目标

（1）轴类零件的工艺分析，合理安排加工步骤和选择切削用量。
（2）能编制台阶轴的加工工艺步骤。
（3）能正确选择加工台阶轴的车刀角度并正确刃磨。
（4）掌握一夹一顶装夹和两顶尖间装夹加工简单轴类零件的方法。
（5）掌握外圆锥的加工方法和检测方法。
（6）掌握台阶轴轴尺寸检测及精度控制方法，并能车出符合图样要求的台阶轴。

1.2.1 车锥体台阶轴的工艺准备

1. 轴类零件的种类和技术要求

1）轴类零件的种类

轴类零件有一个共同的特点，即都具有外圆柱表面。按其用途可分为光轴、台阶轴、偏心轴和空心轴，轴的主要表面有外圆柱面和端面，另外还有倒角、退刀槽及圆弧等。

2）轴类零件的技术要求

（1）尺寸精度：主要包括长度和直径的尺寸精度。
（2）形状精度：包括圆度、圆柱度、直线度、平面度等。
（3）位置精度：包括同轴度、圆跳动、垂直度、平行度等。
（4）表面粗糙度：一般卧式车床车削中碳钢表面粗糙度值可达 $Ra1.6\ \mu m$
（5）热处理要求：根据轴的材料和需要，常进行正火、调质、淬火、表面淬火及表面渗氮等处理，以获得一定的强度、硬度、韧性和耐磨性等。一般轴常用 45 钢，若需正火常安排在粗车前，调质则安排在粗车后进行。

2. 轴类零件的装夹方法

车削加工时，工件必须在机床夹具中定位和夹紧，使它在整个切削过程中始终保持正确的位置。工件的装夹方法和装夹速度，直接影响加工质量和劳动生产率。

根据轴类工件的形状、大小和加工数量的不同，常采用以下的装夹方法。

1）用单动卡盘装夹

单动卡盘（也称四爪卡盘）的四个爪各自独立运动，因此工件装夹时必须找正，使工件旋转中心与车床主轴旋转中心重合，然后才可车削。

单动卡盘找正比较费时，但夹紧力较大，所以适用于装夹大型或形状不规则的工件。单动卡盘的卡爪还可以反装，用来装夹直径较大的工件。

2）用自定心卡盘装夹

自定心卡盘（也称三爪卡盘）的三个爪是同步运动的，能自动定心，工件装夹后一般不须找正。但较长的工件离卡盘远端的旋转中心不一定与车床主轴旋转中心重合，这时必须找正。如果卡盘使用时间较长而精度下降，工件加工精度要求又较高时，也需要找正。

自定心卡盘装夹工件方便、省时，但夹紧力没有单动卡盘大，所以适用于装夹外形规则的中、小型工件。

3）用两顶尖装夹

对于较长或必须经过多次装夹才能加工好的工件，如长轴、长丝杆等的车削，或工序较多，在车削后还要铣削或磨削的工件，为了保持每一次的装夹精度（如同轴度等），可用两顶尖装夹工件，必须先在工件端面钻出中心孔。

（1）中心孔的作用

中心孔是轴类零件的定位基准。轴类零件的尺寸是以中心孔定位车削的，而且中心孔能在各个工序中重复使用，其定位精度不变。轴两端中心孔作为定位基准与轴的设计基准、测量基准一致，符合基准重合的原则。两顶尖装夹工件方便，定位精度高，因此在车削轴类零件时被普遍采用。

（2）中心孔的类型

中心孔是车削轴类零件常用并反复使用的定位基准，国家标准 GB/T 145—2001 规定了中心孔的基本类型，见图 1.2.2。

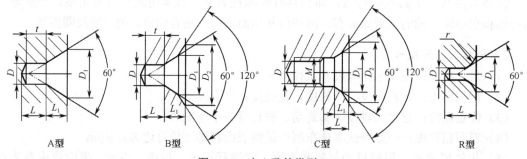

图 1.2.2　中心孔的类型

A 型中心孔用于不需重复使用中心孔且精度一般的小型工件。

B 型用于精度要求高，需多次使用中心孔的工件。

C 型用于需要轴向固定其他工件的工件。

R 型与 A 型相似，但定位圆弧面与顶尖接触，可自动纠正少量的位置偏差。

（3）钻中心孔的要求

① 尺寸要求：中心孔尺寸以圆柱孔直径为基本尺寸，D 的大小根据工件的直径和工件

的重量，按国家标准选用，查阅相关表格。

② 形状和表面粗糙度值要求：轴类零件各回转表面的形状精度和位置精度全都靠中心孔的定位精度保证，中心孔上有形状误差会直接影响到工件表面。锥形孔不正确会与顶尖接触不良。60°锥面粗糙度不佳会加剧顶尖的磨损和引起车削零件的综合误差。60°锥面粗糙度值的最低标准 *Ra*1.6 μm。

（4）中心孔的加工方法

直径 6 mm 以下的中心孔通常用中心钻直接钻出，中心钻见图 1.2.3。在较短的工件上钻中心孔时，工件尽可能伸出短些，找正后，先车平工件端面，不得留有凸台，然后钻中心孔。当钻至规定尺寸时，让中心钻停留数秒钟，使中心孔圆整光滑。在钻削过程中，应经常退出中心钻加切削液，使中心孔内保持清洁。

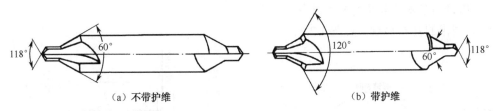

(a) 不带护锥　　　　　　　　　　　　(b) 带护锥

图 1.2.3　中心钻

在工件直径较大而长的轴上钻中心孔，可采用卡盘夹持一端，另一端用中心架支承，见图 1.2.4 的工件直径较大或形状比较复杂，无法在车床上钻中心孔时，可在工件上先划好中心，然后在钻床上或用手电钻钻出中心孔。

（5）中心钻折断的原因及预防

钻中心孔时，由于中心钻切削部分的直径很小，承受不了过大的切削力，稍不注意就会折断。中心钻折断的原因有：

① 中心钻轴线与工件旋转中心不一致，使中心钻受到一个附加力而折断。这通常是由于车床尾座偏位，或装夹中心钻的钻夹头锥炳弯曲及尾座套筒孔配合不准确而引起偏位等原因造成，所以钻中心孔前必须严格找正中心钻的位置。

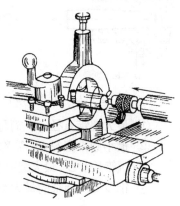

图 1.2.4　在长工件上钻中心孔

② 工件端面没有车平，或中心处留有凸台，使中心钻不能准确定心而折断，所以钻中心孔处的端面必须平整。

③ 切削用量选择不适当，如工件转速太低而中心钻进给太快，使中心钻折断。中心钻直径很小，即使选用较高的工件转速，切削速度仍然很低。如果用低的切削速度来钻中心孔，就与手摇尾座手轮的速度相差不大，这样相对进给量就太大了，会使中心钻折断。

④ 中心钻已磨钝仍强行钻入工件也易折断，因此中心钻磨钝后必须及时修磨或更换。

⑤ 没有浇注充分的切削液或没有及时清除切屑，以至于切屑堵塞而折断中心钻。必须将折断部分从中心孔内取出，并将中心孔修整后才能继续加工。

4）用一顶一夹装夹

两顶尖装夹工件虽然精度高，但刚性差，影响切削用量的提高。因此，车削一般轴类工件，尤其是形状精度和位置精度要求高的工件，不能用两顶尖装夹，而用一端夹住，另一端用后顶尖顶住的装夹方法。为了防止工件因切削而产生轴向位移，必须在卡盘内装一个限位轴承，或利用工件的台阶作限位。这种装夹方法较安全，能承受较大的轴向切削力，因此应用很广泛。一顶一夹装夹工件的具体方法在本任务的1.2.4节中介绍。

3．车削圆锥体的基础知识

在机床和工具中，常遇到使用圆锥面配合的情况，如车床主轴锥孔与前顶尖锥柄的配合，以及车床尾座锥孔与麻花钻锥柄的配合（如图1.2.5所示）等。圆锥面配合得到广泛应用的原因是：

（1）当圆锥面的锥角较小时，具有自锁作用，可以传递很大的转矩。

（2）圆锥面配合装拆方便，同轴度高。

1）圆锥的基本参数及其尺寸计算

（1）圆锥的基本参数，见图1.2.6。

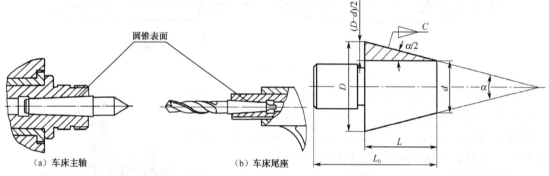

（a）车床主轴　　　　　　（b）车床尾座

图1.2.5　圆锥体零件应用实例　　　　　　图1.2.6　圆锥的基本参数

① 最大圆锥直径 D：简称大端直径。

② 最小圆锥直径 d：简称小端直径。

③ 圆锥长度 L：最大圆锥直径与最小圆锥直径之间的轴向距离。工件全长一般用 L_0 表示。

④ 锥度 C：圆锥的最大圆锥直径和最小圆锥直径之差与圆锥长度之比，即

$$C=\frac{D-d}{L} \tag{1-5}$$

锥度一般用比例或分数形式表示，如 $1:7$ 或 $1/7$。

⑤ 圆锥半角 $\alpha/2$：圆锥角 α 是在通过圆锥轴线的截面内两条素线之间的夹角。车削圆锥面时，小滑板转过的角度是圆锥角的一半即圆锥半角 $\alpha/2$。其计算公式为：

$$\tan\alpha/2=\frac{D-d}{2L}=\frac{C}{2} \tag{1-6}$$

圆锥半角与锥度属于同一参数，不能同时标注。

（2）圆锥各部分尺寸的计算通过下面3个实例来说明。

实例1-7 见图1.2.7所示的磨床主轴圆锥，已知锥度 $C=1:5$，最大圆锥直径 $D=45\,\text{mm}$，圆锥长度 $L=50\,\text{mm}$，求最小圆锥直径 d。

解 根据公式（1-5）：

$$d=D-CL= 45 \text{ mm}-\frac{1}{5}\times50 \text{ mm}= 35 \text{ mm}$$

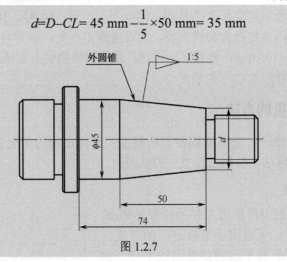

图 1.2.7

实例 1-8　车削一圆锥面，已知圆锥半角 $\alpha/2=3°15'$，最小圆锥直径 $d=12 \text{ mm}$，圆锥长度 $L=30 \text{ mm}$，求最大圆锥直径 D。

解　根据公式（1-6）：

$D= d+ 2L\tan(\alpha/2)=12 \text{ mm}+2\times30 \text{ mm}\times\tan3°15'=12 \text{ mm}+2\times30 \text{ mm}\times0.05678=15.4 \text{ mm}$

实例 1-9　车削实例 1-7 中的磨床主轴圆锥，已知锥度 $C=1:5$，求圆锥半角 $\alpha/2$。

解　$C=1:5=0.2$，根据公式（1-6）得：

$$\tan\alpha/2=\frac{C}{2}=\frac{0.2}{2}=0.1$$

$$\alpha/2=5°42'38''$$

应用公式（1-6）计算圆锥半角 $\alpha/2$ 时，必须利用三角函数表，不太方便。当圆锥半角 $\alpha/2<6°$ 时，可用下列近似公式计算：

$$\alpha/2\approx28.7°\times\frac{D-d}{L}=28.7°\times C \tag{1-7}$$

如实例 1-6 的锥度 $C=1:5$，用近似公式（1-7）计算圆锥半角 $\alpha/2$ 如下：

$$\alpha/2= 28.7°\times C= 28.7°\times\frac{1}{5}= 5.74°\approx5°44'$$

2）标准圆锥

为了制造和使用方便，降低生产成本，机床上、工具上和刀具上的圆锥多已标准化，即圆锥的基本参数都符合几个号码的规定。使用时只要号码相同，即能互换。标准圆锥已在国际上通用，只要符合标准都具有互换性。

常用标准圆锥有莫氏圆锥和米制圆锥两种。

（1）莫氏圆锥 Morse：莫氏圆锥是机械制造业中应用最为广泛的一种，如车床上的主轴锥孔、顶尖锥柄、麻花钻锥柄和铰刀锥柄等都是莫氏圆锥。莫氏圆锥有 0～6 号共 7 种，其中最小的是 0 号（Morse NO.0），最大的是 6 号（Morse NO.6）。莫氏圆锥号码不同，其线性尺寸和圆锥半角均不相同，具体的角度和公差及相关尺寸数值可查看附录 C 中的表 C-2。

（2）米制圆锥：米制圆锥有 7 个号码，即 4 号、6 号、80 号、100 号、120 号、160 号和 200 号。它们的号码是指最大圆锥直径，而锥度固定不变，即 $C=1:20$；如 100 号米制圆锥的最大圆锥直径 $D=100$ mm，锥度 $C=1:20$。米制圆锥的优点是锥度不变，记忆方便，具体的角度和尺寸可查看附录 C 中的表 C-3。

1.2.2 车削圆锥的方法

在车床上车削圆锥时，应根据圆锥面的精度，选择正确的车削方法。常用方法有：转动小滑板法、偏移尾座法、仿形法及宽刃刀法四种。

1. 转动小滑板法

转动小滑板法是把小滑板按工件的圆锥半角 $\alpha/2$ 转动一个相应的角度，采取用小滑板进给的方式，使车刀的运动轨迹与所要车削的圆锥素线平行。如图 1.2.8 所示为转动小滑板车外圆锥的方法。

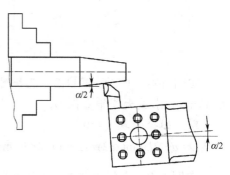

图 1.2.8 转动小滑板车外圆锥

1）小滑板的转动方向

车外圆锥和内圆锥工件时，如果最大圆锥直径靠近主轴，最小圆锥直径靠近尾座，小滑板应沿逆时针方向转动一个圆锥半角 $\alpha/2$；反之，则应顺时针方向转动一个圆锥半角 $\alpha/2$；见表 1-6。

表 1-6 转动小滑板法车削圆锥示意图

图例	小滑板应转的方向和角度	车削示意图
60°	逆时针转 30°	60° 30° 30° 30°
B A 50° 3°32′ 40° 40° C	车 A 面：逆时针转 43°32′	A 43°32′ 43°32′

续表

图例	小滑板应转的方向和角度	车削示意图
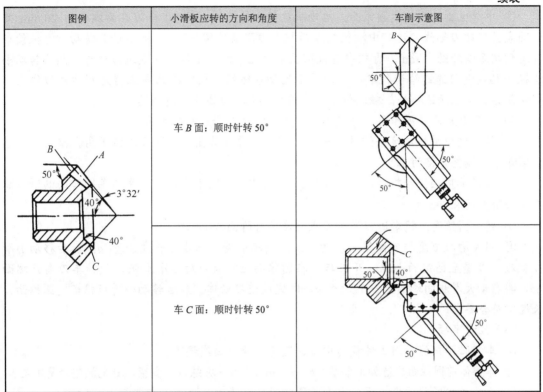	车 B 面：顺时针转 50°	
	车 C 面：顺时针转 50°	

2）小滑板的转动角度

由于圆锥的角度标注方法不同，有时图样上没有直接标注出圆锥半角 $\alpha/2$，这时就必须经过换算，才能得出小滑板应转动的角度。换算原则是把图样上所标注的角度，换算成圆锥素线与车床主轴轴线的夹角 $\alpha/2$。$\alpha/2$ 就是车床小滑板应转过的角度，具体见表 1-6。

实例 1-10 用转动小滑板法加工如图 1.2.9 所示的圆锥体。

解 （1）计算小滑板偏摆角度（圆锥半角 $\alpha/2$），并进行车削练习。

$$\alpha/2 \approx 28.7° \times (D-d)/L$$
$$\approx 28.7° \times C$$
$$= 28.7° \times 1/7$$
$$= 4.1°$$

（2）车削如图 1.2.9 所示圆锥体的步骤如下。

① 车端面：检查车刀刀尖是否与工件中心等高，如不等高，车削的圆锥母线会出现双曲线误差。车削 $\phi36_{-0.03}^{0}$ 外圆至 $\phi38 \times 50$（留调锥车削余量）。

② 摆动小拖板：将小滑板下转盘的螺母松开，把转盘基准零线对齐刻盘上 $\alpha/2$ 的

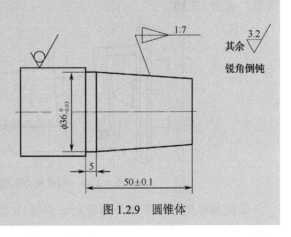

图 1.2.9 圆锥体

刻度线，上紧螺母。

③ 中滑板刻度法粗车圆锥面：启动机床使主轴正转，用 90°车刀在离端面约 20 mm 处外圆表面轻碰刀划线，记下中滑板刻度后把车刀退离外圆，（大滑板不动）转动小滑板使车刀退到端面以外约 1 mm，再把中滑板移至刚才记下的刻度位置完成进刀动作。然后转动小滑板手柄缓慢匀速进给进行车削。一直走到切削终结，切削终结点正好是刚才碰刀线上，也就是锥面与柱面连接处。碰刀越深，连接处偏离碰刀线的左边越远。

④ 用角度尺测量圆锥角，并调整小滑板偏摆角度修正圆锥半角。

⑤ 按上述中滑板刻度法继续粗车，并调整小滑板偏摆角度修正圆锥半角。重复多次直至圆锥半角调整合格为止。

⑥ 圆锥半角调整合格后，精车 $\phi36^{0}_{-0.03}$ 至尺寸、半精车圆锥面。半精车圆锥面的碰刀点在离台阶面约 8 mm 处。

⑦ 精车圆锥面：精车进刀的碰刀点应在离台阶面 5 mm 处。

⑧ 用大滑板刻度控制圆锥长度的方法：精车前量出锥体的长度余量 a，然后移动小滑板把精车刀退至圆锥的小端，开正车，在圆锥面上轻碰刀后退小滑板，使精车刀离开端面 $>a$，再移动大滑板向端面走一个距离 a，即完成进刀动作。最后移动小滑板精车完圆锥面，长度即符合要求。

（3）注意事项：

① 车刀必须严格对准工件旋转中心，避免出现双曲线误差。

② 车锥体前圆柱面应留加工余量 0.6～1.0 mm（第一次练习可多留，避免调整余量不足）

③ 小拖板松紧要适宜，否则会影响圆锥母线的直线度和表面粗糙度。

④ 两手转动小滑板手柄速度要均匀、进给量要控制适当。

⑤ 用量角器检查锥度时，测量边应对准工件中心。

⑥ 涂色检查锥度时，量规要平直套入、退出工件，转动量规时顺着圆周方向用力（转角约 180°），防止量规摆动造成错觉。

2．偏移尾座法

在两顶尖之间车削圆柱体时，床鞍进给是平行于主轴轴线移动的，若尾座横向移动一个距离 S 后，则工件旋转轴线与纵向进给方向相交成一个角度 $\alpha/2$，因此，工件就形成了外圆锥，见图 1.2.10。

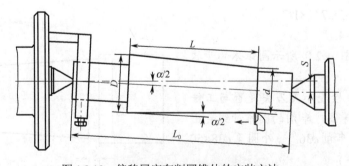

图 1.2.10　偏移尾座车削圆锥体的安装方法

采用偏移尾座法车削外圆锥时，必须注意尾座的偏移量不仅和圆锥部分的长度 L 有

关，而且还和两顶尖之间的距离有关，这段距离一般可以近似看作工件总长 L_0。

（1）尾座偏移量的计算：尾座偏移量可根据下列公式计算，即

$$S = \frac{D-d}{2L}L_0 \quad \text{或} \quad S = \frac{C}{2}L_0 \qquad (1\text{-}8)$$

式中：S 为尾座偏移量（mm）；D 为大端直径（mm）；d 为小端直径（mm）；L 为工件圆锥部分长度（mm）；L_0 为工件总长度（mm）；C 为锥度。

实例 1-11 用偏移尾座法车一外圆锥工件，已知 D=30 mm，C=1:50，L=480 mm，$L0$=500 mm，求尾座偏移量 S。

解 根据公式（1-8）有：

$$S = \frac{C}{2}L0 = \frac{1}{50} \times \frac{1}{2} \times 500 \text{ mm} = 5 \text{ mm}$$

（2）偏移尾座法车外圆锥的优点：可以自动进给车锥面，车出的工件表面粗糙度值较小；能车较长的圆锥体。缺点：因为顶尖在中心孔中歪斜，接触不良，所以中心孔磨损不均；受尾座偏移量的限制，不能车锥度很大的工件；不能车内圆锥及整圆锥。

用偏移尾座法车外圆锥，只适宜于加工锥度较小长度较长的工件。

3．仿形法

对于长度较长、精度要求较高的锥体，一般都用仿形法车削。仿形法能使车刀在做纵向进给的同时，还做横向进给，从而使车刀的移动轨迹与被加工工件的圆锥素线平行，见图 1.2.11。

仿形法车圆锥的优点：锥度仿形板调整锥度既方便又准确；可自动进给车削外圆锥和内圆锥。缺点：仿形装置的角度调节范围较小，一般 $\alpha/2$ 在 12°以下。

4．宽刃刀法

在车削较短的圆锥面时，也可以用宽刃刀直接车出，见图 1.2.12。宽刃刀的切削刃必须平直，切削刃与主轴轴线的夹角应等于工件圆锥半角 $\alpha/2$，使用宽刃刀车圆锥面，车床必须具有足够的刚度，否则容易引起振动。当工件的圆锥素线长度大于切削刃长度时，也可以用多次接刀方法，但接刀处必须平整。

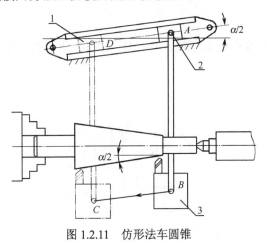

图 1.2.11 仿形法车圆锥

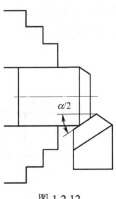

图 1.2.12

1.2.3 圆锥的检验与尺寸控制

1．角度（或锥度）的检查

1）用游标万能角度尺

游标万能角度尺的分度值一般有5′和2′两种，测量方法如图1.2.13所示。

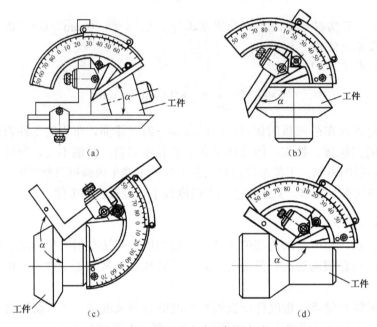

图1.2.13 用万能角度尺测量角度

使用游标万能角度尺时的注意事项：

（1）按工件所要求的角度，调整好游标万能角度尺的测量范围。

（2）工件表面要清洁。

（3）测量时，游标万能角度尺面应通过工件轴线中心，并且一个面要与工件测量基准面吻合，透光检查。读数时，应该固定螺钉，然后离开工件，以免角度值变动。

2）用角度样板

在成批和大量生产时，可用专用的角度样板来测量工件。图1.2.14所示是用角度样板测量锥齿轮坯角度的情形。

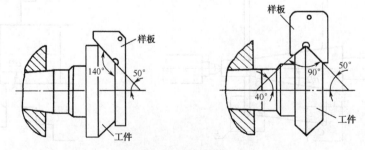

图1.2.14 角度样板

3）用圆锥量规

在测量标准圆锥或配合精度要求较高的圆锥工件时，可使用圆锥套规着色检查锥体，见图 1.2.15（a）。用圆锥套规测量外圆锥时，先在工件表面上顺着锥体母线用蓝油均匀地涂上三条线（相隔约 120°），然后把套规套入外圆锥中转动（约±30°），观察蓝油被擦去情况。如果接触部位很均匀，说明锥面接触情况良好，锥度正确。假如小端擦着，大端没擦去，说明圆锥角小了，反之就说明圆锥角大了。如图 1.2.15（b）所示圆锥塞规用于检查锥孔。

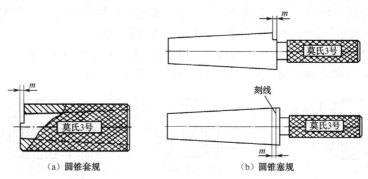

（a）圆锥套规　　　　　（b）圆锥塞规

图 1.2.15　圆锥量规

4）用正弦规

正弦规的外形如图 1.2.16（a）所示，检测方法如图 1.2.16（b）所示，把正弦规放在精密平板上，工件放在正弦规的平面上，下面垫入量块，然后用百分表检查工件圆锥的两端高度，如百分表的读数值相同，则可记下正弦规下面的量块组高度 H 值，带入公式（1-9）计算出圆锥角 α。将计算结果和工件所要求的圆锥角相比较，便可得出圆锥角的误差。也可先计算出垫块 H 值，把正弦规一端垫高，再把工件放在正弦规平面上，用百分表测量工件圆锥的两端，如百分表读数相同，就说明锥度正确。

正弦规计算圆锥角 α 的公式如下：

$$\text{Sin}\alpha = \frac{H}{L} \qquad\qquad H = L\sin\alpha \qquad\qquad (1-9)$$

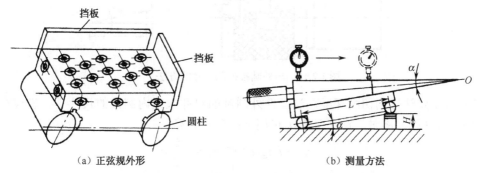

（a）正弦规外形　　　　　　　　（b）测量方法

图 1.2.16　用正弦规测量圆锥角

式中：α 为圆锥角（°）；H 为量块高度（mm）；L 为正弦规两圆柱间的中心距（mm）。

实例 1-12　已知 $\alpha/2 = 1°30'$，$L = 200$ mm，求垫块高度 H 值。

解　$\alpha/2 = 1°30'$，$\alpha = 3°$，查正弦函数表得 sin3°=0.05234，根据公式（1-9）：

$$H=L\sin\alpha=200 \text{ mm}\times0.05234=10.468 \text{ mm}$$

应垫量块组高度为 10.468 mm.

圆锥的锥度虽然正确，但尺寸太大或太小也是不符合要求的，所以还必须检验它的大小端尺寸，一般是用圆锥量规来检验的。

2．圆锥的尺寸检验

圆锥体的角度合格后，尺寸的控制主要有大端直径和锥体长度。一般要求时，可用卡尺测量，对配合要求高的锥体可用锥套配合检测，控制基面距。

如图 1.2.17 所示是用圆锥套规检验外圆锥的方法，其中图（a）表示工件小端尺寸太大，图（c）表示工件小端尺寸太小，图（b）表示工件尺寸合格。

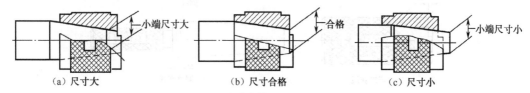

图 1.2.17　用圆锥套规检验外圆锥

3．圆锥尺寸的控制方法

在车圆锥的过程中，当锥度已车准，而大小端尺寸还未达到要求时，必须再进给车削。

1）控制大端直径

对要求不高的锥体，可采用测量大端直径，再按中滑板刻度控制其尺寸的方法。

2）控制配合基面距长度

用圆锥量规测量控制配合基面距长度 *l*（见图 1.2.18），要确定横向进给多少，有下面两种方法。

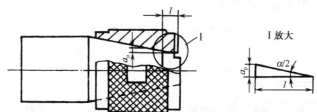

图 1.2.18　车外圆锥控制尺寸的方法

（1）用计算法控制切削深度。当工件外圆锥的尺寸大或内圆锥的尺寸小，表现在长度上还相差一个 *l* 的距离时，背吃刀量 a_p 可用下面公式计算

$$a_p = l \tan\alpha/2 \quad \text{或} \quad a_p = l\frac{C}{2} \tag{1-10}$$

式中：a_p 为圆锥量规刻线或台阶中心面距离工件端面的长度 *l* 时的背吃刀量（mm）；$\alpha/2$ 为圆锥半角（°）；*C* 为锥度。

实例 1-13　已知工件锥度 $C=1:20$，用套规测量工件时，工件小端面离套规台阶中心面为 2 mm，问背吃刀量多少时才能使小端直径合格。

解　根据公式（1-10）：$a_p = l \dfrac{C}{2} = 2\ \text{mm} \times \dfrac{1}{20} \times \dfrac{1}{2} = 2\ \text{mm} \times \dfrac{1}{40} = 0.05\ \text{mm}$

（2）用移动大、小滑板法控制锥面配合长度。用圆锥量规检验工件尺寸时，见图 1.2.19（a），量规端面当前位置 A 距要求的位置 B 还相差一个长度 l，这时取下圆锥量规，以中滑板移动车刀在工件小端圆锥面上轻轻接触，见图 1.2.19（a）的位置 1，接着移动小滑板，使车刀离开工件端面，距离端面略大于长度 l，见图 1.2.19（a）的位置 2，然后控制大滑板移动量等于 l 的长度，使车刀靠向工件端面，见图 1.2.19（b）的位置 3。此时，车刀已切入一个所需的深度 α_p，再走小滑板车削锥面至长度线，即符合要求。这种方法实际就是平行四边形原理。

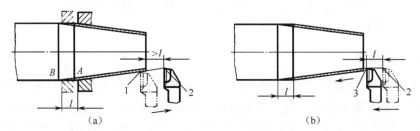

图 1.2.19　用移动大、小滑板车锥体控制尺寸的方法

1.2.4　锥体台阶轴的装夹与刀具安装

1. 一顶一夹装夹

1）工件的安装

一顶一夹安装工件时，为了避免过定位引起定位误差，工件夹位不宜过长。一般对重量较轻的轴，夹位为 6～8 mm；对笨重工件，夹位为 10～20 mm。为了防止工件轴向窜动，通常把工件夹位车出一个小台阶，作为轴向限位支承，见图 1.2.20（a），或在主轴锥孔内装一个轴向限位支承，见图 1.2.20（b）。

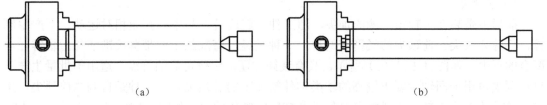

图 1.2.20　一顶一夹装夹工件的方法

工件安装时，必须先定位，后夹紧。即顶尖先顶住中心孔，后夹紧工件。并注意检查顶尖支顶的松紧程度。对较小的工件，单手轻摇尾座手轮，感觉顶尖刚接触中心孔即可。对笨重工件，稍加点力支顶。

2）圆柱度的调整

用一顶一夹安装车削工件时，顶尖与主轴的旋转中心形成工件的回转轴线，因大滑板的平行度误差，车出的外圆直径出现锥度，即圆柱度误差。此时，必须通过偏移尾座的方法，来调整圆柱度，俗称"调锥"，调锥的方法如下。

（1）尾座调整量的确定：当工件安装后，把外圆粗车一刀，测量工件两端的直径，两端直径之差的一半即为尾座调整量。

（2）尾座调整方向的确定：当工件左端的直径大于右端的直径时称为顺锥，相反则称为倒（逆）锥。若为顺锥，说明后顶尖轴线已经偏向操作者这边，此时应把尾座推离操作者；若为倒（逆）锥，说明后顶尖轴线已经远离操作者那边，此时应把尾座拉向操作者一侧。为方便记忆，简称"顺则推"、"逆则拉"。

（3）尾座调整量的控制：调整时用百分表控制尾座移动量的方法最为快捷，而比较原始的方法是估算法，可能要经过多次调整才能符合要求。

为了节省时间，往往先将工件中间车凹见图 1.2.21（外径不能小于图样要求）。再车削两端外圆，检测两处外圆的误差。若多次调整，可省去中间空位的走刀时间。圆柱度调整符合要求后再按图加工至尺寸。

2．两顶一夹装夹

对于同轴度要求较高的台阶轴、须多次装夹的轴类零件，采用两顶一夹的安装车削方法，见图 1.2.22，其具有装夹工件方便，不需找正，同轴度高的优点。但安装刚性差，一般用于精加工工序和小型零件。加工余量大的工件先采用一顶一夹安装粗车，再采用两顶一夹安装精车。

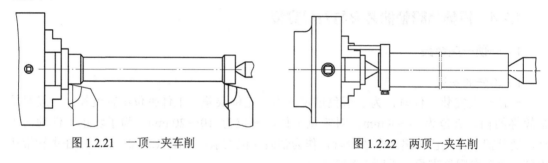

图 1.2.21　一顶一夹车削　　　　　　　图 1.2.22　两顶一夹车削

1）前顶尖

前顶尖是装在主轴箱一侧的顶尖，随工件一起旋转，与中心孔无相对运动，不产生摩擦，俗称死顶尖。前顶尖的类型有两种：一种是经过磨削加工的带莫氏锥柄与主轴锥孔内配合的顶尖，如图 1.2.23（a）所示，具有装卸方便，定位可靠的特点，适用于批量生产，这种顶尖也用于同轴度要求较高的轴类零件精加工的后顶尖。另一种是自制的前顶尖，用45 钢夹在卡盘上，转动小滑板走刀车削成60°圆锥作顶尖，如图 1.2.23（b）所示。这种顶

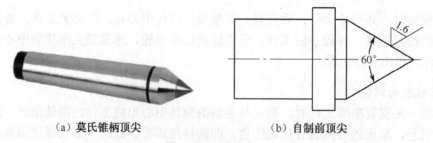

（a）莫氏锥柄顶尖　　　　　　　　（b）自制前顶尖

图 1.2.23　死顶尖

尖的优点是制造装夹方便，定心准确。缺点是顶尖硬度不够，车削过程中如受冲击，易发生变形而影响定位精度，只适用于单件小批量生产。

2）后顶尖

后顶尖就是装在尾座锥孔中的顶尖。分固定顶尖和活动顶尖两种。固定顶尖的优点：定心正确，精度好，刚性好，切削时不容易产生振动。缺点：中心孔与顶尖产生滑动摩擦，易发生高热，会把中心孔或顶尖烧坏。一般适用于低速精车。活动顶尖的优点：与工件中心孔无滑动摩擦，其内部装有滚动轴承承受很高的转速。缺点：精度和刚性较差。一般适用于高速车削精度要求不高的轴类零件，或工件的粗加工、半粗加工。

3）前顶尖的制造

用一小段 45#圆钢，直径根据加工零件大小而定，一般在 $\phi30\times60$ mm 左右。为了安装牢靠，先把一端车出台阶做夹位，调头加工过的外圆，台阶靠平卡爪再夹紧，粗车一段外圆台阶，再偏转小滑板 30°角，转动小滑板走刀车削成 60°圆锥。自制的前顶尖，拆卸后重新装夹二次使用时，应重新摆动小滑板精车 60°锥面，才能使用，否则锥面跳动不能保证加工工件的跳动度或同轴度要求。

4）两顶尖装夹轴类零件的方法

（1）安装（自车）前顶尖。

（2）安装后顶尖。先擦净顶尖锥柄和尾座锥孔，再把顶尖装入尾座套筒内，然后移动尾座，使后顶尖与前顶尖相对，检查是否偏移。若有偏移，须调整尾座使之对齐。

（3）用鸡心夹（或对分夹头）夹住工件的一端，拧紧螺钉。

（4）根据工件长度，调整尾座距离，并紧固尾座螺母。

（5）将夹有对分夹头一端的工件中心孔对准前顶尖，另一端中心孔用后顶尖支承，检查后顶尖的松紧程度，然后将尾座套筒的紧固螺钉压紧。

（6）粗车外圆，调整尾座消除外圆锥度。调锥的方法与一顶一夹的方法相同。

3．刀具的选择和安装

车削台阶工件，通常使用 90°外圆车刀。粗车时余量多，为增加背吃刀量，减少刀尖的压力，车刀安装时主偏角可以小于 90°，一般为 85°～90°。精车时为保证台阶端面和轴线垂直，应取主偏角大于 90°，一般为 93°左右。

1.2.5 锥体台阶轴的车削加工

1．零件的工艺分析

加工如图 1.2.1 所示台阶轴，各挡外圆尺寸公差≤0.03 mm。轴颈和外锥对台阶轴轴线的跳动度误差≤0.025 mm，表面粗糙度值 Ra≤1.6 μm，其余表面为 Ra≤3.2 μm。为了保证加工质量，满足零件的技术要求。必须采取合理的工艺措施与加工方法。

2．工件安装方式的确定

为了保证加工质量、满足零件的技术要求，粗车采用一夹一顶装夹方式，精车采用两顶一夹装夹方式完成零件的车削加工。

3. 确定台阶轴加工操作步骤

（1）车平端面，钻中心孔，车夹持位 $\phi38\times8$ mm 和外圆 $\phi43.5\times28$ mm；

（2）工件调头，夹持毛坯外圆，车端面取总长 125 mm 钻中心孔；

（3）一夹一顶装夹工件，粗车零件右端各级外圆留余量 2 mm；

（4）车制前顶尖；

（5）两顶一夹装夹工件，精车外圆 $\phi35\times15$ mm、$\phi42\times10$ mm，倒角 $1\times45°$；

（6）工件调头装夹，精车外圆 $\phi38$、$\phi35\times20$、$\phi32\times27$、$\phi26\times20$ mm；

（7）转动小滑板车削外圆锥 $1:15$；

（8）倒角 $1\times45°$，去毛刺；

4. 实施加工

（1）检查车床和毛坯尺寸。

（2）装夹工件和安装车刀。

（3）按加工步骤进行车削，检查各部分尺寸符合图样要求。

（4）清扫机床，擦净刀具、量具等工具。

5. 检查、评价

检查零件加工质量，按表 1-7 进行评价。

表 1-7　质量检测评价

零件编号：		学生姓名：			成绩：	
序号	项目内容及要求	占分	记 分 标 准		检查结果	得分
1	$\phi26_{-0.03}^{0}$；$Ra3.2$	10；1	超 0.01 扣 4 分；Ra 大一级扣 2 分			
2	2-$\phi35_{-0.03}^{0}$；$Ra1.6$（两处）	16；4	超 0.01 扣 4 分；Ra 大一级扣 2 分			
3	$\phi38_{-0.03}^{0}$；$Ra1.6$	10；2	超 0.01 扣 4 分；Ra 大一级扣 2 分			
4	$\phi42$；$Ra3.2$	3；1	不合格不得分			
5	$\phi32$；锥面 $Ra1.6$	3；2	不合格不得分			
6	锥度 $1:15$	12	不合格不得分			
7	两处跳动度 0.025	6	不合格不得分			
8	15、10、20、27、20、125	12	不合格不得分			
9	三处倒角	6	（按 IT14）不合格不得分			
10	安全文明生产： （1）无违章操作情况； （2）无撞刀及其他事故； （3）机床维护	10	违章操作、撞刀、出现事故者、机床不按要求维护保养，扣 5～10 分			

6. 加工质量分析

对轴类零件的加工质量分析，参考表 1-8。

表 1-8 车削轴类零件的质量分析

废品种类	产生原因	预防措施
尺寸精度达不到要求	1. 看错图样或者刻度盘使用不当。 2. 没进行试切削。 3. 量具有误差或测量不正确。 4. 由于切削热的影响，使工件尺寸发生变化。 5. 机动进给没及时停止，使车刀进给长度超过台阶长度。	1. 必须看图尺寸要求，正确地使用刻度盘，看清刻度值。 2. 根据余量计算出切削深度，进行试切削，然后修正切削深度。 3. 量具在使用前必须检查和调整零位，正确掌握测量方法。 4. 测量不能在工件温度较高时进行，测量应掌握工件的收缩情况，或浇注切削液降低工件温度后再测。 5. 注意及时停止机动进给或提前停止机动进给，用手动进给到达长度尺寸。
产生锥度	1. 用一夹一顶或两顶尖装夹工件时，由于后顶尖轴线不在主轴轴线上。 2. 用小滑板车外圆时产生锥度是因小滑板的位置不正，即小滑板的刻线和中滑板的刻线没有对准"0"线。 3. 用卡盘装夹工件纵向进给车削时产生锥度，是由于车床床身导轨和主轴轴线不平行。 4. 工件装夹时悬伸较长，车削时因切削力的影响使前端让开，产生锥度。 5. 车刀在加工中途逐渐磨损。	1. 车削前必须找正后顶尖的轴线。 2. 必须事先检查小滑板的刻线是否与中滑板的刻线"0"线对准。 3. 调整车床主轴与床身导轨的平行度。 4. 尽量减小工件的伸出长度，或另一端用顶尖支承，增加装夹刚性。 5. 选用合适的刀具材料，或适当降低车削速度。
圆度、同轴度超差	1. 车床主轴间隙太大。 2. 毛坯余量不均匀，切削过程中切削深度发生变化。 3. 工件用两顶尖装夹时，中心孔接触不良，或后顶尖顶得不紧，或前后顶尖产生径向圆跳动。 4. 前顶尖加工质量差或加工过程切削力过大引起跳动。	1. 车削前检查主轴间隙，并调整合适。如因主轴轴承磨损太多，则需更换轴承。 2. 粗车、精车分开。工件用两顶尖装夹，前顶尖装夹要可靠，自制顶尖必须精车合格再用。 3. 经常检查后顶尖松紧适度，若回转顶尖产生径向跳动，必须及时修理或更换。 4. 粗车、精车分开，避免加工中产生扎刀或两顶尖间加工采用大切削量。
表面粗糙度达不到要求	1. 车床刚性不足，如滑板镶条太松，传动零件（如带轮）不平衡或主轴太松引起振动。 2. 车刀刚性不足或伸出太长引起振动。 3. 工件刚性不足引起振动。 4. 车刀几何参数不合理，如选用过小的前角、后角和主偏角。 5. 切削用量选用不当。	1. 消除或防止由于车床刚性不足而引起的振动（如调整车床各部件的间隙）。 2. 增加车刀刚性和正确装夹车刀。 3. 增加工件装夹刚性。 4. 选择合理的车刀角度。 5. 进给量不宜太大，精车余量和车削速度应选择恰当。

7. 安全操作与注意事项

（1）车床主轴轴线必须在前、后顶尖的连线上，否则车出的工件会产生锥度。

（2）在不影响车刀切削的前提下，尾座套筒伸出应尽量短些，以增强刚性，减少振动。

（3）中心孔形状应正确，表面粗糙度要小。装入顶尖前，应清除中心孔内的切屑或异物。

（4）由于中心孔与顶尖产生滑动摩擦，如果后顶尖用固定顶尖，应在中心孔内加入工业润滑脂（黄油），以防温度过高而烧坏顶尖和中心孔。

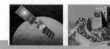

（5）由于中心孔与顶尖配合必须松紧适度，如果顶得太紧，不仅细长工件会弯曲变形，而且对于固定顶尖来说，会增加摩擦，对于回转顶尖来说，则容易损坏顶尖内的滚动轴承。如果顶得太松，工件不能准确地定中心，车削时易振动，甚至工件会掉下来。

技能训练 2

车削图 1.2.24 所示工件，用万能角度尺测量锥度。

思考与练习题 2

1. 什么叫锥度？锥角与斜角有什么关系？
2. 锥度的简易计算公式适用于圆锥角在什么范围内？
3. 车锥度有多少种方法？各是什么？
4. 车锥体时车刀安装高度对锥体加工质量有何影响？
5. 两顶尖间车锥体适用于什么情形？
6. 用锥度量规检查锥体角度时，小端接触说明工件角度大还是小？

图 1.2.24

任务 1.3 传动轴的车削工艺与加工

▌任务描述

减速器传动轴是机械传动中常见的结构较为简单的轴类零件，用来支承轴上零件与传递运动，承受弯矩和传递扭矩。其两端的轴颈（轴承位）、中间支承齿轮的圆柱等尺寸精度要求较高，并有形位公差要求。

本任务以图 1.3.1 所示传动轴的车削加工为实例，介绍传动轴零件的车削方法及保证加工精度的工艺措施，按工作过程的六步法完成传动轴零件的加工的。

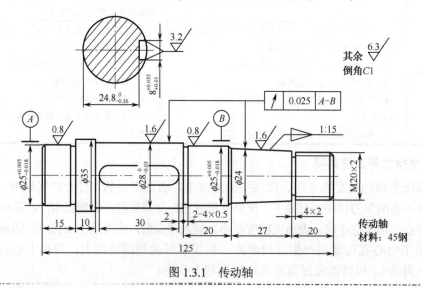

图 1.3.1 传动轴

完成本任务要掌握的知识有：螺纹的加工工艺知识，螺纹刀具要求与刃磨方法，车削螺纹的方法与测量方法，保证减速器传动轴加工精度的方法等。

技能目标

（1）会对简单轴类零件进行工艺分析，合理安排加工步骤和选择切削用量。

（2）能编制传动轴的加工工艺步骤，懂得车螺纹的相关计算。

（3）能正确选择车刀并正确刃磨。

（4）掌握传动轴尺寸检测及精度控制方法，并能车出符合图样要求的传动轴。

1.3.1 车传动轴的工艺准备

1．该传动轴的加工特点

该传动轴零件有较高的位置精度和尺寸精度要求，三角形外螺纹规格是 M20×2，精度要求不高，有 1 个 4×2 和 2 个 4×0.5 规格的退刀槽。槽和螺纹加工应安排在几个要求较高的外圆及锥体表面的精加工之前，在加工螺纹前先对各外圆表面进行粗加工，并切好退刀槽。

2．螺纹的分类及参数

1）螺纹的分类

螺纹按用途可分为连接螺纹和传动螺纹；按牙型分为三角形、矩形、圆形、梯形、锯齿型等螺纹见图 1.3.2；按螺旋线方向可分为右旋和左旋；按螺纹线数可分为单线和多线螺纹；按母体形状可分为圆柱螺纹、圆锥螺纹等。

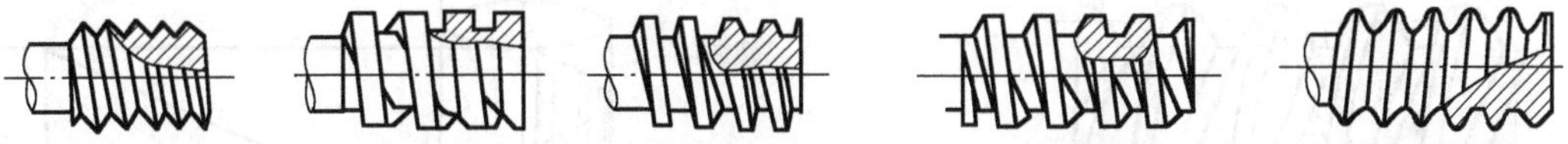

（a）三角形螺纹　　（b）矩形螺纹　　（c）梯形螺纹　　（d）锯齿形螺纹　　（e）圆形螺纹

图 1.3.2　螺纹的分类

上述各种螺纹中，常用的都有国家标准或部颁标准。有很好的互换性和通用性。除标准螺纹外，还有少量的非标准螺纹，如英制螺纹和矩形螺纹等。

2）螺纹的主要参数

在圆柱（或圆锥）表面上沿着螺旋线所形成的具有相同剖面的连续凸起和沟槽称为螺纹。在圆柱（或圆锥）外表面上形成的螺纹称为外螺纹；在圆柱（或圆锥）内表面上形成的螺纹称为内螺纹。三角形螺纹各主要参数见图 1.3.3。

车工常用的螺纹主要参数如下。

（1）牙型角（α）：通过螺纹轴线剖面的螺纹牙型上，相邻两牙侧间的夹角。

（2）大径（d 或 D）：与外螺纹牙顶或内螺纹牙底相重合的假想圆柱面的直径。

（3）小径（d_1 或 D_1）：与外螺纹牙底或内螺纹牙顶相重合的假想圆柱面的直径。

（4）中径（d_2 或 D_2）：牙型上轴向厚度和槽宽相等处的假想圆柱面的直径。

（5）公称直径：代表螺纹尺寸的直径。

（6）原始三角高度（H）：由原始三角形顶点沿垂直于螺纹轴线方向到其底边的距离。

（7）牙型高度（h_1）：螺纹牙型上，牙顶和牙底之间垂直于螺纹轴线的距离。

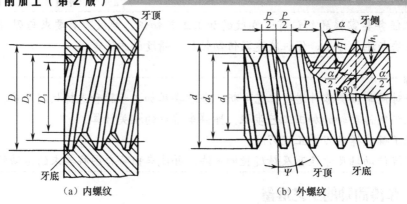

（a）内螺纹　　　　　　　（b）外螺纹

图 1.3.3　三角形螺纹各部分名称

（8）螺距（P）：相邻两牙在中径线上对应两点间的距离，如图 1.3.4 所示。

（9）导程（P_h）：同一条螺旋线上的相邻两牙在中径线上对应两点间的轴向距离。当螺纹为单线时，导程与螺距相等（$P_h=P$）。当螺纹为多线时，导程等于螺旋线线数（n）乘以螺距，即 $P_h=nP$。

（10）螺纹升角（φ）：中径圆柱上螺旋线的切线与垂直于螺纹轴线的平面的夹角，如图 1.3.5 所示。

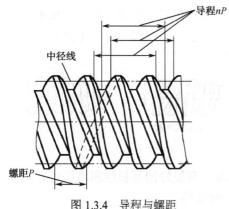

图 1.3.4　导程与螺距

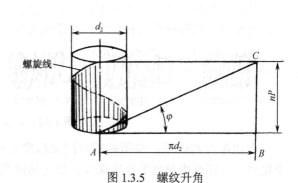

图 1.3.5　螺纹升角

螺纹升角可按下式计算：

$$\tan\varphi=\frac{nP}{\pi d_2}=\frac{P_h}{\pi d_2} \qquad (1-11)$$

单线螺纹时（$n=1$），则螺纹升角：

$$\text{Tan}\varphi=\frac{P}{\pi d_2} \qquad (1-12)$$

式中：φ 为螺纹升角；P 为螺距（mm）；n 为线数；P_h 为导程（mm）；d_2 为中径（mm）。

3）螺纹的标记

螺纹的完整标记由螺纹代号、旋向代号、螺纹公差代号和旋合长度代号及螺纹的主要参数所组成。

粗牙普通螺纹用字母"M"及公称直径表示，如 M10×1、M20×1.5 等。

普通螺纹的直径和螺距系列可从相关手册中查出。左旋螺纹在螺纹代号后加"LH"字，如 M16LH、M20×1LH 等。未注明旋向的则为右旋螺纹。

细牙普通螺纹的完整标记用下面的实例来说明。

实例 1-14 左、右旋细牙普通螺纹标注示例。

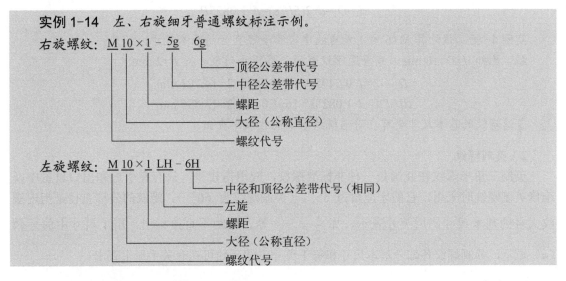

3. 三角形螺纹的种类和基本尺寸计算

三角形螺纹因其规格和用途不同，分普通螺纹、英制螺纹和管螺纹三种。在我国应用最广泛的是普通螺纹。

1）普通螺纹的牙型和基本尺寸计算

三角形螺纹中，普通螺纹是我国应用最广泛的一种，牙型角为 60°。同一公称直径可以与几种螺距组合成螺纹，按组合的螺距大小不同，螺纹分为粗牙和细牙两种。

普通螺纹的基本牙型见如图 1.3.6。此图是螺纹轴向截面的示意图，它既可看做外螺纹（各直径用小写字母），也可看做内螺纹（各直径用大写字母）的基本牙型。螺纹的牙型是在高为 H 的正三角形（称原始三角形）上截去顶部和底部而形成的，具体计算如下。

（1）原始三角形高度 H：

$$H = \cot(\alpha/2) \times P/2$$
$$= \cot 30° \times P/2$$
$$= 0.866P$$

削平高度：外螺纹牙顶和内螺纹牙底均在 $H/8$ 处削平。外螺纹牙底和内螺纹牙顶均在在 $H/4$ 处削平。

（2）牙型高度 h_1：

$$h_1 = H - H/8 - H/4 = 5H/8 = 0.5413P$$

（3）大径（d、D）：螺纹大径的基本尺寸就是"直径与螺距系列表"中的公称直径。

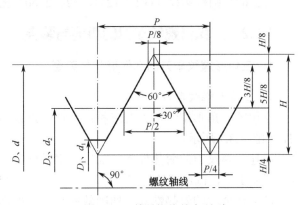

图 1.3.6 普通螺纹基本牙型

（4）中径 d_2（D_2）：外螺纹中径与内螺纹中径的基本尺寸相同。即

$$d_2=D_2=d-2(3H/8)=d-0.6495P$$

（5）小径（d_1、D_1）：外螺纹小径与内螺纹小径的基本尺寸相同。即

$$d_1=D_1=d-2(5H/8)=d-1.0825P$$

实例 1-15 试计算 M16 内、外螺纹中径和小径直径的基本尺寸。

解 已知 $d=D=16$ mm，查普通螺纹直径与螺距系列表，得 $P=2$ mm。

$$d_2=D_2=d-0.6495P=16-0.6495\times2=14.701 \text{ mm}$$
$$d_1=D_1=d-1.0825P=16-1.0825\times2=13.835 \text{ mm}$$

普通螺纹的基本尺寸也可在普通螺纹基本尺寸表中查出。

2）英制螺纹

英制三角形螺纹在我国是一种非标准螺纹，应用得较少，只有在引进和出口设备中及维修英制螺纹时采用。它的牙型角为 55°（美制螺纹为 60°），螺纹的公称直径是指内螺纹大径的基本尺寸，用英寸表示，如 $\frac{1''}{2}$、$\frac{7''}{8}$ 等。螺距不直接标出，用 1 英寸中的牙数（n）表示，英制螺纹各部分基本尺寸和每 1 英寸中的牙数可在有关手册上查出。

3）管螺纹

管螺纹应用在流通气体或液体的管接头、旋塞、阀门及其他附件上。根据螺纹副的密封状态和螺纹牙型角，管螺纹分为以下三种。

（1）非密封管螺纹（GB/T 7307—2001 55° 非密封管螺纹），又称圆柱管螺纹，螺纹的母体形状是圆柱形，螺纹副本身不具有密封性，若要求联结后具有密封性，可压紧被联结螺纹副外的密封面，也可在密封面间添加密封物。螺纹的牙型角为 55°，牙顶及牙底均为圆弧形。螺距 P 由每 1 英寸内的牙数 n 换算出。

（2）密封管螺纹（GB/T 7306—2000 55° 密封管螺纹），又称 55° 圆锥管螺纹。它是螺纹副本身具有密封性的管螺纹，包括圆锥外螺纹与圆锥内螺纹和圆柱内螺纹与圆锥外螺纹两种联结形式。必要时，允许在螺纹副内添加密封物，以保证联结的密封性。螺纹的母体为圆锥形，其锥度为 1:16。牙顶及牙底均为圆弧形。螺距 P 由每 1 英寸内的牙数 n 换算出。

（3）60° 圆锥螺纹（GB/T 12716—2002 60° 密封管螺纹），螺纹母体有 1:16 的锥度。

1.3.2　三角形螺纹车刀的刃磨与装夹

1. 三角形螺纹车刀的几何形状与刃磨

1）三角形螺纹车刀的种类

常用的三角形螺纹车刀有三种：高速钢螺纹刀、焊接式硬质合金螺纹刀、机夹式螺纹刀，如图 1.3.7 所示。

高速钢螺纹刀的耐热性差，加工效率较低，但抗弯强度高，刃磨性能好，价格便宜，故广泛用于中、低速螺纹切削。

硬质合金刀的耐热性好，切削效率高，强度高，但韧性不高，刃磨工艺性也比高速钢刀差，故多用于高速、高效的加工场合。

机夹式螺纹刀的刀体能连续重复使用，只需更换磨损或崩缺的刀头即可。

2）高速钢螺纹车刀的几何角度

高速钢三角螺纹车刀的几何角度，如图 1.3.8 所示。三角螺纹车刀的几何角度主要有以下三个。

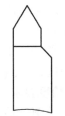  

（a）高速钢螺纹刀　（b）焊接式硬质合金螺纹刀　（c）机夹式螺纹刀

图 1.3.7　螺纹车刀

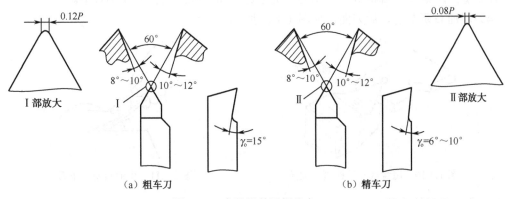

（a）粗车刀　　　　　　　　　　　（b）精车刀

图 1.3.8　高速钢普通螺纹车刀

（1）刀尖角：三角螺纹按公制螺纹与英制螺纹划分，其牙型角分别是 60°与 55°，车刀的刀尖角与对应的螺纹牙型角相等。

（2）径向前角：加工精度要求较高的螺纹时，螺纹车刀的径向前角应取 0°，否则，加工出的螺纹牙型角会产生误差。加工精度要求不高的螺纹时，为了使刀具锋利，便于切削，径向前角可取 6～10°。

（3）两侧后角：由于受螺纹螺旋升角的影响，进刀方向的后角比退刀方向的后角要大些，其大小可根据螺纹螺旋角大小确定。

3）高速钢三角螺纹车刀的刃磨

（1）粗磨。因车刀材料为高速钢，选用氧化铝粗粒度砂轮刃磨后刀面和前刀面。

① 磨后刀面：先磨左侧后刀面，刃磨时双手握刀，使刀体与砂轮外圆水平方向素线成 30°、垂直方向倾斜约 8°～10°，如图 1.3.9（a）所示，车刀与砂轮接触后控制好力度，不要用力太大，水平缓慢移动车刀，逐渐磨出后刀面，并确保半角为 30°，大约磨至车刀刀头的对称中线为好。

 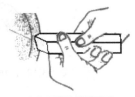

（a）刃磨左侧后刀面　　　（b）刃磨右测后刀面

图 1.3.9　刃磨外螺纹车刀刀尖角

刃磨右侧后刀面时，车刀向右侧偏摆，方法与左侧相同，如图 1.3.9（b）所示。后刀面磨至刀尖宽约 1～2 mm 时，用螺纹样板透光检查刀尖角等于 60°。

② 磨前刀面：螺纹粗车刀径向前角可磨出 5°，刃磨方法和刃磨切槽刀前刀面一样；

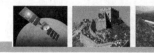

精车刀的径向前角为 6°～10°，高速钢刀平面已精磨过，其前刀面不用磨。

（2）精磨。选用 80 粒度氧化铝砂轮精磨。

① 精磨左右后刀面：精磨后刀面用力要轻，手要稳，保证刀刃平直，后刀面平滑。

② 检查刀尖角：因车刀有径向前角，所以螺纹样板应水平放置做透光检查，见图 1.3.10。如发现角度不正确，及时修复至符合样板角度要求。

（3）磨刀尖圆弧。车刀刀尖对准砂轮外圆，后角保持不变，刀尖移向砂轮，当刀尖处碰到砂轮时，做圆弧摆动，磨出刀尖圆弧。圆弧 R 应小于 P/8。如 R 太大使车削的三角形螺纹底径太宽，用螺纹环规检查，出现通端旋不进，而止规旋进使螺纹不合格。

（4）用油石研磨前、后刀面，如图 1.3.11 所示。

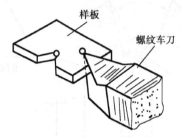
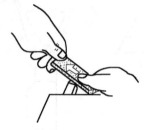

图 1.3.10　用螺纹样板检查刀尖角　　　　图 1.3.11　用油石研磨车刀

2．螺纹车刀的装夹

高速钢三角螺纹车刀的装夹，一般可直接垫垫块，用弹性刀柄来装夹，如图 1.3.12 所示。

车削三角形螺纹时为了保证螺纹牙型正确，对装夹螺纹车刀提高了严格的要求。

为了使螺纹牙型半角相等，可用样板对刀，如图 1.3.13。如果把车刀装歪，就会产生牙型半角不相等的现象。在装刀时还必须使车刀刀尖与主轴轴线等高。

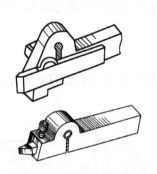
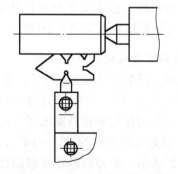

图 1.3.12　用弹性刀柄装螺纹车刀　　　图 1.3.13　外螺纹车刀的对刀

1.3.3　三角形螺纹的车削与测量

1．车螺纹前的车床调整

1）检查车床各部分的间隙

车床各部分的间隙过大会影响螺纹的加工质量。车螺纹前必须检查调整。

 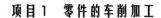

（1）检查中、小滑板的松紧情况。中、小滑板的刻度盘反向间隙要符合要求，镶条松紧要适宜，以手摇手柄的感觉比正常加工时稍重但不太吃力为宜。

（2）检查丝杆是否有轴向串动。

（3）检查开合螺母手柄。开合螺母手柄在开合时不宜过松，以防在车削过程中手柄抬起而车坏螺纹；过紧则不便于操作。可通过镶条来调整松紧：先用扳手松开压紧螺钉上的螺母，再用螺丝刀调紧（或松）螺钉，检查开合螺母手柄在动作松紧适宜后，再把螺母调紧。

2）调整车床正反转离合器

用正反车进退刀的方法车螺纹时，正反转操纵杆的动作要灵敏，如果正反转操纵杆已做正向（或反向）动作，但车床主轴正转（或反转）反应迟缓，说明正反转离合器的摩擦片已松，必须由老师指导调整离合器，再车螺纹。

3）车削螺纹相关手柄位置的调整

车削螺纹前，必须根据车削螺距的大小调整车床上有关手柄的位置，否则车出的螺距与图样不符。

车削标准螺距时，均可按车床铭牌上给定的手柄位置进行车削。

车削非标准螺距时，需要变换挂轮（这里不做介绍）。

2. 三角形螺纹的车削方法

三角形螺纹的车削方法有两种：即低速车削与高速车削。用高速钢车刀低速车削三角形螺纹，能获得较高的螺纹精度和较低的表面粗糙度值，但这种车削方法的生产效率较低，成批车削时不宜采用，适合于单件或特殊规格的螺纹采用。用硬质合金车刀高速车削螺纹，生产效率较高，螺纹表面粗糙度值也较小，是目前在机械制造业中被广泛采用的方法。

1）低速车削三角形螺纹

在车床低速运转的情况下进行螺纹车削，叫低速车螺纹。

（1）操作方法

车削螺纹时根据操作方法可分正反车进退刀的方法（简称开顺倒车法）和起开合螺母的方法。

① 开顺倒车的方法：车螺纹时开顺车完成一次切削后，退出车刀，开倒车（把主轴反转）的方法，使车刀退回原始位置，再开顺车完成第二次切削，这样多次往返，直至把螺纹车好。因为在车削螺纹过程中，滑板与丝杠的传动没有脱开过，车刀始终在所确定的轨迹中往返移动，这样就不会产生乱牙。

② 起开合螺母的方法：当完成一次切削后，退出车刀，提起开合螺母手柄，操纵滑板使车刀退回原始位置（主轴保持正转），再合上开合螺母手柄进行第二次切削。如此反复，直至把螺纹车好。起开合螺母的方法只能车削非乱扣螺纹。

当车床丝杆螺距是所车螺纹螺距的整数倍时为非乱扣螺纹。

当车床丝杆螺距不是所车螺纹螺距的整数倍时，当完成一次切削后，退出车刀，提起开合螺母手柄，再合上开合螺母手柄第二次切削时，刀尖会偏离前一次切削车出的螺旋槽而落在牙顶（或牙顶附近），并车出一螺旋槽，形成破头，称为乱扣。所以，车乱扣螺纹不能用起开合螺母的方法，只能用开顺倒车的方法。

采用开顺倒车法车螺纹必须**注意**：主轴换向不能太快，否则车床各旋转部件受到反向冲击，容易损坏。另外，在卡盘连接盘上必须安装防松脱装置，以防卡盘在倒车时从主轴上松脱跌落。

（2）进刀方法

车削三角形螺纹的进给应根据工件的材料及螺距的大小来决定，常用以下三种进刀方法。

① 直进切削法：直进切削法如图 1.3.14 所示，每次切削都单独采用中滑板进刀的方法，直至车削成型。切削时，螺纹车刀刀尖及左右两侧刃都直接参加切削工作。

② 左右切削法：左右切削法如图 1.3.15 所示，车螺纹时，用中滑板刻度分别控制螺纹使车刀左右微量进给。适用于除矩形螺纹外各种螺纹的粗、精车，有利于加大切削用量，提高切削效率。

③ 斜进给切削法：斜进给切削法如图 1.3.16 所示，小滑板只向一个方向进给。为了使车刀两切削刃均匀磨损，可交替换向斜进的方法切削。

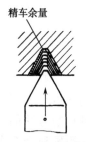
图 1.3.14　直进切削法

图 1.3.15　左右切削法

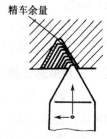
图 1.3.16　斜进给切削法

（3）车削三角形螺纹时切削用量的一般选择原则

① 根据车削要求选择：粗车主要是去除余量，切削用量可选得较大；精车时应保证精度和表面粗糙度值较小，切削用量宜选小。

② 根据车削状况选择：车刀、工件刚性好，强度大，切削用量可选得较大；车细长轴螺纹，刚性差，切削用量宜小；车螺距大的螺纹，进给量相对行程大些，切削用量宜小些。

③ 根据工件材料选择：加工脆性材料（铸铁、黄铜等），切削速度相应减小；加工塑性材料（钢等），切削用量可相应增大，但要防止因切削用量过大造成"扎刀"现象。

④ 根据进给方式选择：直进切削法，切削横截面大，车刀受力大，受热较严重，切削用量宜小；左右切削法，切削横截面积小，车刀受力小，受热有所改善，切削用量大些。

为防治"扎刀"现象，最好采用图 1.3.12 所示的弹性刀柄。这种刀柄当切削力超过一定值时，车刀能自动让开，使切屑保持适当的厚度，粗车时可避免"扎刀"现象，精车时可减小螺纹的表面粗糙度值。

采用高速钢车刀低速车螺纹时要浇注切削液，起冷却润滑作用，延长车刀使用寿命，提高螺纹表面的加工质量。

2）高速车削三角形螺纹

高速车削三角形螺纹使用的车刀为硬质合金车刀（见图 1.3.17），切削速度一般取 50～

70 m/min，车削时只能用直进法进给，使切屑垂直于轴线方向排出。每次进刀量较大，如车削 M16×2 的螺纹，在工件安装刚性较好的情况下分三次进给就可完成螺纹的车削。

实例 1-16 在 CA6140 车床上车削 M16×2 的螺纹，采用左右切削法切削，进刀、借刀量如何分配？

解 总切削深度：$h1=0.54P=0.54×2=1.08$ mm，进刀、借刀量分配如表 1-9 所示。

表 1-9　切削用量分配

中滑板进刀量（mm）	小滑板（借刀）量（mm）	
	左	右
0.5		
0.25	0.15	
0.15	0.1	
0.1		0.1
0.05		0.05
0.025		0.05
0.025	0.1	
	0.05	
	0.025	
		0.05
		0.025

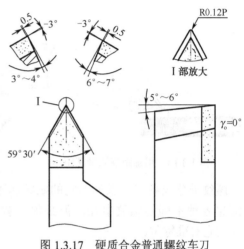

图 1.3.17　硬质合金普通螺纹车刀

高速车削三角形螺纹，一般采用起开合螺母的方法。若车乱扣螺纹，必须采用开顺倒车法，车床转速不宜过高，否则退刀不及会发生碰撞。

由于高速车螺纹时，车床滑板走刀的移动速度很快，很容易发生碰撞，操作时精神必须高度集中，及时准确退刀。

3. 三角形螺纹的测量

车削螺纹后，必须进行测量，检查螺纹是否达到规定要求。测量螺纹的方法由单项测量和综合测量两类。

1）单项测量

单项测量时用量具测量螺纹几何参数中的某一项。

（1）顶径的测量：顶径的公称值，一般都比较大。外螺纹顶径常用游标卡尺或千分尺测量，内螺纹顶径可用游标卡尺测量。

（2）螺距的测量：螺距一般用螺距规进行测量，如图 1.3.18 所示。螺距规有米制和英制两种。

在测量时，把螺距规中的某一片平行于螺纹轴线方向嵌入牙槽中，如能正确啮合，则说明被测螺纹的螺距就是该片螺距规上标注的螺距（或每英寸中牙数）。螺距也可用钢直尺粗略地进行测量，由于三角形螺纹的螺距一般都比较小，难以在钢直尺上量出一个螺距的数值，最好多量几牙，然后把量出的长度除以其中的牙数，从而得出螺距的数值。

（3）中径的测量：三角形螺纹中径可用螺纹千分尺测量，也可用三针测量法测量（三针测量法可参考第 1.8.1 节）。

用螺纹千分尺来测量螺纹中径，如图 1.3.19 所示，螺纹千分尺的结构和使用方法与一般千分尺相似，它的两个测量触头可以调换。在测量时，两个与螺纹牙型角相同的测量触头正好卡在螺纹的牙侧上，所得到的千分尺读数就是该螺纹的中径实际尺寸。从图 1.3.19（b）中可以看出，ABCD 是一个平行四边形，因此测得的尺寸 AD 就是螺纹的中径。

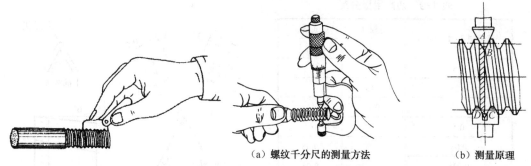

（a）螺纹千分尺的测量方法　　（b）测量原理

图 1.3.18　用螺距规测量螺距　　　　图 1.3.19　螺纹千分尺及其测量

螺纹千分尺备有一系列不同的螺距和不同牙型角的测量触头。只需调换测量触头就可以测量各种不同的螺纹中径。但必须注意，在每次更换测量触头后，必须重新调整千分尺，使它对准零位。

2）综合测量

综合测量是对螺纹的各项几何参数进行综合性的测量。对外螺纹可用螺纹环规进行测量，如图 1.3.20 所示。螺纹环规分通端和止端，测量时，通端能顺利拧进去，而止端拧不进，说明加工的螺纹螺距和直径尺寸等符合要求。在使用量规时，用力不应过大，以免使量规严重磨损。

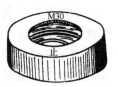

图 1.3.20　螺纹环规

1.3.4　传动轴的车削加工

1）零件工艺分析

加工如图 1.3.1 所示传动轴零件，尺寸精度和形位公差要求较高，$\phi25$ 尺寸公差为 0.023，表面粗糙度值为 $Ra0.8$，可采用磨削加工为最终精加工，车加工按精车来控制尺寸，车至 $\phi25.4_{-0.03}$，既已达到训练目的，又为后续工种磨工实训提供毛坯。$\phi28$ 外圆和外锥对 A、B 基准轴线均有位置公差要求，应从安装及加工工艺保证形位公差要求，键槽加工由后续工种铣工来完成。为保证外圆的跳动度要求，应分粗、精车工序进行加工，粗车右端时采用一夹一顶装夹，精车时应采用两顶尖安装的装夹方式，才能保证跳动度精度要求。

2）加工方案确定

确定传动轴车削加工的安装方法及加工方案。

因为要保证圆跳动公差，精车时要采用两顶尖装夹，可先装夹毛坯，车平左端面，钻

左边中心孔，并粗加工左端外圆作为后序夹位。

安装一：夹紧毛坯，伸出约 80 mm 车左端面，钻中心孔，粗车 ϕ35 外圆至 ϕ36.5×55（径向尺寸精车留量 0.8），粗车 ϕ25 外圆至 ϕ26.5×14.8（径向尺寸留半精车余量 1.5 mm）。

为保证两中心孔的同轴度，工件调头，用三爪自定心卡盘夹已粗车的 ϕ36.5 的外圆（避免二次夹毛坯，粗基准不能重复使用）。车右端面取总长，钻中心孔。

安装二：工件调头，三爪自动定心卡盘夹 ϕ36.5 的外圆。车右端面并保总长 125 mm，钻中心孔。

为了切削稳定，采用一顶一夹完成右端所有外圆、锥面的粗加工，退刀槽及螺纹的粗、精加工。

安装三：三爪卡盘夹 ϕ26.5×14.8 外圆，后顶尖顶右端中心孔，一顶一夹粗车右端所有外圆，各挡外圆留余量 1 mm，退刀槽车至尺寸，螺纹加工至图样要求。如图 1.3.21 所示，粗实线部分轮廓为本工序加工。

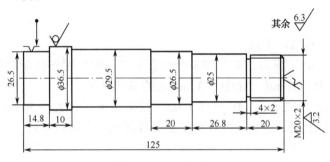

图 1.3.21　安装三

为了满足零件跳动度误差要求，采用两顶一夹安装，精车左端 ϕ35 mm、ϕ25 mm 外圆至标注尺寸。

安装四：采用两顶一夹装夹，先车制前顶尖，用鸡心夹夹持 ϕ24.8 外圆处，前、后顶尖支顶工件，精车左端 ϕ35 mm、ϕ25 mm（留磨削余量 0.4）外圆至标注尺寸。如图 1.3.22 所示，粗实线部分轮廓为本工序加工。

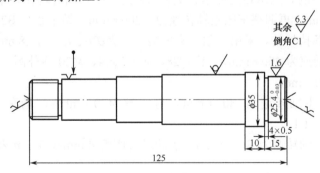

图 1.3.22　安装四

工件调头，为了满足零件跳动度误差要求，采用两顶一夹安装，精车右端。

安装五：用鸡心夹夹持 ϕ35 外圆处，前、后顶尖支顶工件，精车右端所有外圆（ϕ25 mm 外圆留磨削余量 0.4）、外体精加工至图样尺寸。如图 1.3.23 所示，粗实线部分为本工序加工。

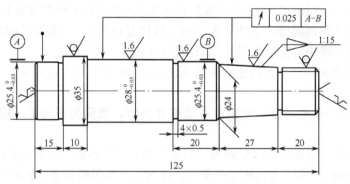

图 1.3.23　安装五

3）工具、量具准备

计划选用刀具、量具、工具。

（1）选用刀具：45°车刀，90°硬质合金粗车刀，90°硬质合金精车刀，普通外螺纹车刀（对刀样板），B2/6.3 mm 中心钻，3 mm 宽的车槽刀等。

（2）选用量具：0.02 mm/（0～150）mm 的游标卡尺，25～50 mm 的千分尺，0～25 mm 的千分尺，钢直尺，深度尺，M20×2 的螺纹环规，万能角度尺。

4）实施加工

（1）毛坯装夹。三爪自定心卡盘夹持毛坯，伸出约 80 mm。

（2）车左端面，钻中心孔。调整车床主轴转速为 600 r/min，进给量为 0.25 mm/r，用 45°车刀车平端面。再调整车床主轴转速为 1 200 r/min，钻中心孔 B2.5 mm。

（3）粗车左端外圆。调整车床主轴转速为 600 r/min，进给量为 0.3 mm/r，用 90°外圆粗车刀粗车 ϕ35 mm 外圆至 ϕ36.5 mm×55 mm，粗车 ϕ25 mm 外圆至 ϕ26.5 mm×14.8 mm。

（4）工件调头车削。三爪自定心卡盘夹 ϕ36.5 的外圆（以台阶作止推位），夹紧。车右端面并保总长 125 mm。再调整车床主轴转速为 1 200 r/min，钻中心孔 B2.5 mm。

（5）粗车右端各挡外圆。采用一顶一夹安装，即夹 ϕ26.5 mm×14.8 mm 外圆，后顶尖支顶。调整车床主轴转速为 600 r/min，粗车 ϕ28、ϕ25、ϕ24、M20 各外圆，并留外圆精车余量1.5 mm，长度余量 0.2 mm.

（6）调整车床主轴转速为 800 r/min，进给量为 0.1 mm/r，精车 M20 螺纹大径至19.85 mm，端面倒角 C1。

（7）调整车床主轴转速为 300 r/min，手动进给切槽 4 mm×0.5 mm 和 4 mm×2 mm，并控制 20 mm 长度。

（8）粗车、精车 M20×2 螺纹。

按要求装夹螺纹车刀，选择切削用量（粗车时，切削转速取 n=90 r/min；精车时，切削转速取 n=60 r/min，熟练操作后可采用高速车削螺纹）。选择开顺倒车法车螺纹（高速车削螺纹需采用起开合螺母方法）。合理分配每次走刀的切削深度和左右借刀量，车至接近计算的深度值，及时用螺纹环规进行综合检验，直至符合要求。

（9）两顶一夹精车外圆。

① 采用两顶尖安装工件：车制前顶尖，用鸡心夹夹持 ϕ25.5 外圆处，前、后顶尖支顶工件。装夹 90°精车刀，注意检查滑板左右移动的全行程，观察和检查有无碰撞现象，调整好顶尖距离再紧固尾座螺母。

② 半精车与精车左端外圆：调整车床主轴转速为 880 r/min，进给量 0.25 mm/r，半精车外圆 ϕ35 mm 至尺寸要求，长度超过外圆表面；调整进给量 f=0.05 mm/r，精车 $\phi25.4^{0}_{-0.03}$ 外圆至尺寸，表面粗糙度达到 Ra1.6 μm，长 15 mm 至尺寸要求。

③ 调整车床主轴转速为 300 r/min，调整切槽刀，手动进给切削工艺槽 4×0.5 至尺寸要求。调整 45°车刀倒角 C1。检查尺寸及形状精度是否达到要求。

④ 工件调头，用鸡心夹夹持 ϕ25 mm 外圆处，前、后顶尖支顶工件，将 90°外圆精车刀调整至工作位置，调整车床主轴转速为 880 r/min，进给量 f=0.15 mm/r，半精车右端 $\phi28^{0}_{-0.03}$、$\phi25.4^{0}_{-0.03}$ 外圆，留 0.5 mm 余量，锥体大端直径至 24 mm，长度车至图样尺寸。

⑤ 精车外圆：进给量 f=0.05 mm/r，精车右端外圆至 $\phi28^{0}_{-0.03}$ mm，表面粗糙度达到 Ra1.6 μm。检查尺寸及形状精度是否达到要求。

⑥ 粗车圆锥体：粗车圆锥时用锥度 C=1：15 的锥套检测圆锥角度，角度调整准确后，控制大端直径，留 0.5 mm 精车余量。

⑦ 精车圆锥面：用锥套检测配合基面距，精车至尺寸，表面粗糙度 Ra1.6 μm。

⑧ 倒角 C1 及去毛刺（完毕），检查各处尺寸无误后再取下工件。

5）检查与评价

按图样逐项检查传动轴的加工质量，检查机床是否处于正常状态。

（1）按图样逐项检查传动轴的加工质量，参照评分表 1-10 进行质量评价，加工质量占 85 分，安全文明生产 10 分，机床维护与环保 5 分。

表 1-10　质量检测评价

零件编号：			学生姓名：		成绩：	
序号	项目内容及要求	占分	记分标准		检查结果	得分
1	$\phi28^{0}_{-0.03}$；Ra1.6	10；2	超差 0.01 扣 4 分；Ra 大一级扣 2 分			
2	2−$\phi25.4^{+0.005}_{-0.018}$；$Ra$1.6（两处）	16；4	超差 0.01 扣 4 分；Ra 大一级扣 2 分			
3	ϕ35；Ra6.4	4；1	不合格不得分			
4	ϕ24	4	不合格不得分			
5	M20×2（螺纹环规检测）	12	不合格不得分			
6	锥度 1：15；Ra1.6	5；2	不合格不得分			
7	两处跳动度 0.025	6	不合格不得分			
8	15、10、20、27、20、	10	（按 IT14）不合格不得分			
9	三处倒角；三处沟槽	3；6	不合格不得分			
10	安全文明生产： （1）无违章操作情况； （2）无撞刀及其他事故； （3）机床维护与环保	10	违章操作、撞刀、出现事故者、机床不按要求维护保养，扣 5～10 分			

（2）加工质量分析：对轴类零件的加工质量分析，参见任务 1.1 及任务 1.2。
车螺纹时产生废品的原因及预防方法见表 1-11。

表 1-11　车螺纹时产生废品的原因及预防方法

废品种类	产生原因	预防方法
螺距不正确	1. 交换齿轮计算或搭配错误、进给箱手柄位置放错。 2. 局部螺距不正确： （1）车床丝杠和主轴窜动。 （2）滑板箱手轮转动时轻重不均匀。 （3）开合螺母间隙太大。 3. 开顺倒车法车螺纹时，开合螺母抬起。	1. 在车削第一只工件时，先车出一条很浅的螺旋线，测量螺距的尺寸是否正确。 2. 在加工螺纹前，将主轴与丝杠轴线窜动和开合螺母的间隙进行调整，并将床鞍的手轮与传动齿轮条脱开，使床鞍能匀速运动。 3. 调整开合螺母的镶条，用重物挂在开合螺母的手柄上。
牙型不正确	1. 车刀装夹不正确，产生螺纹的半角误差。 2. 车刀刀尖刃磨得不正确。 3. 车刀磨损。	1. 采用螺纹样板对刀。 2. 正确刃磨和测量刀尖角。 3. 合理选择切削用量和及时修磨车刀。
螺纹表面粗糙度值大	1. 高速切削螺纹时，切屑厚度太小或切屑从倾斜方向排出，拉毛已加工表面。 2. 切削用量及切削液使用不当。 3. 刀柄刚度不够，切削时引起振动。	1. 高速切削螺纹时，最后一次背吃刀量一般要大于 0.1 mm，切屑要从垂直轴线方向排出。 2. 用高速钢车刀切削时，应降低切削速度，并合理使用切削液。 3. 选用较大尺寸的刀柄，装刀时不宜伸出过长。

技能训练 3

按以下步骤完成如图 1.3.24 所示零件的车削加工任务（材料 45 钢毛坯 $\phi50 \times 107$）。

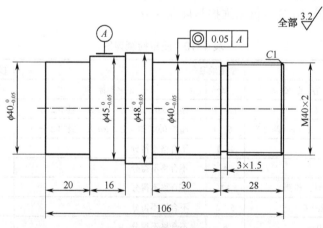

图 1.3.24　螺纹轴

（1）读图：分析零件图，明确加工内容及要求。

（2）确定使用设备、零件装夹定位方式及加工方案。

（3）计划选用刀具、量具、工具，初步选定切削用量，拟定加工步骤。

（4）实施加工：

① 加工准备工作。

② 加工过程，对加工步骤记录。

（5）检查与评估：

① 检查零件各处尺寸是否符合图样要求。

② 加工过程的机床运行情况、机床维护情况。

③ 加工质量评价（分标准见表 1-12）。

④ 加工质量分析（对自己零件的加工结果进行分析）。

表 1-12 质量检测评价

零件编号：			学生姓名：			成绩：	
序号	项 目 内 容 及 要 求	占分		记 分 标 准		检查结果	得分
1	$\phi48^{0}_{-0.05}$；$Ra3.2$	10；3		超 0.01 扣 4 分；Ra 大一级扣 2 分			
2	$\phi45^{0}_{-0.05}$；$Ra3.2$	10；3		超 0.01 扣 4 分；Ra 大一级扣 2 分			
3	$\phi40^{0}_{-0.05}$；$Ra3.2$	10；3		超 0.01 扣 4 分；Ra 大一级扣 2 分			
4	$\phi40^{0}_{-0.05}$；$Ra3.2$	10；3		超 0.01 扣 4 分；Ra 大一级扣 2 分			
5	M40×2 配合；$Ra3.2$	12；4		不合格不得分			
6	同轴度 0.05	8		不合格不得分			
7	20、16、30、28、106、3×1.5	12		不合格不得分			
8	倒角	2		不合格不得分			
9	安全文明生产，5S 管理： （1）无违章操作情况； （2）无撞刀及其他事故； （3）机床维护与环保	10		违章操作、撞刀、出现事故者、机床不按要求维护保养，扣 5～10 分			

思考与练习题 3

1．车削传动轴的各表面时，切削用量如何选择？

2．如何保证传动轴的各外圆的同轴度？

3．高速钢、硬质合金三角螺纹车刀的刃磨角度有什么要求？

4．安装螺纹车刀有什么要求？

5．车螺纹出现啃刀是什么原因？

6．三角形螺纹的测量有哪几种方法？

任务 1.4 特殊加工——套丝、车球面

任务描述

刀架螺钉是车床易损件，车床操作工常免不了需自己加工，作为机床配件加工车间，就是批量生产。其结构较简单，螺纹部分可车制，也可采用套丝加工。在机器中，有些零件表面的轴向剖面呈曲线形，如手柄、圆球等，具有这些特征的表面叫成型面。本任务以刀架螺钉（图 1.4.1 所示）和圆球手柄（图 1.4.2 所示）的加工为实例。

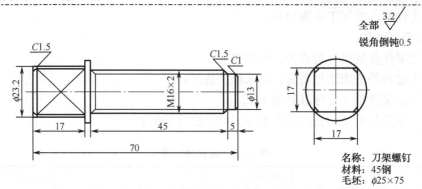

图 1.4.1　刀架螺钉

本任务的训练目标：

（1）通过车削螺钉，掌握套螺丝的方法，了解提高螺纹加工效率的方法。

（2）通过车球面，掌握成型面的方法，提高双手协调动作控制车削成型面的方法。

完成本任务要掌握的知识有：板牙的选择和板牙套螺纹时的切削速度及切削液的使用，板牙套螺纹的方法与操作要领；车球面时的 L 长度计算和操作要领。

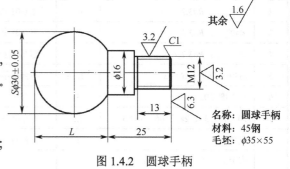

图 1.4.2　圆球手柄

（1）能用板牙套制螺纹。

（2）能合理选择板牙、切削液及套螺纹时的切削速度。

（3）了解板牙套螺纹时可能产生的问题及预防方法。

1.4.1　套丝刀具与方法

1.　套丝刀具与工具

（1）板牙。板牙是一种成型、多刃的刀具，操作简单，生产效率高。

板牙的结构形状如图 1.4.3（a）所示。它象一个螺母，在内螺纹的周围开有 3～5 个排屑孔，可以容纳和排出切屑，排屑孔跟内螺纹的相交处形成切削刃，板牙套螺纹情况如图 1.4.3（b）。板牙两面都有切削刃，因此正反面都可以使用。

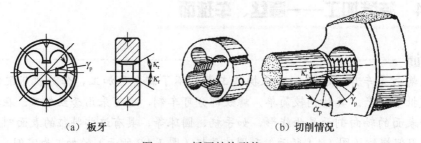

（a）板牙　　　　　　　　　　　　　　（b）切削情况

图 1.4.3　板牙结构形状

（2）车床套螺纹工具如图 1.4.4 所示，叫浮动攻丝套筒。件 2 是安装板牙或丝锥榫套用的浮动导套。件 1 是粘紧螺钉，用于固定板牙或丝锥榫套。件 3 是销钉，用于传递扭矩。件 4 是固定套筒，用于安装浮动套并与尾座联结承受扭矩。

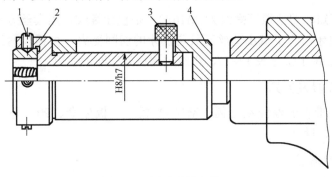

图 1.4.4 浮动攻丝套筒

2. 套丝要求与方法

一般直径不大于 M16 或螺距小于 2 mm 的螺纹可用板牙直接套出来；对直径大于 M16 的粗牙螺纹，螺距较大，直接套丝扭矩较大，为了避免损伤套丝工具，可把螺纹粗车几刀后再套丝。

1）套丝前的要求

（1）为了在套螺纹时省力，并防止板牙齿部崩裂，工件套螺纹前的外径应车到接近螺纹大径的最小极限尺寸。也可用近似公式计算：$d'=d-(0.1\sim0.13)P$。

（2）工件的端面必须倒角，倒角的角度（跟轴线相交）要小于 45°，倒角的直径要小于螺纹小径尺寸，使板牙容易切入工件。

（3）板牙切入套螺纹工件时，应使板牙的端面跟车床主轴轴线垂直。

（4）套螺纹前应把尾座套筒的轴线按主轴轴线找正，水平偏移不得大于 0.05 mm。

2）套丝方法

先把套螺纹工具安装在尾座套筒内，见图 1.4.4，工具体 2 左端装上板牙，并用螺钉 1 固定。

套筒 4 上有一条长槽，长槽内由销钉 3 插入导套体 2 中，防止套螺纹时转动。

套螺纹时，把装有套螺纹工具的尾座拉向工件，注意不要跟工件相碰撞，然后固定尾座，开动车床，转动尾座手轮，使板牙切入工件，由螺纹带动工具体做轴向移动。当板牙切削到所需要的长度时，应使主轴迅速倒转，板牙和工具体就退出工件，套螺纹工件即完成。

3）套螺纹时切削速度的选择

螺纹时，根据材料选择切削速度。套钢件，取 $v=3\sim4$ mm/min；铸铁取 $v=2.5$ mm/min；黄铜取 $v=6\sim9$ mm/min。

4）套螺纹时切削液的使用

在攻螺纹时，正确选用切削液，可提高加工精度和减小表面粗糙度值。切削钢件一般用硫化切削油或机油和乳化液。切削铸铁可加煤油或不加。切削铜件不加切削液。

1.4.2 刀架螺钉的车削加工

1．读图

由图 1.4.1 可知，刀架螺钉螺纹为 M16×2，是粗牙螺纹，用套丝方法加工螺纹效率较高，因为螺纹是粗牙，为了减小套丝工具与板牙的切削受力，可粗车两刀螺纹再套丝。外圆ϕ23.2 车加工后由铣工铣方头 17×17，再经过调质处理即可使用。

2．准备套丝工具及刀具

根据图样要求准备套丝浮动套筒、M16×2 板牙、板牙套、90°外圆车刀、45°外圆刀，其他常用工具、量具。

3．加工步骤的确定

（1）夹持毛坯伸出长度 30 mm，校正夹紧，车平面。

（2）粗、精车外圆ϕ23.2 至尺寸要求。倒 1.5×45°角。

（3）调头夹持毛坯伸出长度 55 mm，校正夹紧，车平面，保证总长 70。

（4）粗、精车外圆ϕ16(0-0.2)、ϕ13 至尺寸要求，倒 1.5×45°、1×45°角。

（5）套 M16 螺纹。

4．实施加工

（1）按加工步骤完成螺钉加工。

（2）套丝时应注意冷却润滑、减小板牙磨损、提高套丝质量。

5．检查与评价

（1）检查套丝加工质量与工具完好。

（2）质量的评价与分析。

6．攻螺纹和套螺纹时产生废品的原因及预防方法

攻螺纹和套螺纹时产生废品的原因及预防方法见表 1-13。

表 1-13 攻螺纹和套螺纹时产生废品的原因及预防方法

废品种类	产生原因	预防方法
牙型高度不对	1．套螺纹前的外圆车得太大； 2．套螺纹前的外圆车得太小	按计算的尺寸来加工外圆
螺纹中径尺寸不对	1．板牙装夹歪斜； 2．板牙磨损	1．找正尾座轴线与主轴轴线重合； 2．更换板牙
螺纹表面粗糙度值大	1．切削速度太高； 2．切削液缺少或选用不当； 3．板牙齿部崩裂； 4．容屑槽切屑挤塞	1．降低切削速度； 2．合理选择和充分浇注切削液； 3．修磨或调换板牙； 4．经常清除容屑槽中的切屑

1.4.3 车圆球的方法与测量

1）双手控制法车成型面

在车削单件球面零件时，如图 1.4.2 所示，通常采用双手控制法车削成型面，即用双手同时摇动小滑板手柄和中滑板手柄，并通过双手协调动作，使刀尖走过的轨迹与所要求的成型面曲线相仿，这样就能车出需要的成型面。也可采用摇动床鞍手柄和中滑板手柄，通过双手的协调动作来进行加工。双手控制法车成型面的特点是：灵活，方便。不需要其他辅助工具，但需较高的技术水平。

其它的成型面加工方法有：用样板刀车成型面和用仿形法车成型面。

2）车圆球手柄的方法

（1）圆球的 L 长度计算，如图 1.4.5 所示，其计算公式如下：

$$L = \frac{1}{2}\left(D + \sqrt{D^2 - d^2}\right) \tag{1-13}$$

式中：L 为圆球部分的长度，mm；D 为圆球的直径，mm；d 为柄部直径，mm。

（2）车削球面时纵、横向进给的移动速度对比分析，如图 1.4.6 所示。当车刀从 a 点出发，经过 b（e）点至 c（f）点，纵向进给的速度是由快—中—慢，横向进给的速度是由慢—中—快。即纵向进给是减速度，横向进给是加速度。

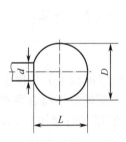
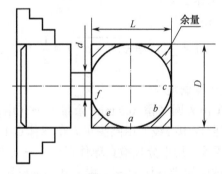

图 1.4.5　圆球的 L 长度计算　　　　　　　图 1.4.6

（3）车圆球手柄时，一般先车圆球直径 D 和柄部直径 d 以及 L 长度（留精车余量 0.15 mm 左右）。然后用 $R2$ 左右的小圆头车刀从 a 点向 b（e）点和 c（f）点方向逐步把余量车去，并在 f 点处用切断刀修清角。

（4）修整。由于用手动进给车削，工件表面往往留下高低不平的痕迹，因此必须用锉刀、砂布进行表面抛光。

① 锉削时，为保证安全，最好用左手握锉刀柄、用右手扶住锉刀前端锉削，避免勾衣伤人。

② 锉削时的转速要选择合理，推锉速度要慢，压力要均匀，缓慢移动前进；最好在锉齿面上涂一层粉笔末，以防锉屑滞塞在锉齿缝里，这样才能锉削出较好的工件表面。

③ 使用砂布抛光工件时，移动速度要均匀，转速应稍高些。一般是将砂布垫在锉刀下面进行，这样比较安全，而且抛光的工件质量也较好。

3）球面的测量和检查

为了保证球面的外形正确，通常采用样板、外径千分尺等进行检查。用样板检查时应对准工件中心，并观察样板与工件之间的透光情况并进行球面修整，如图 1.4.7（a）。用外径千分尺检查球面时应通过工件中心，如图 1.4.7（b）所示，并多次变换测量方向，使其测量精度在图样要求范围内。

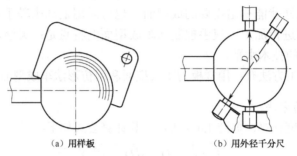

（a）用样板　　　　　　　　　（b）用外径千分尺

图 1.4.7　测量球面的方法

1.4.4　圆球手柄的车削加工

完成图 1.4.2 所示圆球手柄的车削加工任务。

1）计算球体长度 L

按式（1-13）得：

$$L = \frac{1}{2}\left(D + \sqrt{D^2 - d^2}\right) = \frac{1}{2}\left(30 + \sqrt{30^2 - 16^2}\right)（自行计算）$$

2）加工步骤制定

按总长车出外圆（留 0.5 mm 余量）→（用切槽刀定出球体长度）切槽至 $\phi16$ 直径→（在外圆划出圆球中心线）用圆头车刀车球体右半球（样板检测轮廓度符合要求）→车球体左半球符合要求（用千分尺检查球体直径）→（用切槽刀）清根（清球体左半部与 $\phi16$ 外圆连接处）→球面抛光→切断→（用内孔为 $\phi16$/外圆为 $\phi32$/长度 9 mm 的开边夹套夹 $\phi16$ 外圆）车端面及螺纹外圆至 $\phi12_{-0.15}×13$ mm→倒角 $C1$→套丝 M12 至尺寸要求。

3）加工准备工作

自行准备车刀、量具、工具。

4）实施加工

按图样尺寸要求完成零件车削加工，注意抛光操作和安全事项。

5）质量检查

检查零件加工质量并对加工质量问题进行分析。

技能训练 4

（1）车削加工如图 1.4.8 所示的三球手柄。提示：右端可加长一小段圆柱打中心孔用于支顶，加工完整个手柄以后，用带圆锥孔的开边夹套夹中间锥体部分再车去。

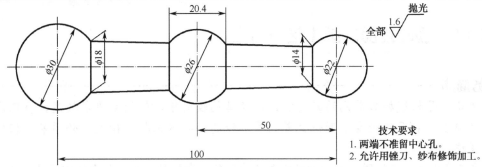

图 1.4.8 三球手柄

技术要求

1. 两端不准留中心孔。
2. 允许用锉刀、纱布修饰加工。

（2）车三球手柄加工质量评价参考表 1-14。

表 1-14 加工质量评价

零件编号：		学生姓名：			成绩：	
序号	项目内容及要求	占分	记 分 标 准		检查结果	得分
1	$\phi30$；$Ra1.6$	7；5	（IT14）不合格不得分；Ra 大一级扣 3 分			
2	$\phi26$；$Ra1.6$	7；5				
3	$\phi22$；$Ra1.6$	7；5				
4	三处圆球形状	10；10；10	样板透光检查接触面；每小于 10%扣 2 分			
5	$\phi18$	4	（IT14）不合格不得分			
6	$\phi14$	4				
7	20.4	3				
8	100；50	2；2				
9	两处 $Ra1.6$	5；5	Ra 大一级扣 3 分			
10	安全文明生产： （1）无违章操作情况； （2）无撞刀及其他事故； （3）机床维护	10	违章操作、撞刀、出现事故者、机床不按要求维护保养，扣 5～10 分			

思考与练习题 4

1. 套丝前螺纹大径应车至什么尺寸比较理想？

2. 套丝产生崩牙或板牙碎裂的原因是什么？

3. 用千分尺检查圆球，能检查出轮廓度误差吗？

4. 在车床上加工如图 1.4.9 所示的六角螺栓，六角方头采用铣床铣削加工。

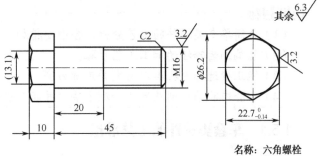

名称：六角螺栓
材料：45钢
毛坯：$\phi30$型材

图 1.4.9 六角螺栓

任务 1.5 齿轮坯的车削工艺与加工

任务描述

　　齿轮坯是机械加工常见的套类零件，其结构较简单，但精度要求较高，特别是孔的尺寸精度、表面粗糙度、形位公差的要求较高，要保证加工精度，必须采取相应的工艺措施。

　　本任务以图 1.5.1 所示齿轮的车削加工为实例，介绍套类零件的车削方法及保证加工精度的工艺措施，按工作过程的六步法完成加工任务的方法供学员参考，完成套类零件加工。

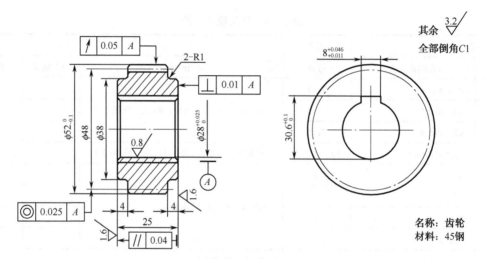

图 1.5.1 齿轮

　　本任务要掌握的知识点有：套类零件的加工工艺知识，保证位置精度的工艺措施，麻花钻的刃磨与钻孔方法，内孔车刀的要求与刃磨方法，车削内孔的方法，内孔的测量方法等。

技能目标

　　（1）会简单套类零件的工艺分析，合理安排加工步骤和选择切削用量。

　　（2）能编制齿轮坯的加工工艺步骤。

　　（3）能正确选择内孔车刀角度并正确刃磨。

　　（4）学会内孔的车削及尺寸检测方法，并能车出符合图样要求的齿轮坯。

1.5.1 车套类零件的工艺准备

1. 套类零件的车削要求

　　（1）尺寸精度：指套的尺寸按用途不同达到不同的要求。

　　（2）形状精度：指套的外圆及内孔表面的圆度、圆柱度等。

　　（3）位置精度：指套的各表面之间的互相位置精度，如径向圆跳动、同轴度及垂直度等。

（4）表面粗糙度：指套筒各表面应达到设计的表面粗糙度。

本任务要加工的齿轮坯外表面对内孔轴线的跳动度误差≤0.05 mm；端面对内孔轴线的垂直度误差≤0.01 mm，且两端面平行度误差≤0.04 mm，表面粗糙度值 Ra≤1.6 μm；内孔尺寸公差 0.025 mm，表面粗糙度值 Ra≤0.8 μm，其余表面为 Ra≤3.2 μm。

2．套类零件在车床上的加工方法

套类零件孔的加工根据使用的刀具不同，可分为钻孔（包括钻孔、锪孔、钻中心孔）、车孔和铰孔等。

钻孔是低精度孔的成型加工方法，也常用于车孔前的粗加工，如图 1.5.2（a）所示。车孔是应用较为广泛的一种孔的加工方法，车孔可作为铰孔前的半精加工，也可在单件小批生产中对尺寸较大的高精度孔作精加工，如图 1.5.2（b）所示，因此，车孔经常是高精度孔加工的重要手段。铰孔在大批量生产中用于对尺寸不大的高精度孔作精加工，如图 1.5.2（c）所示。

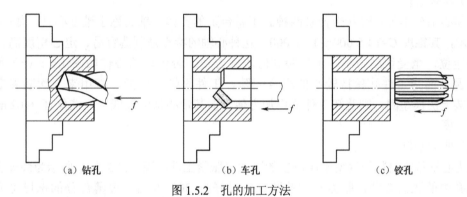

（a）钻孔　　　　　　　（b）车孔　　　　　　　（c）铰孔

图 1.5.2　孔的加工方法

3．套类零件的装夹

套类零件是机械零件中精度要求较高的工件之一。套类零件的主要加工表面是内孔、外圆和端面。这些表面不仅有尺寸精度和表面粗糙度的要求，而且彼此间还有较高的形状精度和位置精度要求。因此，应选择合理的装夹方法。

车削套类零件时，如单件小批量生产，可在一次装夹中尽可能把工件全部或大部分表面车削完毕。这种方法不存在因装夹而产生的定位误差，如果车床精度较高，可获得较高的形位公差精度。但采用这种方法车削时，需要经常转换刀架。车削如图 1.5.3 所示的工件，可轮流使用 90°车刀、45°车刀、麻花钻、铰刀和切断刀等刀具加工。

1）以外圆为基准保证位置精度

在加工外圆直径很大、内孔直径较小、定位长度较短的零件时，多以外圆为基准来保证零件的位置精度。此时，一般应用软卡爪装夹工件。软卡爪用未经淬火的 45 钢制成，这种卡爪是在本车床上车削成型的，因而可确保装夹精度。

其次，当装夹已加工表面或软金属时，不易夹伤工件表面。

另外，还可根据工件的特殊形状相应地加工软卡爪，以装夹工件。因此，软卡爪在工厂中已得到越来越广泛的使用。

软卡爪的形状如图 1.5.4 所示。

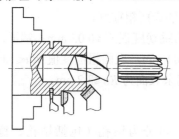

图 1.5.3　在一次装夹中完成

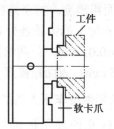

图 1.5.4　软卡爪的形状

2）以内孔为基准保证位置精度

车削中小型的轴套、带轮和齿轮等零件时，一般可用已加工好的内孔为定位基准，并根据内孔配置一根合适的心轴，再将套装工件心轴支顶在车床上，精加工套类零件的外圆、端面等。常用的有实体心轴、胀力心轴等。

（1）实体心轴

实体心轴分不带台阶和带台阶两种。不带台阶的实体心轴又称小锥度心轴，如图 1.5.5（a）所示，其锥度 C=1∶5 000～1∶1 000，这种心轴的特点是制造容易、定心精度高，但轴向无法定位，承受切削力小，工件装卸时不太方便。带台阶的心轴如图 1.5.5（b）所示，其配合圆柱面与工件孔保持较小的配合间隙，工件靠螺母压紧，常用来一次装夹多个工件。若装上快换垫圈，则装卸工件就更加方便，但其定心精度较低，只能保证 0.02 mm 左右的同轴度。

（2）胀力心轴

胀力心轴依靠材料弹性变形所产生的胀力来胀紧工件，图 1.5.5（c）所示为装夹在机床主轴锥孔中的胀力心轴，胀力心轴的圆锥角最好为 30°左右，最薄部分的壁厚可为 3～6 mm。为了使胀力均匀，槽可做成三等分。使用时先把工件套在胀力心轴上，拧紧锥堵的方榫，使胀力心轴胀紧工件。长期使用的胀力心轴可用 65Mn 弹簧钢制成。胀力心轴装卸方便，定心精度高，故应用广泛。

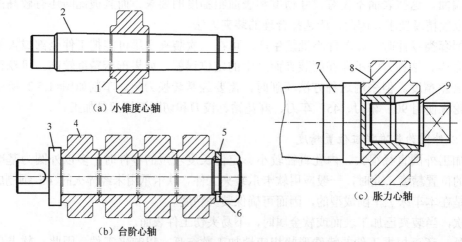

（a）小锥度心轴

（b）台阶心轴

（c）胀力心轴

1、4、8—工件；2—小锥度心轴；3—台阶心轴；5—开口垫圈；6—螺母；7—胀力心轴；9—锥堵

图 1.5.5　常用心轴

1.5.2　刃磨麻花钻及钻孔

用钻头在实体材料上加工孔的方法叫钻孔。钻孔的加工精度一般可达 IT11～IT12。精度要求不高的孔，可以用钻头直接钻出。

钻头根据形状的不同，可以分为扁钻、麻花钻、中心钻、锪孔钻、深孔钻等。钻头一般用高速钢制成。近几年来，由于高速切削的发展，镶硬质合金的钻头也得到了广泛的使用。这里只介绍高速钢麻花钻。

1. 麻花钻的几何形状与角度

1）麻花钻的组成

麻花钻的组成如图 1.5.6 所示。

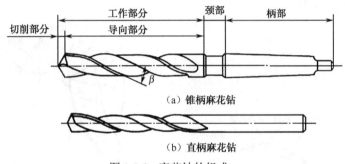

图 1.5.6　麻花钻的组成

（1）柄部：钻削时起传递扭矩和钻头的夹持定心作用。麻花钻有直柄和莫氏锥柄两种。直柄钻头的直径一般为 0.3～13 mm。莫氏锥柄钻头直径见表 1-15。为了节约高速钢，较大直径的麻花钻的柄部材料为碳素结构钢。

表 1-15　莫氏锥柄钻头直径

莫氏锥度号	1	2	3	4	5	6
钻头直径（mm）	6～15.5	15.6～23.5	23.6～32.5	32.6～49.5	49.6～65	70～80

（2）颈部：直径较大的钻头在颈部标注商标、钻头直径和材料牌号。

（3）工作部分：这是钻头的主要部分，由切削部和导向部组成，起切削和导向的作用。

2）麻花钻工作部的几何形状

如图 1.5.7 所示，麻花钻切削部分可以看做正反的两把车刀，所以它的几何角度的概念与车刀基本相同，但也有其特殊性。麻花钻工作部的几何要素如下。

（1）螺旋槽：钻头的工作部有两条螺旋槽，它的作用是构成削刃、排出切屑和通过切削液。螺旋槽面称前刀面。

（2）主后刀面：指钻顶的螺旋圆锥面。

（3）主切削刃：前刀面和主后刀面的交线，在钻头前端承担主要切削作用。

（4）横刃：钻头两切削刃的连线，也是两个主后面的交线。横刃太短会影响麻花钻钻尖的强度，横刃太长使轴向力增大，对钻削不利。

机械零件切削加工（第2版）

（5）副切削刃（棱边）：麻花钻的导向部在切削过程中能保持钻削方向、修光孔壁以及作切削部分的后备部分。在切削过程中，为了减小与孔壁间的摩擦，在麻花钻上特地制出了两条略带倒锥形的刃带（即棱边）。

（6）副后刀面：指钻头棱边的窄长的螺旋面，它和螺旋槽前刀面构成棱边。

3）麻花钻的主要角度

（1）主偏角（κ_r）：麻花钻主切削刃上某点的主偏角，是该点基面上主切削刃的投影与钻头进给方向之间的夹角，如图1.5.7（b）所示。

（2）顶角（$2\kappa_r$）：钻头两主切削刃在轴向剖面内的投影之间的夹角，相当于两个主偏角之和，如图1.5.7（b）所示。一般标准麻花钻的顶角为118°。顶角大，主切削刃短，定心性能差，钻出的孔容易变大。但顶角大，前角也增大，切削省力些。实际加工时根据加工材料的软硬选择顶角大小。

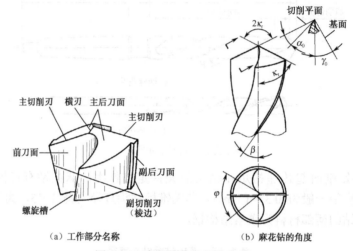

（a）工作部分名称　　　（b）麻花钻的角度

图1.5.7　麻花钻的各部分名称

当麻花钻顶角为118°时，两主切削刃为直线，如果顶角不为118°时，主切削刃就变为曲线，如图1.5.8所示。麻花钻头基本上可以根据图1.5.8所示的切削刃形状来鉴别顶角的大小。

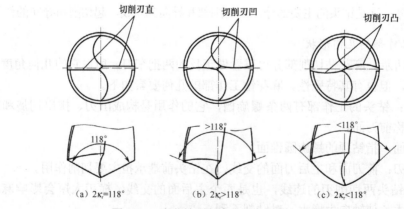

（a）$2\kappa_r=118°$　　（b）$2\kappa_r>118°$　　（c）$2\kappa_r<118°$

图1.5.8　麻花钻顶角大小对主切削刃的影响

（3）前角（γ_0）：前角是基面与前刀面的夹角。麻花钻前角的大小与螺旋角、顶角、钻心直径等有关，而其中影响最大的是螺旋角。螺旋角越大，前角也越大。由于螺旋角随直径的大小而改变，所以切削刃上各点的前角也是变化的，如图 1.5.9 所示。前角靠近外缘处最大，自外缘向中心逐渐减小，并约在 $D/3$ 以内开始为负前角。前角变化范围大约为 +30°～-30°。

（4）主后角（α_0）：切削平面与后刀面的夹角。为了测量方便，主后角在圆柱面内测量。麻花钻主切削刃上各点的主后角数值也是变化的。靠近外缘处的主后角最小，靠近中心处的主后角最大，外缘处主后角一般为 8°～10°，见图 1.5.10。

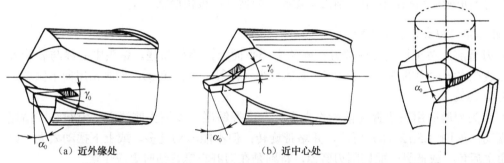

（a）近外缘处　　　　　　　　　　（b）近中心处

图 1.5.9　麻花钻的前角变化　　　　　　　图 1.5.10　麻花钻主后角的测量

（5）横刃斜角（φ）：在垂直于钻头轴线端面的投影中，横刃与主切削刃之间的夹角。它的大小由主后角的大小决定。主后角大时，横刃斜角就减小，横刃变长。主后角小时情况相反。横刃斜角一般为 55°。

2．麻花钻的刃磨

1）麻花钻刃磨的要求

麻花钻的刃磨质量直接关系到钻孔的质量和钻孔效率。麻花钻刃磨时一般只刃磨两个主后面，但同时要保证主后角、顶角和横刃斜角正确，所以麻花钻刃磨是比较困难的。

麻花钻刃磨必须达到以下要求：

（1）麻花钻的两条主切削刃应该对称，也就是两主切削刃与钻头轴线成相同的角度，并且长度相等。

（2）横刃斜角为 55°。

2）刃磨麻花钻常见的问题

刃磨时常出现：顶角不对称，顶角对称但长度不等，顶角不对称且切削刃长度不等。这些问题将影响钻孔质量，见图 1.5.11。

（a）顶角不对称　　　　（b）顶角对称长度不等　　　（c）顶角不对称切削刃长度不等

图 1.5.11　钻头刃磨不正确对加工的影响

（1）用顶角磨得不对称的钻头钻削时，只有一个切削刃在切削，而另一个切削刃不起作用，如图 1.5.11（a）所示。起钻时两边受力不平衡，使钻头摆动、钻尖慢慢偏斜，顺着钻孔深度加大，孔口与钻头棱边摩擦增大而容易出现咬死或钻头折断。

（2）钻头顶角磨得对称，但切削刃长度不等时，钻孔的情况如图 1.5.11（b）所示。钻头的工作轴线随钻尖偏移，使长度大的切削刃回转增大，所以钻出的孔径必定大于钻头直径。

（3）钻头顶角磨得不对称，且切削刃长度也不等时，如果短刃的顶角大，就会钻出台阶底部的扩大孔如图 1.5.11（c）所示。

刃磨得不正确的钻头，由于切削刃不均衡，会使钻头很快磨损。

3）麻花钻的刃磨方法和步骤

（1）刃磨前，钻头切削刃应放置在砂轮中心平面上，略稍高些。钻头中心线与砂轮外圆柱面母线在水平面内的夹角等于顶角 $2\kappa_r$ 的一半（即等于主偏角 κ_r），同时钻尾向下倾斜，见图 1.5.12（a）。

（2）钻头刃磨时用右手握住前端作支点，左手握钻尾，以钻头前端支点为圆心，钻尾做上下摆动，如图 1.5.12（b）所示，并略带旋转；但不能转动过多，或上下摆动太大，以防磨出负主后角，或把另一面切削刃磨掉，特别是在刃磨小麻花钻时更应注意。

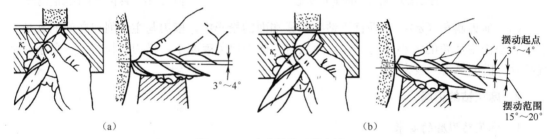

（a） （b）

图 1.5.12 麻花钻的刃磨方法

（3）当一个主切削刃磨削完毕后，把钻头转过 180° 刃磨另一个主切削刃，人和手要保持原来的位置和姿势，这样容易达到两刃对称的目的。

4）麻花钻的角度检查

（1）目测法：当麻花钻磨好后，通常采用目测法检查。其方法是，把钻头垂直竖在与眼等高的位置上，在明亮的背景下用肉眼观察两刃的长短和高低及主后角等，如图 1.5.13 所示。但由于视差关系，往往会感到左刃高、右刃低，此时就要把钻头转过 180°，再进行观察。这样反复观察对比，最后觉得两刃基本对称，就可使用。如果发生两刃有偏差，必须继续进行修磨。

（2）使用角度样板检查：用事先制作好的标准角度样板检查钻头的顶角是否合格、钻头转过 180° 看两主切削刃是否等长，并通过观察钻头中心与样板底线是否垂直来判断两主偏角是否对称，如图 1.5.14 所示。

（3）使用量角器检查：使用量角器检查时，只需要将角尺的一边贴在麻花钻的棱边上，另一边搁在钻头的主切削刃上，测量其刃长和角度，见图 1.5.15。然后转过 180°，以同样的方法检查即可。

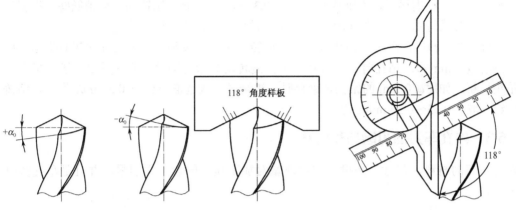

图 1.5.13　目测法检查麻花钻主后角　　图 1.5.14　用样板检查　图 1.5.15　用量角器检查麻花钻的刃长和对称性

3．钻孔注意事项与切削用量

1）钻孔时的注意事项

（1）钻孔前，先把工件端面车平，否则会影响正确定心。

（2）必须找正尾座，使钻头轴线跟工件回转轴线重合，以防孔径扩大和钻头折断。

（3）用较长的钻头钻孔时，为了防止钻头跳动，可以在刀架上夹一铜棒或挡铁，见图 1.5.16，轻轻支顶住钻头头部，使它对准工件的回转中心。然后缓慢进给，当钻头在工件上已正确定心，并正常钻削以后，把铜棒或挡铁撤出。

（4）对于小孔，可先用中心钻定心，再用麻花钻钻孔，这样钻出的孔同轴度好，尺寸正确。

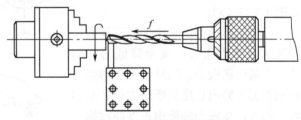

图 1.5.16　采用挡块钻孔

（5）当钻了一段孔以后，应把钻头退出，停车测量孔径，检查是否符合要求。

（6）钻较深的孔时，切屑不易排出，必须经常退出钻头，清除切屑。如果是很长的通孔，可以采用掉头钻孔的方法。

（7）当孔将要钻穿时，因为钻头的横刃不再参加工作，阻力大大减小，进给时就会觉得手轮摇起来很轻松，这时进给量必须减小，否则会使钻头的切削刃"咬"在工件孔内而损坏钻头，或者使钻头的锥柄在尾座锥孔内打转，把锥柄和锥孔拉毛。

（8）钻孔时，为了防止钻头发热，应充分使用切削液降温，防止麻花钻退火。

在车床上钻孔时，切削液很难深入到切削区，特别是深孔就更加困难了，钻削中应经常摇出钻头，以利排屑和冷却钻头。

2）钻孔时的切削用量

（1）背吃刀量：$a_p = D_{钻}/2$（$D_{钻}$为钻头直径）

（2）切削速度 v_c：钻孔的切削速度一般指钻头主切削刃外缘处的线速度。

$$v_c = \pi D_{钻} n / 1\,000 \text{ m/min}$$

式中：v_c 为切削速度（m/min）；n 为工件转速（r/min）；$D_{钻}$为钻头直径（mm）。

用高速钢钻头钻钢料时，切削速度一般为 0.3～0.6 m/min，钻铸铁时应稍低些。根据切削速度的计算公式可知，在相同的切削速度下，钻头直径越小，转速应越高。

（3）进给量（f）：在车床上钻孔时，工件每转一转，钻头和工件间的轴向相对位移，称为每转进给量（mm/r）。钻孔时，一般是用手慢慢转动车床尾座手轮实现进给，进给量太大会使钻头折断。如用 ϕ30 mm 的钻头钻钢料时，进给量一般选取 f=0.1～0.3 mm/r 为宜，钻铸铁时进给量取 f=0.15～0.35 mm/r 为宜。

1.5.3　内孔车刀的刃磨与车内孔

内孔车刀的材料、尺寸、角度、刃磨质量对加工质量的影响很明显，并且是车孔关键技术之一。

1. 车孔的关键技术

内孔车孔的关键技术是解决内孔车刀的刚性和排屑问题。

增加内孔车刀刚性主要采取以下措施：

（1）尽量增加刀杆的截面积：在不需要加工孔底面的通孔加工中，如果让内孔车刀和刀尖位于刀杆的中心线上，这样刀杆的截面积就可达到最大程度，见图 1.5.17（a）。

（2）刀杆的伸出长度要尽可能短：如果刀杆伸出太长，就会降低刀杆刚性，容易引起振动。因此，为了增强刀杆刚性刀杆伸出长度只要略大于孔深即可。而且，要求刀杆伸出长度能根据孔深加以调节，见图 1.5.17（b）。

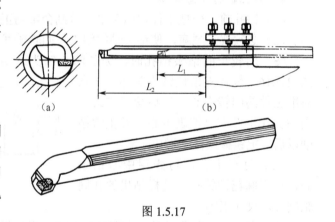

图 1.5.17

（3）解决排屑问题，主要是控制切屑流出的方向。精车孔时要求切屑流向待加工表面（前排屑）。

（4）车孔时的切削用量：内孔车刀的刀柄细长，刚度低，车孔时排屑较困难，故车孔时的切削用量应选得比车外圆时要小。车孔时的背吃刀量 a_p 应是车孔余量的一半；进给量 f 比车外圆时小 20%～40%；切削速度 v_c 要比车外圆时低 10%～20%。

2. 内孔车刀的种类与结构

根据不同的加工情况，内孔车刀可分为通孔车刀和盲孔车刀两种，见图 1.5.18。

（1）通孔车刀：通孔车刀的几何形状基本上与外圆车刀相似。为了减小径向切削力 F_y，防止振动，主偏角（κ_r）应取得较大，一般在 65°～75° 之间，副偏角（κ_r'）为 15°～30°。为了防止内孔车刀的后刀面与孔壁摩擦，又不使后角磨得太大，一般磨成两个后角，见图 1.5.18（c）。

（2）盲孔车刀：盲孔车刀是用来车盲孔或台阶孔的，切削部分的几何形状基本与偏刀相似。它的主偏角一般为 90°～93°，刀刃在刀杆的最前端，刀尖与刀杆外端的距离 a 应小于内孔半径 R，否则孔的底部就无法车平。车内孔台阶时，只要不碰即可。

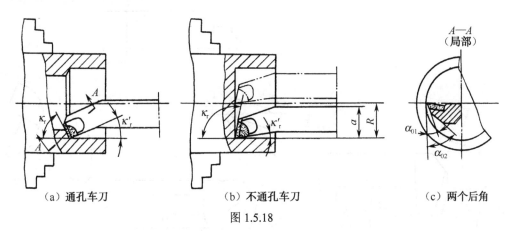

（a）通孔车刀 　　（b）不通孔车刀 　　（c）两个后角

图 1.5.18

为了节省工具和材料、增加刀杆强度，可以把高速钢或硬质合金做成很小的刀头，装在碳钢或合金钢的刀杆上，如图 1.5.19 所示，在顶端或上面用螺钉紧固。内孔车刀刀杆上也有车通孔刀和车盲孔刀两种。车盲孔的刀杆方孔应做成斜的。内孔车刀杆根据孔径的大小及孔的深浅可做成几组，以便在加工时选择使用。

图 1.5.19（a）和（c）所示的内孔车刀杆，其刀杆伸出长度固定，不能适应各种孔深的工作。图 1.5.19（b）所示的方形长刀杆，可根据不同孔深调整刀杆的伸长度，以利于发挥刀杆的最大刚度。

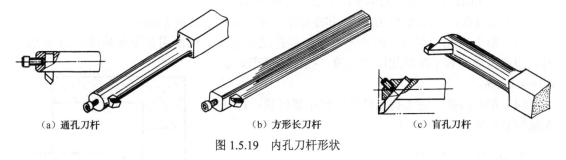

（a）通孔刀杆 　　　　　（b）方形长刀杆 　　　　　（c）盲孔刀杆

图 1.5.19　内孔刀杆形状

3．内孔车刀的刃磨

（1）高速钢通孔车刀的刃磨：通孔车刀一般取主偏角=45°～75°，图 1.5.20（a）是高速钢通孔车刀。

刃磨高速钢通孔车刀时，先粗磨出大致的刀具轮廓，再按主偏角和主后角、副偏角和副后角、前角的顺序粗磨。精磨时，先精磨前角，再精磨主偏角和主后角，最后精磨副偏角和副后角，以及刀尖圆弧。

刃磨时除了保证主、副偏角和主、副后角正确外，还需注意刀杆底部是否与内孔壁有足够的距离，并注意冷却，防止刀口退火。

（2）焊接式硬质合金内孔车刀的刃磨：图 1.5.20（b）为焊接式硬质合金内孔车刀，$\kappa_r=75°$、$\kappa_r'=15°$、$\lambda_s=-5°$，径向后角磨成双重后角，主切削刃磨出了负倒棱，前刀面磨出圆弧形的卷屑槽，刃倾角为正值使切屑向前排出，是前排屑通孔车刀。刃磨步骤和高速钢通孔车刀的刃磨方法相似，不同的是刃磨发烫后不能浸水冷却，防止出现裂纹。

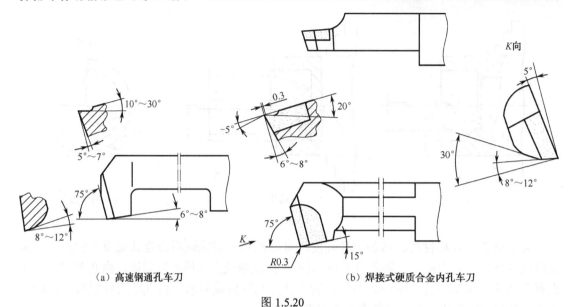

（a）高速钢通孔车刀　　　　　　　　　（b）焊接式硬质合金内孔车刀

图 1.5.20

4．车内孔的方法

1）车通孔的方法

（1）车端面：把工件端面车平，中心不得有凸台。

（2）钻通孔：合理选择切削用量和冷却液，钻孔留粗车余量 2 mm。

（3）粗车内孔：与车外圆基本相似，但进退刀相反，切削用量是车外圆时的 80%左右，用高速钢刀具车削时加注冷却液。孔径留精车余量 0.1～0.2 mm。

（4）精车内孔：适当提高转速，减小进给量，用试车法控制孔径。

2）车台阶孔的方法

车台阶孔的方法如图 1.5.21 所示。

（1）内孔刀的装夹：除了刀尖应对准工件中心和刀杆尽可能伸出短些外，内孔偏刀的主偏角应大于 90°，并且横向有足够的退刀余地。

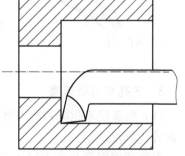

图 1.5.21　车台阶孔

（2）车削方法：车削小台阶孔时，若孔径较小，观察困难，尺寸不易掌握，通常采用先粗、精车小孔，再粗、精车大孔的方法。而车削大台阶孔时，若孔径较大，可先粗车大孔和小孔，再精车大孔和小孔。车削孔径大小悬殊的台阶孔时，最好采用主偏角小于 90°的车刀先进行粗车，然后再用主偏角大于 90°的内孔偏刀精车。

（3）控制台阶孔长度的方法：粗车时采用刀杆上刻线痕作记号或安放限位铜片以及用床鞍刻度盘的刻线来控制。精车时用小溜板刻度盘的刻线来控制孔长度。用游标深度尺测量孔深度。

5．内孔的测量方法

测量内孔常用的量具有内卡钳、游标卡尺、塞规、内径百分表、内径千分尺等。

（1）内卡钳测量内孔的方法：图 1.5.22 所示是内卡钳测量内孔的方法，内卡钳卡脚在内孔摆动与孔壁有轻微的摩擦，摆动量大约 3 mm。内卡钳不能直接量出尺寸，必须在钢直尺或千分尺上读取尺寸，见图 1.5.23。

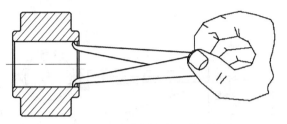

图 1.5.22　内卡钳在内孔上测量

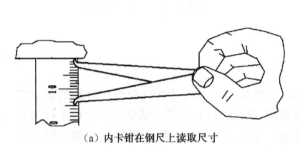

（a）内卡钳在钢尺上读取尺寸　　　　　　　　　　　（b）内卡钳在千分尺上读取尺寸

图 1.5.23

（2）游标卡尺测量内孔的方法：用 200 mm 以下规格的游标卡尺测量内孔时，用游标的上量爪测量；用 300 mm 规格的游标卡尺测量内孔时，用游标的下量爪测量，这时测量出的读数值应加上 10 mm（两下量爪测量面的距离为 10 mm）。

（3）用塞规测量内孔的方法：光滑极限塞规由过端、止端和柄组成，见图 1.5.24。过端的基本尺寸等于孔径的最小极限尺寸，止端的基本尺寸等于孔径的最大极限尺寸。为使两种尺寸有所区别，止端长度比过端短。当过端能进入孔内，而止端不能进入孔内，说明工件的孔径合格。

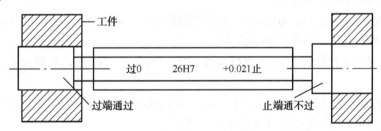

图 1.5.24　光滑极限塞规测量

测量不通孔用的塞规，为了排除内孔的空气，在塞规的外圆上沿轴向开有排气槽。

（4）用内径百分表的方法：使用内径百分表测量孔径，须用外径千分尺配合才能读出内孔的实际直径。测量时表杆做上下摆动，以便找到孔的实际直径，见图 1.5.25。

（5）用内径千分尺的方法：当孔径小于 25 mm 时，可用内径千分尺测量。内径千分尺及其使用方法见图 1.5.26，这种千分尺刻线方向与外径千分尺相反，当微分筒顺时针旋转时，活动爪向左移动，量值增大。

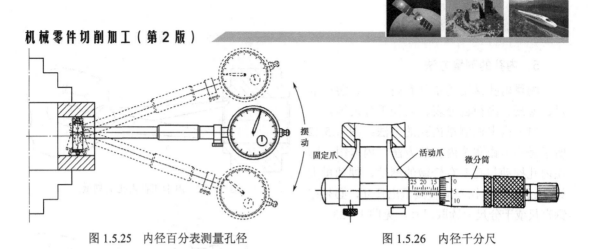

图 1.5.25　内径百分表测量孔径　　　　　　图 1.5.26　内径千分尺

1.5.4　齿轮坯的车削加工

1．读图

分析图 1.5.1 所示齿轮零件图，明确加工内容及要求，尺寸精度和形位公差的要求较高，内孔 $\phi28$ 尺寸公差为 0.025，表面粗糙度要求 $Ra \leqslant 0.8\ \mu m$，若是成批生产，可采用铰孔或磨削为最终加工，作为单件生产采用车削加工完成（为了给后续工种磨工实训，提高加工质量，内孔留磨削加工余量 0.3 mm，车工工序的公差按 0.025 来加工，以达到尺寸控制训练目的）。$\phi52_{-0.10}^{\ 0}$ 外圆及端面对内孔轴线均有位置公差要求，应从安装及加工工艺保证形位公差要求。为了保证 $\phi52_{-0.10}^{\ 0}$ 外圆的跳动度及齿轮分度圆的同轴度要求，应以内孔为定位基准来精加工外圆与铣轮齿，内孔、外圆、端面的加工分粗、精车工序。右端面的垂直度通过一次安装中完成精车内孔与该端面来保证，左端面的平行度以右端面为定位基准在平面磨床加工，也可在心轴上定位进行精车来保证。键槽加工应在外圆与端面精加工后，以外圆及端面定位采用插或拉的方式加工。

2．确定安装方法及加工方案

（1）因毛坯长度较短（仅 30 mm），为了确保装夹的可靠性，可先粗车 40×5 mm 的夹位。

安装一：夹住毛坯，粗车 $\phi40×5$ 的夹位。

（2）为了满足零件跳动度、垂直度误差要求，内孔、右端面、外圆应在一次安装中精车完毕。

安装二：以 $\phi40×5$ 外圆、端面定位安装，加工 $\phi38×4$、$\phi52×18$ 外圆、内孔 $\phi28$（留磨削余量后应为 $\phi27.7$）、右端面至尺寸如图 1.5.27 所示。

安装三：对单件生产，可夹 $\phi52$ 外圆表面，试车校正平行度，车端面取总长至尺寸，车外圆 $\phi38×4$、$R1$ 圆弧，倒角，至尺寸。

对成批生产，可用软卡爪装夹，以夹端面及 $\phi52$ 外圆表面作为定位基准，夹 $\phi52$ 外圆，如图 1.5.28 所示，车端面取总长留少量余量给磨削加工，车 $\phi38×4$ 外圆、$R1$ 圆弧，倒角，至尺寸。

（3）批量生产时，为了确保工件调头车削左端面时满足平行度和长度尺寸要求，也可采用膨胀心轴安装车削该端面，见图 1.5.29。因毛坯长度余量少，$\phi52$ 外圆不能在一次安装中与内孔一起加工出来，也可留余量到心轴安装再精加工至尺寸，以保证其跳动度要求。

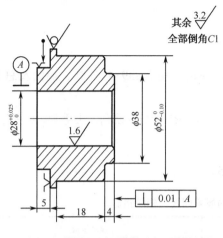

图 1.5.27 安装二

图 1.5.28 安装三

3．工具、量具准备

（1）选用刀具：按齿轮坯内孔的大小与长度的加工要求，选用 $\phi26$ mm 钻头、如图 1.5.20（b）所示的内孔车刀、45° 硬质合金粗车刀、90° 硬质合金外圆精车刀。

（2）选用量具：$\phi28_0^{+0.025}$ 内孔，选用 $\phi28H8$ 光滑塞规检测，考虑留磨削余量 0.3 mm，可以内径百分表测量。$\phi52_{-0.10}^{0}$ 外圆公差 0.10 mm，选用 25～50 mm 外径千分尺测量，其他尺寸可用 0～125 mm 游标卡尺。

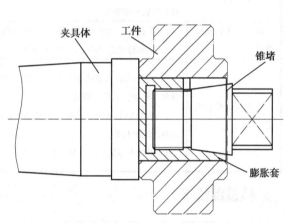

图 1.5.29 膨胀心轴安装工件

4．实施加工

（1）刀具刃磨、工量具准备。

（2）工件安装：夹毛坯外圆伸出 20 mm，找正。

（3）内孔车刀的装夹：

① 安装时刀尖对准工件中心，精车刀略高于中心。

② 安装时刀杆应与内孔轴心线平行。

③ 刀杆伸出长度尽可能短些，比孔长 5～10 mm 左右。

④ 装夹后，让车刀在孔内试走一遍，避免与孔壁相撞。

（4）车削步骤：

① 粗车 $\phi40\times5$ 作为夹位。

② 工件调头，夹 $\phi40\times5$ 夹位，粗车端面。

③ 钻通孔 $\phi26$ mm。

④ 粗车 $\phi38\times4$、$\phi52\times18$ 外圆，各留余量 0.5 mm。

⑤ 粗车内孔 $\phi28$ 至 $\phi27.7$ mm。

⑥ 精车内孔 $\phi28_0^{+0.025}$ 至尺寸。

⑦ 精车 $\phi 52_{-0.10}^{0} \times 18$ 外圆至尺寸。

⑧ 精车端面及 $\phi 38 \times 4$、$R1$ 圆角。

⑨ 倒角。

⑩ 工件调头，（垫铜皮）夹 $\phi 52_{-0.10}^{0}$ 外圆表面，找正。粗车 $\phi 39 \times 4$ 外圆、端面及总长留 0.5 mm 余量。

⑪ 松开工件，夹 $\phi 38 \times 4$ 外圆表面，精车端面及 $\phi 38 \times 4$、$R1$ 圆角，倒角，去毛刺。（完工）

5. 加工质量分析

常见的质量问题产生原因与预防措施见表 1-15。

表 1-15 车削加工齿轮坯常见的质量问题与预防措施

质量问题	产生原因	预防措施
孔的尺寸大	车孔时，没有仔细测量	仔细测量和进行试切削
内孔有锥度	车孔时，内孔车刀磨损，车床主轴轴线歪斜，床身导轨严重磨损	修磨内孔车刀，找正车床，大修车床
内孔表面粗糙度值较大	1. 车孔时，内孔车刀磨损，刀柄产生振动； 2. 切削速度选择不当，产生积屑瘤	1. 修磨内孔车刀，采用刚性较好的刀柄； 2. 采用合理的切削速度，加注切削液
同轴度、垂直度超差	1. 用一次装夹方法车削时，加工过程中工件移位（走动）或机床精度不高； 2. 用心轴装夹时，心轴中心孔碰毛，或心轴本身同轴度超差； 3. 用软卡爪装夹时，软卡爪没有车好	1. 装夹牢固，减少切削用量，合理划分粗、精车工部，调整机床精度； 2. 心轴中心孔应保护好，如碰毛，可研修中心孔，如心轴弯曲可校直或重制； 3. 软卡爪应在本机床上车出，直径与工件装夹尺寸基本相同

技能训练 5

1. 完成如图 1.5.30 所示零件通孔、台阶孔的车削加工训练。

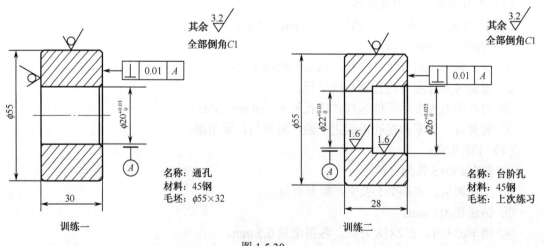

图 1.5.30

2. 按下列步骤完成图 1.5.31 所示齿轮坯零件的车削任务，图中内孔、端面留出磨削余量，材料为图 1.5.30 所示训练后的坯料。

（1）读图：分析零件图，明确加工内容及要求。

（2）加工方案确定：确定使用设备、零件装夹定位方式及加工方案。

（3）工具、量具准备：计划选用刀具、量具、工具，初步选定切削用量，拟定加工步骤。

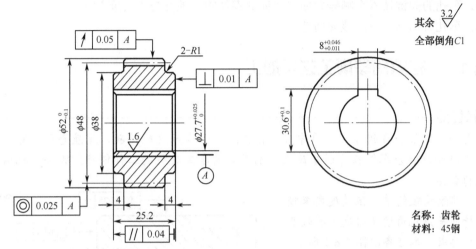

图 1.5.31

（4）加工实施：

① 加工前准备工作。

② 按加工方案进行车削加工。

③ 加工过程监控：对切削过程进行记录，如断屑情况、切削有何异常现象、尺寸控制有何问题等。

（5）检查与评价：按图样逐项检查齿轮坯的加工质量，检查机床是否处于正常状态。

参照评分表 1-16 对齿轮坯的加工质量进行评价，加工质量占 85 分，安全文明生产占 10 分，环保占 5 分。

表 1-16　质量检测评价

序号	项目内容及要求	占分	记 分 标 准	检查结果	得分
1	$\phi52_{-0.10}^{0}$；$Ra3.2$	7；4	不合格不得分		
2	$2-\phi38$(IT14)；$2-R2$；四处 $Ra3.2$	2×5；4×2	不合格不得分		
3	$\phi27.7_{0}^{+0.025}$；$Ra1.6$	12；6	超 0.01 扣 4 分；Ra 大一级扣 2 分		
4	2-4 (IT14)；两处 $Ra3.2$	2×4；2×2	不合格不得分		
5	25.2 (IT14)；两处 $Ra3.2$	4；2×2	不合格不得分		
6	三处形位公差	12	不合格不得分		
7	六处倒角	6	不合格不得分		
8	1. 安全文明生产： （1）无违章操作情况； （2）无碰撞机床及其他事故； 2. 机床维护与环保	10 5	违章操作、撞刀、出现事故者、机床不按要求维护保养，扣 5～10 分		

思考与练习题 5

1. 麻花钻刃磨有哪些要求？
2. 钻孔时有哪些注意事项？
3. 车孔的关键技术有哪些？如何保证套零件的同轴度与垂直度？
4. 车孔时切削用量应该如何选择？

任务 1.6　锥套的车削工艺与加工

任务描述

　　内外圆锥配合在机床与工具中应用很广泛，如车床主轴锥孔、尾座套筒、麻花钻锥柄等。内外锥配合零件在普通车床上车削是普通车工典型的工作任务。锥套是机械加工常见的套类零件，其结构较简单，但精度要求较高，特别是锥孔角度（锥度）有较高的配合要求。本任务以图 1.6.1 所示锥套的加工为实例，实现对外圆、台阶、简单锥孔等结构组合的零件车削加工目的。

　　完成本任务要掌握的知识有：内锥加工尺寸的有关计算和加工工艺知识，切削加工简单结构套类零件所用刀具要求与刃磨方法，简单套类零件加工的操作要领、测量方法等。

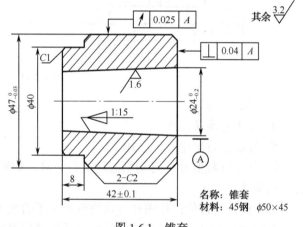

图 1.6.1　锥套

名称：锥套
材料：45钢　$\phi50\times45$

技能目标

　　（1）会简单内锥零件的工艺分析，合理安排加工步骤和选择切削用量。
　　（2）能编制内锥的加工工艺步骤，了解内锥的加工特点。
　　（3）能正确选择内孔车刀角度并正确刃磨和安装车刀。
　　（4）掌握内锥尺寸控制及尺寸精度检测方法，并能车出符合图样要求的内锥零件。

1.6.1　内锥零件的加工要求

　　锥套的精度除了外轮廓尺寸和一般套类零件相似的尺寸精度、表面粗糙度、位置精度以外，对内锥有以下特殊的要求。

　　（1）锥孔的锥度：锥度以圆锥半角误差的检测或以外圆锥着色检查，配合接触情况反应其精度高低。对于精度要求不高的锥套，可用角度尺测量圆锥半角；对于有较高配合要求的锥套（如变径套、工具及刀具锥柄等），应采用着色的方法检查配合面，要求配合接触面积在 70% 以上，且接触较重的在大端，大端不能出现间隙，否则影响配合的定心精度。

（2）形状精度：指锥孔的圆度及圆锥母线的直线度，圆度误差及圆锥母线的直线度误差都会影响内外锥配合的接触面，从而影响定心精度。

（3）大端直径：大端直径的改变影响锥套端面与外锥体大端的距离，当大端直径过大，将导致锥套端面超出外锥体大端，倘若锥套大端有台阶，此时锥孔与锥套的锥面已产生间隙，起不到配合作用。所以要求锥套大端面与外锥体大端面留有一定长度的距离，称之为"基面距"。

（4）锥孔的表面粗糙度：锥孔的表面粗糙度影响配合的紧密性，因此表面粗糙度较小。

（5）小端直径：锥孔的小端直径要求不高，起到确定加工底孔尺寸的作用，但是图样上不作标注，否则就是封闭尺寸。如图 1.6.1 中的小端直径要经过计算才能确定钻孔的直径，小端直径由锥度计算公式进行计算。

1.6.2 内锥零件的加工与检验

1. 内锥零件的加工方法

内锥的加工根据使用的刀具不同，可分为车锥孔和铰锥孔。车锥孔是应用较为广泛的一种孔加工方法，车锥孔既可作为铰内锥孔前的半精加工，也可在单件小批生产中对尺寸较大的高精度内锥孔作精加工。铰锥孔在大批量生产中用于对尺寸不大的高精度锥孔作精加工。

车削内锥基本和车削外锥的方法相同，不同的是进刀方向相反，主要方法有下面两种。

1）转动小滑板法

（1）确定锥孔的小端直径：如图 1.6.1 的锥孔，锥度 1:15、大端直径 D=24 mm、长度 42 mm，由公式 $d = D–LC$ 计算出小端直径为 21.2 mm。

（2）钻孔：选择钻头直径为 ϕ20 mm，钻通孔。

（3）粗车内孔：安装内孔车刀，刀尖必须对准工件回转中心高度，否则，车出双曲线形的圆锥母线。并移动内孔车刀在孔内试走一次，确保刀柄可以通过，再按小端直径 ϕ21.2 mm 车出底孔。

（4）偏转小滑板的角度：由锥度 1:15 及近似公式 $\alpha/2\approx28.7° C$，计算出圆锥半角 $\alpha/2\approx28.7°$ / 15=1.913°，顺时针偏摆小滑板调整角度 1° 54′46″。

为了准确地偏移小滑板角度，可用外径百分表检测调整角度。即把磁性表座安装在卡盘光滑表面上，百分表水平安装，百分表触头垂直放在小滑板光面上，然后给百分表一定的压力，大滑板向左移动靠紧取一个整数值，百分表调零，然后移动大滑板，根据 1:15 的锥度计算，移动大滑板 15 mm 百分表就转过 0.5 mm。观察百分表数值变化情况，当移动大滑板 15 mm 百分表转过 0.5 mm 时说明角度正确，若移动大滑板 15 mm 百分表未转过 0.5 mm 说明角度小了，反之角度大了，需重新调整小滑板角度直到准确后再车削锥面。

（5）车削内锥：双手转动小滑板车削圆锥孔与车削外圆锥的方法相同，见图 1.6.2。

当车削配套圆锥（工件数量较少）时，为了减少找正锥度的麻烦，车完外圆锥后，小滑板的角度不动，将内孔的车刀反装，使切削刃向下，然后使车床主轴反转车削内圆锥，见图 1.6.3。

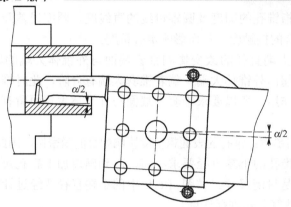

图 1.6.2 转动小滑板法车削内圆锥的方法

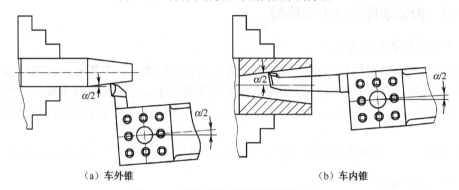

（a）车外锥　　　　　　　　　　　　　（b）车内锥

图 1.6.3 反装刀法车削内圆锥的方法

2）铰内圆锥的方法

（1）铰圆锥孔前，钻孔后最好粗车一刀使小端直径尺寸小 0.1～0.2 mm。如果孔径太小，不能车削时，先用中心钻定位孔，再选择直径小于锥孔小端直径尺寸 0.1～0.2 mm 的钻头钻孔。对精度要求高的零件可先用粗铰刀粗铰，留余量约 0.05 mm，然后再换精铰刀精铰。

（2）铰削前，把尾座调整好距离后固紧，再根据圆锥孔径大小选择转速（一般控制切削速度在 4～10 m/min），开动机床正转（不能反转，反转很容易使铰刀刃口磨损或崩口），转动尾座手轮，使铰刀朝孔口移动，当铰刀切削刃接近孔的表面，手扶铰刀对准孔口，铰刀导向部分进入内孔后，按 2 mm/r 左右的进给量的速度移动进行铰削。

（3）润滑冷却。在铰削时应充分加注切削液，铰钢料时一般用乳化液、植物油、切削油或机油，铰铸铁时可用煤油，合金铰刀可干铰，但粗糙度会差些。

（4）在铰削过程中会铰出许多切屑，易堵塞在排屑槽中，影响加工表面质量甚至折断铰刀，所以应及时退出铰刀排屑。

（5）用圆锥塞规检查圆锥孔接触面之前，应先用棉纱清除孔内切屑，然后用涂色法检查圆锥的接触面。如接触面不符合要求可继续铰削至尺寸。

铰内圆锥常见的质量问题有：

（1）圆锥孔的角度不正确。原因是铰刀本身达不到要求，或是铰刀轴线与主轴轴线不重合。

（2）表面粗糙度达不到要求。原因是切削用量过大或铰刀已用钝，以及切削液不充分等。

2．内锥零件的检验

（1）用游标万能角度尺检查角度：按工件所要求的角度，调整好游标万能角度尺的测量范围，见图 1.6.4。测量时，游标万能角度尺面应通过中心，并且一个面要与工件测量基准面吻合，透光检查。读数时，应该固定螺钉，然后离开工件，以免读数值变动。

（2）用圆锥量规检查角度：在测量标准圆锥或配合精度要求较高的圆锥工件时，可使用圆锥量规，用圆锥套规测量外圆锥，用圆锥塞规测量内圆锥，如图 1.6.5（a），测量内圆锥时先在塞规表面上顺着锥体母线用显示剂均匀地涂上三条线（相隔约 120°），然后把塞规放入内圆锥中转动（约±30°），观察显示剂擦去情况。

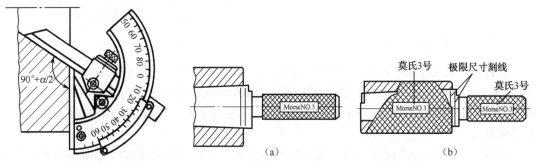

图 1.6.4　万能角度尺检查内锥角度　　　　图 1.6.5　圆锥量规测量

如果接触部位很均匀，说明锥面接触情况良好，锥度正确。假如小端擦着，大端没擦去，说明圆锥角大了。反之就说明孔的圆锥角小了。

（3）用标准圆锥量规检查工具圆锥套的尺寸：圆锥的尺寸一般用圆锥量规检验，见图 1.6.5（b）。圆锥量规除了有一个精确的锥形表面之外，在端面上有一个台阶或具有两条刻线。台阶或刻线之间的距离就是圆锥大小端直径的公差范围。应用圆锥塞规检验内圆锥时，如果两条刻线都进入工件孔内则说明内圆锥大端直径太大。如果两条线都未进入则说明内圆锥太小。只有第一条线进入、第二条线未进入内圆锥，大端直径尺寸才算合格。

1.6.3　圆锥套的车削加工

1．读图：分析锥套零件图，明确加工内容及要求

如图 1.6.1 所示锥套，内孔尺寸精度及表面粗糙度要求较高，应选择粗、精车内孔刀，加工分粗、精车工序。外圆及端面对内孔轴线均有位置公差要求，零件以圆锥孔轴线作为基准，外表面对内孔轴线的跳动度误差≤0.025 mm，端面对内孔轴线的垂直度误差≤0.04 mm，为了满足形位公差要求，$\phi47$ 外圆与锥孔以及右端面应在一次安装中完成加工；外圆尺寸公差 0.03 mm，表面粗糙度值为 Ra≤3.2 μm，为了保证加工质量，粗、精车分开。内锥孔表面粗糙度值 Ra≤1.6 μm，大端直径 $\phi24_{-0.20}^{\ 0}$，可精车达到要求。

2．确定工件安装方法及加工方案

（1）为了满足零件的跳动度、垂直度误差要求，内锥孔、锥孔大端面、外圆应在一次安装中粗车、精车完毕。

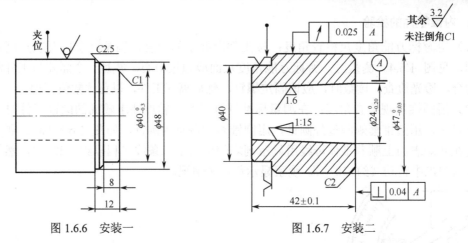

图 1.6.6 　安装一　　　　　　　　　图 1.6.7 　安装二

安装一：如图 1.6.6 所示，用三爪卡盘装夹毛坯外圆，伸出长度约 20 mm，车端面，钻通孔 $\phi20$ mm，粗车一段 $\phi48\times12$ 的外圆，再车出 $\phi40\times8$ mm 的台阶作为调头安装的夹位，倒 $\phi40$ 处的倒角 C1 和 $\phi48$ 外圆的倒角 C2.5（倒角 2.5 是为了下一工位加工 $\phi47$ 外圆时，能车完不用接刀）。

安装二：如图 1.6.7 所示（图中粗实线部分为本工序加工的表面），以 $\phi40\times8$ 外圆、端面定位装夹，粗车外圆、端面各留 0.5 mm 余量，按锥度要求半精车锥孔，角度检查合格后再精车至大端直径至尺寸 $\phi24_{-0.20}^{0}$（因长度留余量 0.5，所以内孔直径车大 0.15 mm），精车 $\phi47_{-0.03}^{0}$ 至尺寸，精车端面总长 42±0.1 至尺寸要求，倒角 C2，内孔去毛刺（完工）。

3．刀具、量具准备

（1）选用刀具：按内孔的大小与长度的加工要求，选用 $\phi20$ mm 钻头、内孔车刀、45°硬质合金粗车刀，90°硬质合金外圆精车刀。

（2）选用量具：检测锥孔用任务 1.3 制作的传动轴作为检具，着色检查，基面距选用 0.1～2 mm 塞尺检测，粗车内孔选用游标卡尺检测，$\phi47_{-0.03}$ 外圆选用 25～50 外径千分尺测量，其他尺寸可用 0～125 mm 游标卡尺测量。

4．实施加工

（1）刀具刃磨、工量具准备。

（2）工件安装。夹毛坯伸出 20 mm 找正。

（3）内孔车刀的装夹：

① 安装时刀尖对准工件中心，精车刀略高于工件中心。

② 安装时刀杆应与内孔轴心线平行。

③ 刀杆伸出长度尽可能短些，比孔长 5～10 mm 左右。

④ 装夹后，让车刀在孔内试走一遍，避免与孔壁相撞。

（4）工件车削步骤：

① 夹毛坯外圆，粗车一段 $\phi48\times12$ 的外圆，粗车 $\phi40\times8$ mm 的夹位，倒角 C2.5、C1。

② 工件调头，夹 $\phi40\times8$ 夹位，粗车端面长度 42 留 0.5 mm 余量。

③ 钻通孔 $\phi20$ mm。

④ 粗车 $\phi47$ 外圆留余量 0.5 mm。

⑤ 粗车 $\phi24$（直孔）至 $\phi21$ mm。

⑥ 粗车锥孔控制大端直径 $\phi24$ 至 $\phi23.5$ mm，以任务 1.3 制作的传动轴着色检查锥度。

⑦ 精车锥孔至大端尺寸。

⑧ 精车端面。与外锥配合检测，控制基面距 2±0.2 尺寸，见图 1.6.8。

⑨ 精车 $\phi47_{-0.03}$ 外圆至尺寸。

⑩ 倒角 C1，内孔去毛刺。（检测各尺寸）

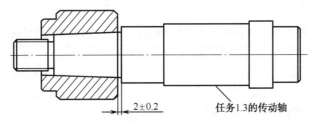

要求：着色配合检查锥面接触面≥70%，且大端接触为合格。

图 1.6.8　着色配合

5．检查与评价

按图样逐项检查锥套的加工质量，检查机床是否处于正常状态。

参照评分表 1-17 对锥套加工质量进行评价，加工质量占 85 分，安全文明生产占 10 分，环保占 5 分。

表 1-17　质量检测评价表

序号	项目内容及要求	占分	记 分 标 准	检查结果	得分
1	$\phi47^{0}_{-0.03}$；Ra3.2	8；4	超差 0.01 扣 4 分；Ra 大一级扣 2 分		
2	$\phi40$(IT14)	5	不合格不得分		
3	$\phi24^{0}_{-0.20}$	6	超差 0.01 扣 4 分		
4	锥度 1:15；Ra1.6	10；6	不合格不得分；Ra 大一级扣 2 分		
5	42±0.1；2±0.2	6；6	不合格不得分		
6	锥孔着色配合 70%	10	60%扣 3 分，50%扣 6 分，少于 45%无分		
7	两处形位公差尺寸	10	不合格不得分		
8	长度 8；四处倒角；其余 Ra3.2	4；4；6	不合格不得分		
9	1．安全文明生产： （1）无违章操作情况； （2）无碰撞机床及其他事故； 2．机床维护与环保	10 5	违章操作、出现事故者、机床不按照要求维护保养，扣 5~10 分		

6．车内圆锥的注意事项

（1）内孔车刀安装时刀尖要严格对准工件的旋转中心，避免出现双曲线误差。

（2）内孔车刀安装好后应在孔内试空走一遍，避免车刀与孔底相碰。

（3）钻孔时切记选择钻头应小于内锥小端直径尺寸 1~2 mm。

（4）摆动角度时注意小滑板为顺时针转动方向。进给时手柄速度要均匀，进给量要控制适当。

（5）用转动小滑板法切削圆锥孔时，要注意小滑板行程长度。

（6）注意控制圆锥孔大端直径尺寸和控制配合尺寸。

（7）使用圆锥塞规测量圆锥孔时注意安全，取出圆锥塞规时，防止车刀划伤手。

7. 加工质量分析

车削圆锥套时，常见的各种质量问题、产生原因与预防措施见表1-18。

表1-18　车削圆锥套常见质量问题、产生原因与预防措施

质量问题	产生原因	预防措施
锥（角）度不正确	1. 转动小滑板车削时，小滑板转动角度计算错误，或在进给时小滑板镶条松紧不匀； 2. 用靠模法车削时，由于靠模角度调整不正确，或滑块与靠模配合不良； 3. 用宽刃刀车削时，切削刃不直或装刀不正确； 4. 用铰刀铰锥孔时，铰刀锥度不正确，或铰刀的安装中心与工件旋转中心不同轴； 5. 用专用夹具车削时，夹具安装或角度调整不正确	1. 仔细计算小滑板应转过的角度，并通过适当方法反复找正转动角度，调整好镶条，使小滑板进给时移动均匀； 2. 找正靠模角度，调整滑块和靠模之间的间隙； 3. 修正车刀刃口的平直度，调整切削刃的角度位置及高度； 4. 修磨铰刀，用百分表和试棒重新调整尾座与主轴的同轴度； 5. 安装夹具调整锥度时，要反复校正锥角
大、小端尺寸不正确	没有经常测量大、小端直径尺寸，或用计算法控制切削深度时计算有误	经常测量大端（或小端）直径尺寸，进给量计算要正确，控制要准确
圆锥母线不直形成双曲线误差	车刀装得高或低于工件中心，或导轨在全长上磨损不一致，使大、小滑板移动轨迹不是直线	使车刀对准工件中心，维修机床导轨

技能训练6

完成图1.6.9所示零件的加工任务，毛坯：图1.6.1中加工完成的材料。每次车削练习要求按表1-19给定的尺寸加工。第二次训练大端直径车至$\phi30.5\pm0.05$，留余量给磨工磨至$\phi31.267$。

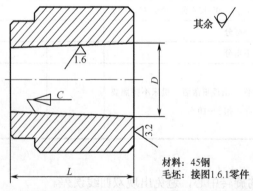

其余 ✓

材料：45钢
毛坯：接图1.6.1零件

要求：标准锥度量规着色配合接触面≥70%，且大端接触

图1.6.9

表1-19

次数	D	L	C	α/2
1	$\phi26\pm0.1$	41	莫氏3号	1°26′
2	$\phi30.5\pm0.05$	40	莫氏4号	1°29′

思考与练习题 6

1．车削内锥孔时，车刀刀尖高度与工件回转中心不等高，对锥面配合有什么影响？
2．用锥度量规检查内锥角度时，大端接触说明工件角度大还是小？
3．车削内锥时，锥孔的大端直径如何控制时才不会影响零件的配合？

任务 1.7　螺母的车削工艺与加工

任务描述

螺母是机械加工常见的套类零件，其结构较简单，尺寸精度要求不高，但内螺纹加工有一定难度。

通过完成含外圆、台阶、内孔等结构和车削内螺纹任务，以图 1.7.1 所示螺母的加工为实例，掌握螺母的加工工艺知识、内螺纹车刀的要求与刃磨方法、螺母的车削方法与操作要领。

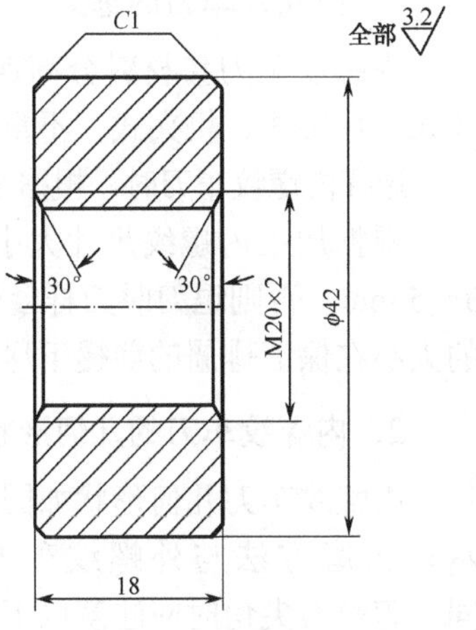

图 1.7.1　螺母

技能目标

（1）会简单套类零件的工艺分析，合理安排加工步骤和选择切削用量。

（2）能编制螺母的加工工艺步骤。

（3）能正确选择内螺纹车刀角度并正确刃磨。

（4）掌握螺母尺寸检测及精度控制方法，并能车出符合图样要求的螺母。

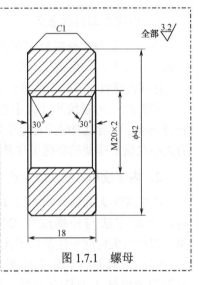

1.7.1　螺母的种类与孔径尺寸

1．螺母的种类

常见的三角形内螺纹零件有三种：通孔、不通孔和台阶孔，如图 1.7.2 所示。其中通孔内螺纹相对容易加工，不通孔和台阶孔内螺纹较难加工，难度在于加工螺纹时车刀车削行程的控制。

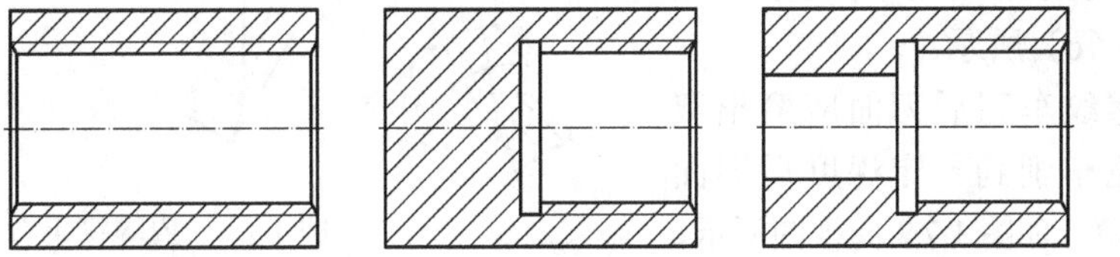

（a）通孔　（b）不通孔　（c）台阶孔

图 1.7.2　螺母

2．车内螺纹前孔径尺寸的确定

车内螺纹时，首先要钻孔、镗孔，孔径尺寸根据所加工材料确定。

（1）车钢件时，螺纹底孔直径 D_1 的尺寸取：$D_1 \approx d-1.08P$。

（2）车铸铁材料时，材料脆，齿顶太尖则易蹦口，螺纹底孔直径 D_1 的尺寸比车钢件时小些，取：$D_1 \approx d - 1.05P$。

其尺寸公差可查普通螺纹有关公差表。

实例 1-17 车削 45 钢 M45×2 的内螺纹，试确定孔径尺寸。

解 根据公式孔径为：$D1 \approx d - 1.08P = 45 - 1.08 \times 2 = 42.84$ mm。

查螺纹基本尺寸表得：$D1 = 42.835$ mm，相差无几。

1.7.2 内螺纹车刀的选择与刃磨

1. 内螺纹车刀的选择

内螺纹车刀按材料分高速钢车刀和硬质合金车刀，按刀杆的形状和刀头装夹方式分整体式、焊接式、机夹式（不重磨式）。

选择内螺纹车刀时，根据车削方法和工件材料及形状来选择内螺纹车刀材料、车刀类型。

根据加工内螺纹尺寸大小选择内螺纹车刀刀杆的大小，一般刀头径向长度应比孔径小3～5 mm，否则退刀时刀杆会碰伤牙顶。刀尖伸出的长度应大于螺纹齿深 2 mm 以上，刀杆的大小在保证排屑的前提下尽量粗些。

2. 内螺纹车刀的几何形状与刃磨要求

内螺纹车刀几何形状如图 1.7.3 所示，刃磨方法与外螺纹车刀基本相同，刃磨刀尖角时应注意以下几点。

（1）刃磨整体式内螺纹车刀时，先把刀尖磨低于刀杆上平面，再刃磨刀头各个角度，由此，可避免刀杆底部与孔底接触，使刀杆截面积尽可能大些。

（2）要特别注意刀尖角平分线要垂直刀杆，如图 1.7.4（a）所示为正确的安装状态，否则车内螺纹时会出现刀杆与工件内孔发生干涉的现象，如图 1.7.4（b）、（c）所示。

（3）内螺纹车刀后刀面应磨出双重后角，避免车削到一定深度后刀面与齿侧产生摩擦，如图 1.7.3 向视图所示。

（4）刀尖宽度约为 0.1P。

（5）硬质合金内螺纹车刀的前角一般为 0°～5°。

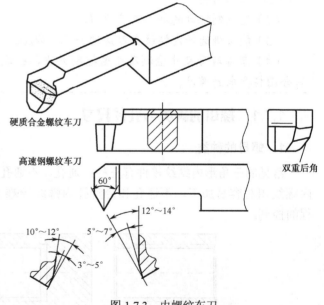

图 1.7.3 内螺纹车刀

3. 内螺纹车刀的装夹

在安装内螺纹车刀时，必须严格用样板找正刀尖角，如图 1.7.5 所示，否则车削后会出现倒牙现象，车刀安装好后，应在孔内手动摇动大滑板至工件终点检查车刀是否碰撞工件内表面。

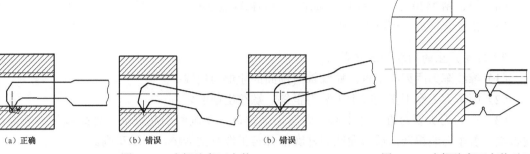

（a）正确　　　　　　　　　（b）错误　　　　　　　　（b）错误

图 1.7.4　内螺纹车刀安装　　　　　　图 1.7.5　内螺纹车刀安装对刀

1.7.3　内螺纹的车削方法与测量

1）车通孔内螺纹的方法

（1）车内螺纹前，先把工件的内孔、平面及倒角等车好。

（2）开车空刀练习进刀、退刀动作。车内螺纹的进刀和退刀方向与外螺纹相反。练习时，需在中滑板刻度圈上做好退刀和进刀记号。

（3）进刀切削的方式与外螺纹相同。螺距小于 1.5 mm 或铸铁件采用直进法；螺距大于 2 mm 采用左右切削法。车内螺纹时，目测困难，一般根据观察排屑情况进行左、右借刀切削，并判断螺纹的表面粗糙度。

2）车盲孔或台阶孔内螺纹的方法

（1）车退刀槽，其直径应大于内螺纹大径，槽宽为 2～3 个螺距，并与台阶平面切平。

（2）应选择适合车削形状的车刀。

（3）根据螺纹长度加上 1/2 槽宽在刀杆上做好记号，作为退刀、开合螺母起闸之用。

（4）车削时，中滑板手柄的退刀和开合螺母起闸（或开倒车）的动作要迅速、准确、协调，保证刀尖到槽中退刀。

（5）切削用量和切削液的选择与车三角形外螺纹相同。

3）内螺纹的测量方法

内螺纹的测量有综合测量和单项测量两种。单项测量比较复杂，一般采取综合测量，使用界限螺纹塞规，如图 1.7.6 示，测量方法同外螺纹综合测量相同。

内螺纹的综合测量是车削加工中使用最普遍的方法。

图 1.7.6　螺纹塞规

1.7.4　螺母的切削加工

1）工件车削步骤的确定

如图 1.7.1 所示螺母，应采用圆棒料多件加工，先一次车多件外圆，钻孔留余量，逐件切断，再单件加工端面与内螺纹。单件螺母的加工步骤如下：

（1）装夹、校正端面。

（2）车端面，倒角。

（3）调头，装夹和校正，车端面取总长 18 mm，车内孔至 ϕ17.9 mm，并倒角。

（4）粗、精 M20×2 至图样尺寸要求，表面粗糙度 *Ra*3.2。

（5）检验合格后方可取下工件。

2）容易产生的问题和注意事项

（1）螺纹车刀两刃不平直，螺纹轴向剖面的牙形为曲线。

（2）因车刀刃磨不正确或由于装刀歪斜，螺纹出现倒牙。

（3）车刀刀尖要对准工件中心，若车刀装得高，车削时引起振动，使螺纹工件表面出现振纹；若车刀装得低，后刀面或刀杆底部会与工件发生摩擦，无法车削。

（4）刀杆过细，引起振动和变形，出现"啃刀"、"让刀"或振纹。

（5）各滑板间隙宜调紧些，以防车削时产生位移发生"啃刀"。

（6）赶刀量不宜过多，以防精车没有余量。

（7）车内螺纹时，如发现车刀有碰撞现象，应及时对刀，防止车刀位移并碰坏牙面。

（8）螺纹精车刀要保持锋利，否则容易产生"让刀"。

（9）因"让刀"现象产生的螺纹锥形误差，采用借刀的方法，反复车削，直至塞规全部拧进。

（10）车盲孔或台阶孔内螺纹，要在刀杆上作记号，避免车刀碰撞工件面报废。

3）安全操作注意事项

在内螺纹车削过程中，严禁用砂布、棉纱、手指清除螺孔内的毛刺和切屑。内螺纹孔口毛刺可用条形油石去除，切屑等杂物用漆刷除去。

4）加工螺母质量评价

加工螺母质量评价参考表 1-20。

表 1-20　加工质量评价

零件编号：		学生姓名：		成绩：	
序号	项目内容及要求	占分	记 分 标 准	检查结果	得分
1	ϕ42	10	不合不得分		
2	M20×2	30	螺纹塞规检测，不合格不得分		
3	螺纹两侧牙面 *Ra*3.2	2×10	*Ra* 大一级扣 5 分		
4	18(IT14)	6	不合格不得分		
5	四处 *Ra*3.2	4×4	*Ra* 大一级扣 2 分		
6	两处 30° 倒角	3；3	不合格不得分		
7	两处 *C*1 倒角	1；1			
8	安全文明生产： （1）无违章操作情况； （2）无撞刀及其他事故； （3）机床维护	10	违章操作、撞刀、出现事故者、机床不按要求维护保养，扣 5～10 分		

1.7.5 攻丝与滚花

1. 用丝锥攻制内螺纹

1）攻螺纹的工艺准备

一般直径不大于 M16 或螺距小于 2 mm 的螺纹可用丝锥攻出来；直径大于 *M*16 的螺纹可粗车螺纹后再攻螺纹。丝锥是一种成型、多刃的刀具，操作简单，生产效率高。

丝锥亦称螺丝攻，适用于切削直径或螺距较小的内螺纹。

（1）丝锥的结构和形状如图 1.7.7 示，上面开有容屑槽，这些槽形成了丝锥的切削刃，同时也起排屑作用。切削部分 L_1 承担主要切削工作。整形部分 L_2 起校正牙型的作用。

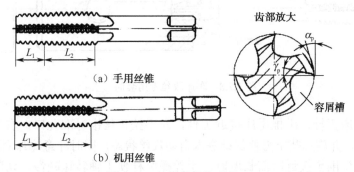

图 1.7.7　丝锥的结构形状

（2）丝锥有很多种类，但主要有手用丝锥和机用丝锥两大类。

① 手用丝锥：手用丝锥如图 1.7.7（a）所示，用来手工操作攻制内螺纹，常用于单件、小批生产或修配工作。手用丝锥一般由两支或三支组成一套，分成头锥、二锥和三锥。攻螺纹时，头锥、二锥和三锥一般应一次使用。

② 机用丝锥：机用丝锥一般用高速钢制成，它比手用丝锥多一条防止丝锥从夹头中脱落的环形槽，如图 1.7.7（b）所示。机用丝锥常用单支一次攻螺纹成型，效率较高。

（3）攻螺纹前孔径的确定。车床上加工直径不大的内螺纹，通常在钻孔以后，直接用丝锥攻出。

攻螺纹前孔径的大小，对攻螺纹质量有很大影响。如果孔径太大，攻螺纹后不能得到完整的牙型。如果孔径太小，使切削扭矩增大，甚至使丝锥折断。攻螺纹前的孔径一般应比内螺纹小径的基本尺寸大些，因为在丝锥挤压力的作用下，把一部分材料挤到丝锥的牙底处，使孔径缩小。当被加工材料韧性越好时，孔径缩小就越多。攻螺纹前的孔径（D_1）常用以下近似公式计算。

攻塑性金属的内螺纹时：

$$D_1=d-P$$

攻脆性金属的内螺纹时：

$$D_1=d-1.05P$$

（4）攻螺纹前，内孔加工应保证跳动度误差尽量小，钻出的孔最好车过一刀，若孔径太小不能车，钻孔前应采用中心孔定位。车好内孔，孔口必须倒角，倒角的直径要大于螺

纹大径尺寸。

（5）找正尾座套筒，避免偏移过大。

2）攻螺纹方法

（1）选择攻螺纹的切削速度：攻制钢件时，取 3～4 m/min；铸铁 2.5 m/min；黄铜取 6～9 m/min。

（2）安装攻丝套筒及丝锥，如图 1.7.8 所示。

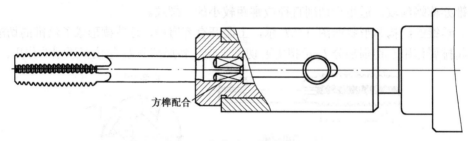

方榫配合

图 1.7.8　车床攻丝专用套筒

（3）启动车床正转，手推尾座接近工件，左手扶正丝锥对准孔口，右手摇动尾座手轮使丝锥进入内孔，并施加些压力使丝锥进入自动攻丝状态，同时注意冷却润滑。

（4）待丝锥切削至接近所需长度时，手控操纵杆使主轴转速减慢，切削到所需长度，主轴反转退出丝锥。

（5）切削液的选用。在攻螺纹时，正确选用切削液，可提高加工精度和减小表面粗糙度值。切削钢件一般用乳化液；切削铸铁时可用煤油。

3）攻螺纹和套螺纹时产生废品的原因及预防方法

攻螺纹和套螺纹时产生废品的原因及预防方法见表 1-21。

表 1-21　攻螺纹和套螺纹时产生废品的原因及预防方法

废品种类	产生原因	预防方法
牙型高度不对	攻螺纹前的内孔钻得太大	按计算的尺寸来加工内孔
螺纹中径尺寸不对	1. 丝锥装夹歪斜； 2. 丝锥磨损	1. 找正尾座轴线与主轴轴线重合； 2. 更换丝锥
螺纹表面粗糙度值大	1. 切削速度太高； 2. 切削液缺少或选用不当； 3. 丝锥齿部崩裂； 4. 容屑槽切屑挤塞	1. 降低切削速度； 2. 合理选择和充分浇注切削液； 3. 修磨或调换丝锥； 4. 经常清除容屑槽中切屑

2. 滚花

滚花用于某些零件的捏手部位，为了增加摩擦力和使零件表面美观，往往在零件表面上滚压出各种花纹，例如车床上的刻度盘、外径千分尺的微分套管等。这些花纹一般是在车床上用滚花刀滚压而成的。

1）花纹的种类

花纹按形状分直纹、斜纹和网纹三种，如图 1.7.9 所示。花纹的疏密以节距 t(mm)表示，分细、中、粗三种系列，有不同的尺寸规格，按照国家标准，常用规格有 0.3、0.4、0.5、0.6、0.8、1.0、1.2、1.5、1.6、1.8、2.0。

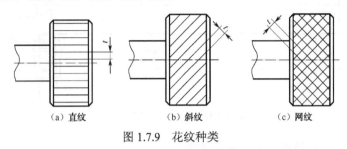

（a）直纹　　　　　　（b）斜纹　　　　　　（c）网纹

图 1.7.9　花纹种类

2）滚花刀

滚花刀一般有单轮、双轮和六轮三种，如图 1.7.10 所示。单轮滚花刀通常是压直花纹和斜花纹用。双轮滚花刀和六轮滚花刀用于滚压网花纹，它是由节距相同的一个左旋和一个右旋滚花刀组成的。六轮滚花刀以节距大小分为三组，装夹在同一个特制的刀柄上，分粗、中、细三种，供操作者选用。

3）滚花的方法

由于滚花时工件表面产生塑性变形，所以在车削滚花外圆时，应根据工件材料的性质和滚花节距的大小，将滚花部位的外圆车小约 0.2～0.5 mm。

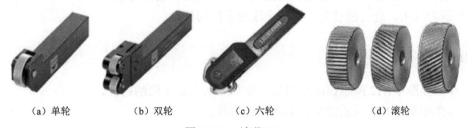

（a）单轮　　　　（b）双轮　　　　（c）六轮　　　　（d）滚轮

图 1.7.10　滚花刀

滚花刀的安装应与工件表面平行。开始滚压时，挤压力要大，进刀量一般略等于节距，使工件圆周压上一开始就形成较深的花纹，这样就不容易产生乱纹。为了减小开始时的径向压力，可用滚花刀宽度的 1/2 或 1/3 进行挤压，或把滚花刀尾部装得略向右偏一些，使滚花刀与工件表面产生一个很小的夹角，如图 1.7.11 所示。这样滚花刀就容易切入工件表面。

当停车检查花纹符合要求后，即可纵向机动进给。进给量在 0.1～0.5 mm/r，节距小的选择上限，节距大的选择下限，节距小的滚压走刀一次即可完成，节距大的走刀两次才能成型。

滚花时，应取较慢的转速，并应浇注充分的冷却润滑液，以防滚轮发热损坏。

由于滚花时径向压力较大，所以工件装夹必须牢靠，以防工件走动。滚花一般在精车之前进行。

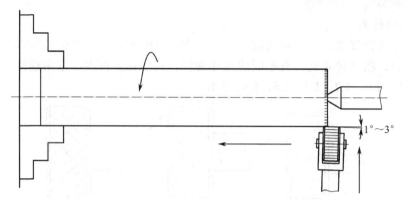

图 1.7.11 滚花刀的安装

4）滚花时容易产生的质量问题及注意事项

（1）滚花时产生乱纹的原因：

① 滚花开始时，滚花刀与工件接触面太大，使单位面积压力变小，容易形成微浅花纹，出现乱纹。

② 滚花刀转动不灵活，或滚花刀槽中有细屑阻塞．有碍滚花刀压入工件。

③ 转速过快，滚花刀与工件容易产生滑动。

④ 滚花刀间隙过大，产生径向摆动与轴向窜动等。

（2）滚直纹时，滚花刀的齿纹必须与工件轴线平行，否则挤压的花纹不直。

（3）在滚花过程中，不能用手和棉纱去接触工件滚花表面，以防危险。

（4）细长工件滚花时，要防止工件被顶弯。薄壁工件要防止变形。

（5）压力过大，进给量过慢，往往会滚出台阶形凹坑。

技能训练 7

1．车削如图 1.7.12 所示铣床用滑块，车加工后由铣工铣削扁位。

2．车削如图 1.7.13 所示螺母，要求外部滚花。

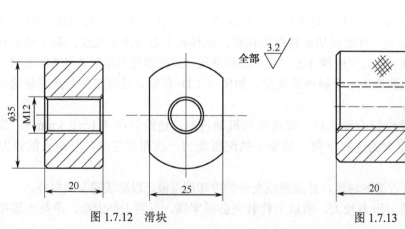

图 1.7.12 滑块

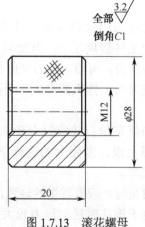

图 1.7.13 滚花螺母

思考与练习题 7

1．麻花钻刃磨有哪些要求？

2．钻孔时有哪些注意事项？

3．车孔的关键技术有哪些？如何保证套零件的同轴度与垂直度？

4．车孔时切削用量应该如何选择？

5．内锥零件在车床上的加工方法有哪些？

6．在加工内圆锥时应注意哪些问题？

7．用圆锥量规着色检查内锥时，小端锥面的着色被摩擦去，说明内锥的角度大还是小？

8．车通孔内螺纹有哪些方法？

9．车削内螺纹时，螺纹表面粗糙度值大产生的原因是什么？应如何预防？

10．滚花时产生乱纹的原因有哪些？

任务 1.8　细长丝杆与蜗杆的车削工艺与加工

任务描述

梯形螺纹是螺纹传动中应用较广的一种，常见的有车床和铣床以及各种机床的丝杆。蜗杆与丝杆的用途不同，传动原理也不同，其尺寸计算方法不同，车削时挂轮也不同。但两者的牙型相似，车削方法相同，本任务主要介绍梯形螺纹的车削方法，蜗杆车削作为拓展知识介绍。

本任务以 C620 车床尾座丝杆为载体，见图 1.8.1，尾座丝杆属于细长轴零件，其精度要求较高，螺纹牙型表面、轴颈粗糙度要求较高，螺纹对轴颈有同轴度要求，需要用跟刀架辅助支撑来加工。

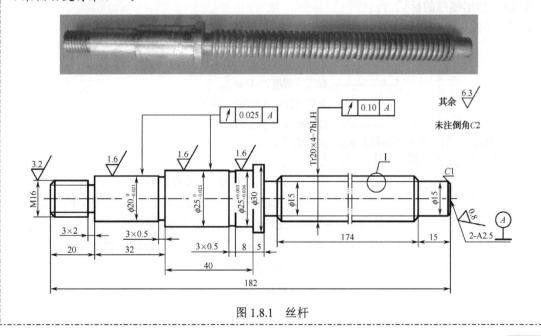

图 1.8.1　丝杆

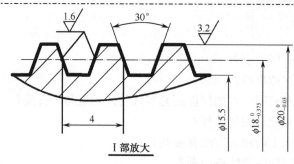

名称：C620尾座丝杆
材料：45钢调制

I 部放大

图1.8.1 丝杆（续）

通过本任务的学习，掌握梯形螺纹的车削及测量方法、细长丝杆的加工工艺知识与车削方法。

技能目标

（1）会细长丝杆的工艺分析，合理安排加工步骤。

（2）能计算梯牙丝杆及蜗杆的相关尺寸。

（3）能正确选择梯牙、蜗杆车刀角度并正确刃磨。

（4）会使用跟刀架安装加工细长轴的方法。

（5）掌握梯牙螺纹、蜗杆的车削与尺寸测量方法，并能车出符合图样要求的丝杆。

1.8.1 细长丝杆车削的工艺准备

1. 车梯形螺纹的工艺知识

1）梯形螺纹的有关计算

梯形螺纹有公制和英制螺纹，这里只介绍公制螺纹。

（1）梯形螺纹的标记

① 单线、右旋梯形螺纹示例标记如下：

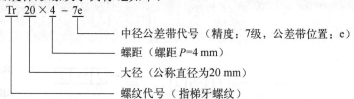

Tr 20 × 4 - 7e

中径公差带代号（精度：7级，公差带位置：e）

螺距（螺距 P=4 mm）

大径（公称直径为20 mm）

螺纹代号（指梯牙螺纹）

② 双线、左右旋梯形螺纹示例标记如下：

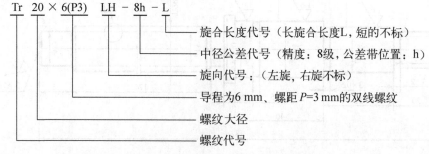

Tr 20 × 6(P3) LH - 8h - L

旋合长度代号（长旋合长度L，短的不标）

中径公差代号（精度：8级，公差带位置：h）

旋向代号：（左旋，右旋不标）

导程为6 mm、螺距 P=3 mm的双线螺纹

螺纹大径

螺纹代号

（2）梯形螺纹的各部分名称及计算

梯形螺纹的各部分名称见图 1.8.2，其计算见表 1-22。

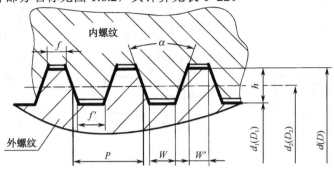

图 1.8.2　梯形螺纹的各部分名称

表 1-22　梯形螺纹的各部分名称及计算

名　称	计 算 公 式	计 算 实 例
牙型角 α	公制梯形螺纹的牙型角为 $\alpha=30°$	外梯形螺纹 Tr20×4-8 h
螺距　P	P 为基本参数	$P=4$ mm
牙顶间隙 α_c	P：1.5 / 2～5 / 6～12 / 14～44；α_c：0.15 / 0.25 / 0.5 / 1	$\alpha_c=0.25$ mm
螺纹大径 d（D_4）	外螺纹大径　$d=$公称直径 内螺纹大径　$D_4=d+2\alpha_c$	$d=20$ mm
螺纹牙高 h（H_1）	外螺纹牙高　$h=0.5P+\alpha_c$ 内螺纹牙高　$H_1=0.5P+\alpha_c$	$h=0.5P+\alpha_c=0.5×4+0.25=2.25$ mm
螺纹中径 d_2（D_2）	外螺纹中径 $d_2=$ 内螺纹中径 $D_2=d-0.5P$	$d_2=d-0.5P=20-0.5×4=18$ mm
螺纹小径 d_1（D_1）	外螺纹小径　$d_1=d-2h$ 内螺纹小径　$D_1=d-P$	$d_1=d-2h=20-2×2.25=15.5$ mm
牙顶宽 f	$f=0.366P$	$f=0.366P=0.366×4=1.464$ mm
牙底槽宽 W	$W=0.366P-0.536\alpha_c$	$W=0.366P-0.536\alpha_c=1.33$ mm
螺旋升角 φ	$\tan\varphi=\dfrac{P}{\pi d_2}$	$\tan\varphi=4(3.14×18)=0.070\ 7$ 查表得 $\varphi≈4°$

2）梯形螺纹的一般技术要求

（1）螺纹中径必须与基准轴轴颈同轴，否则将影响传动的平稳性。

（2）齿型要正确，以保证内外螺纹配合时齿型两侧啮合良好。

（3）车梯形螺纹必须保证中径尺寸符合公差要求，以保证内外螺纹配合时符合啮合间隙要求。

（4）螺纹两侧面表面粗糙度值要小，否则将影响传动的平稳性和使用寿命。

3）梯形螺纹车刀的角度

如图 1.8.3 所示，图（a）为梯形螺纹粗车刀，图（b）为一般梯形螺纹精车刀，图（c）为磨了月牙槽的螺纹精车刀。

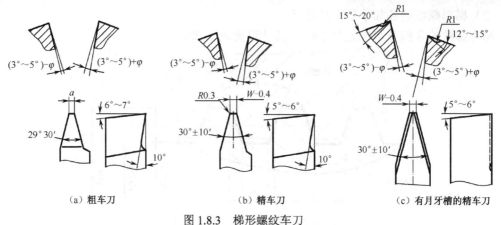

（a）粗车刀   （b）精车刀   （c）有月牙槽的精车刀

图 1.8.3　梯形螺纹车刀

（1）刀尖角 ε：粗车刀刀尖角应小于螺纹牙型角，ε 取 $30°-20'$。精车刀尖角等于螺纹牙型角，ε 取 $30°$。

（2）径向前角 γ：粗车时，为了切削轻便，减小切削力，粗车刀的径向前角 γ 取 $10°\sim15°$。精车时，为了使牙型角正确，精车刀的径向前角 γ 取 $0°$。车削大螺距螺纹时，可在靠两侧切削刃处刃磨出平行于主切削刃的小月牙槽，使两主切削刃更锋利。

（3）两侧刀刃后角 α_0：考虑螺旋升角 φ 对车刀工作后角的影响，车右旋螺纹时 $\alpha_{0左}=（3°\sim5°）+\varphi$，$\alpha_{0右}=（3°\sim5°）-\varphi$。车左旋螺纹时相反，$\alpha_{0左}=（3°\sim5°）-\varphi$，$\alpha_{0右}=（3°\sim5°）+\varphi$。

（4）刀头宽度 a：螺纹刀头宽 $a=$ 牙底槽宽 $W-（0.3\sim0.4）$ mm。

4）梯形螺纹车刀的刃磨要求

（1）刃磨梯形螺纹车刀时，要保证两侧切削平直，精车刀的径向前角应为 $0°$。

（2）因两侧切削刃较长，而刀头宽很小，刃磨时，应及时冷却，防止刀尖快速退火。

5）梯形螺纹的车削方法

（1）梯形螺纹的粗车

① 调整车床滑板及开合螺母，使各部分间隙最小、松紧程度恰当。

② 粗车螺纹前，螺纹大径留 0.5 mm 左右的精车余量。

③ 选用刀头宽度小于槽底宽 0.3 mm 左右的梯牙刀粗车，采用左右分层切削法和左右斜进法，如图 1.8.4（a）和（b）所示。粗车至小径上偏差，因大径留 0.5 mm 的余量，齿顶宽车至 $0.366P$，即可保证螺纹中径齿厚留 $0.3\sim0.4$ mm 的精车余量。

（2）梯形螺纹的精车

① 用外圆车刀精车螺纹大径。

② 用梯形螺纹的精车刀精车螺纹小径。

③ 采用左右借刀的方法精车螺牙两侧，使中径符合要求，如图 1.8.4（c）所示。

6）梯形螺纹的测量方法

梯形螺纹的测量方法有：样板检测、综合测量、三针测量等。

（1）用样板检测：可按中径齿厚最大和最小极限尺寸分别做两块样板，用来检测螺纹齿厚和牙型是否正确，见图 1.8.5。

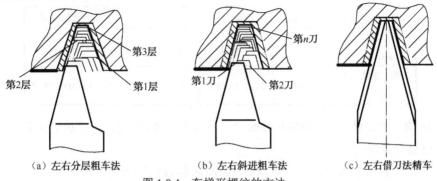

（a）左右分层粗车法　　　　（b）左右斜进粗车法　　　　（c）左右借刀法精车

图 1.8.4　车梯形螺纹的方法

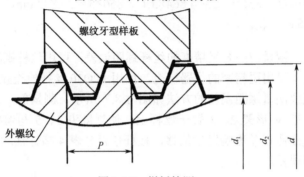

图 1.8.5　样板检测

（2）综合测量法：用标准螺纹环规综合测量。

（3）三针测量法：见图 1.8.6 所示，用三根直径相等的量针放置在螺纹相对应的螺旋槽中，用公法线千分尺量出两边量针顶点之间的距离 M，再比较与计算值 M 是否相符。计算公式如下：

$$M=d_2+4.864D-1.866P \tag{1-14}$$

其中：M 为千分尺读数值（mm）；d_2 为螺纹中径；D 为量针直径，$D=0.518P$，实际的量针直径不一定与计算出的最佳值相符，只要在最大或最小值的范围内均可选用。不同螺纹选用的量针直径计算及 M 值计算见表 1-23。

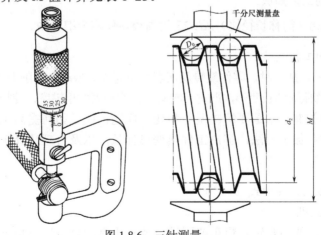

图 1.8.6　三针测量

表 1-23　量针的取值范围（最大及最小值）及 M 值的计算

螺纹/牙型角 α	量针最佳直径	量针最大直径	量针最小直径	千分尺读数值 M
三角形螺纹 $\alpha=60°$	$D=0.577P$	$D_{max}=1.01P$	$D_{min}=0.505P$	$M=d_2+3D-0.866P$
梯形螺纹 $\alpha=30°$	$D=0.518P$	$D_{max}=0.656P$	$D_{min}=0.487P$	$M=d_2+4.864D-1.866P$

实例 1-18　用三针测量 Tr36×6 的丝杆，中径尺寸为 $\phi36_{-0.375}^{0}$，试确定量针直径 D 和千分尺读数 M 值的范围。

解　$D=0.518P=0.518×6=3.108$ mm，实际选取 $D=3.1$ mm。

$M=d_2+4.864D-1.866P=33+4.864×3.1-1.866×6=36.882$ mm。

M 值的范围为 $36.882_{-0.375}^{0}$ mm。

（4）螺距的测量：测量 7～8 级精度的丝杆螺距误差，可用丝杆螺距测量仪测量，5～6 级精度的丝杆螺距误差可用更精密的仪器检查，如用 JCO30 丝杆检查仪检测。

用丝杆螺距测量仪测量螺距误差的方法如图 1.8.7 所示。测量前，先用标准丝杆校正测量仪零位。测量时，把 V 形架 2、3 置于丝杆上，使测量头 1、5 与丝杆牙侧接触，转动丝杆，活动测量头 5 受螺距误差影响发生偏移，杠杆使百分表 4 指针摆动，即可读出测量点 1 至 5 之间的螺距积累误差。

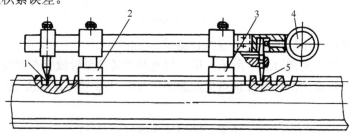

1—固定测量头；2、3—V 形架；4—百分表；5—活动测量头

图 1.8.7　丝杆螺距测量仪

2. 车细长轴的工艺知识

长度与直径之比（简称长径比）$l/d \geq 25$ 的轴类零件称为细长轴。

1）细长轴的加工特点

由于零件刚性差，加工时，零件旋转及切削力引起强烈振动，切削力引起弯曲变形以及切削温度引起工件热膨胀而伸长变形，严重影响其圆柱度和表面粗糙度，使加工带来很大困难。

加工细长轴的关键技术是要解决振动和变形问题，就是如何提高工件的安装刚性，采取合理的装夹方式和加工方法，解决工件热变形伸长，以及合理选择车刀几何形状，避免振动、变形而产生加工误差。

2）加工细长轴的装夹方式

（1）一顶一夹或两顶一夹

一般长径比较小的细长轴，粗车或同轴度要求不高的可采用一顶一夹安装，精车同轴

度要求高、重量轻的可采用两顶一夹安装（可参考 1.2.4 节）。

一顶一夹安装长径比较大的细长轴时，在夹位处加一个钢丝圈（见图 1.8.8）可防止过定位引起装夹变形，夹位上加工出一个工艺止推台阶，避免因轴向力引起工件位移。这时为了使工件热伸长有伸展的余地，后顶尖应采用弹性活动顶尖，否则，工件热伸长受阻，将使工件产生弯曲变形。

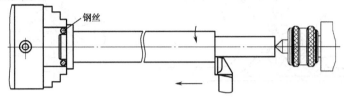

图 1.8.8　一顶一夹安装细长轴

（2）采用中心架辅助装夹

加工重量大的长轴，又可以分段车削时，用一顶一夹安装后，在零件毛坯中部车出一段支承中心架支承爪的沟槽，再安装中心架辅助支承（如图 1.8.9 所示），可增加零件的安装刚性，防止振动。但这种安装方法属于过定位，所以要求调整辅助支承，找正工件表面，以防跳动。

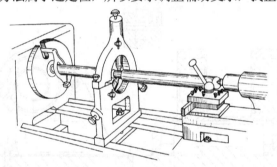

图 1.8.9　中心架辅助装夹

（3）使用跟刀架支承

① 用两爪跟刀架支承细长轴：如图 1.8.10（a）所示，两爪跟刀架跟随车刀移动，车刀给工件的切削抗力使工件贴在跟刀架的两个支承爪上，减少变形和振动，受力情况如图 1.8.10（b）所示。

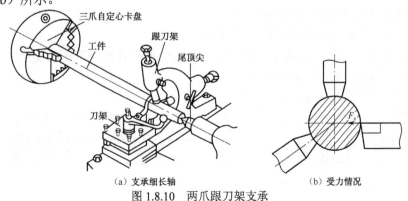

（a）支承细长轴　　　　　　　（b）受力情况

图 1.8.10　两爪跟刀架支承

② 用三爪跟刀架支承细长轴：三爪跟刀架的三个支承爪布局如图 1.8.11 所示，下面多一个支承爪承受工件重力，克服两爪跟刀架的不足，使车削更稳定，不易产生振动。

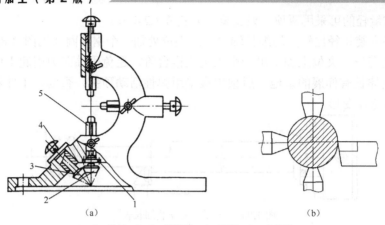

（a）   （b）

1—丝杠；2、3—锥齿轮；4—手柄；5—支承爪

图 1.8.11　三爪跟刀架支承

③ 用套式跟刀架支承细长轴：套式跟刀架如图 1.8.12 所示，套圈安装在专用的跟刀架里，车刀在两套圈间进行切削。

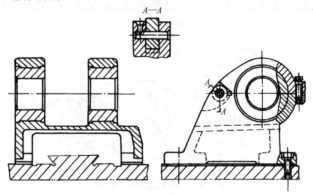

图 1.8.12　套式跟刀架

使用跟刀架时应注意，跟刀架支承爪与工件接触压力要适中，不宜过松或过紧，接触过松，跟刀架不起作用，出现振动或车出棱形或"腰鼓"形；接触过紧，则工件车出"竹节"形。

3）车削细长轴工件时防止变形的方法

（1）使用弹性回转顶尖并反向车削的方法

弹性回转顶尖在工件产生热变形伸长时，使顶尖里的蝶形弹簧压缩变形，可有效地补偿工件的热变形伸长，如图 1.8.13 所示。

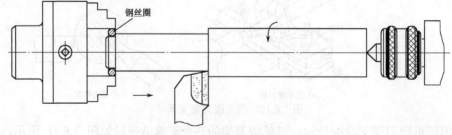

钢丝圈

图 1.8.13　反向车削细长轴

采用反向车削的方法，可使轴向切削力和工件热变形伸长方法与顶尖收缩方法一致，避免伸长变形受阻而产生弯曲变形。

（2）浇注充分的切削液

浇注充分的切削液，不仅可减小工件因温升引起的热变形伸长，还起到润滑作用，防止跟刀架支承爪拉毛工件表面，提高加工质量，延长刀具使用寿命。

（3）合理选择车刀几何参数并保持锋利

① 合理选择主偏角：为了减少细长轴弯曲，要求径向切削力越小越好，而主偏角是影响径向力的主要因素，一般取 $\kappa_r = 80° \sim 90°$。

② 为了减小切削力和切削热，应选择较大的前角。

③ 前刀面应磨有断屑槽，使车刀刃口锋利，切削顺利，减小切削力和切削热。

④ 选择正值刃倾角 3°～5°，使刀尖锐利和排屑顺畅。

⑤ 减小刀尖圆弧半径和倒棱宽度，可减小切削力。

⑥ 刀面的表面粗糙度小于 $Ra0.4$，可减小摩擦，降低切削力。

⑦ 发现车刀磨损到一定程度，要及时修磨，保持车刀锋利。

1.8.2 细长丝杆的车削加工

1．工艺分析

如图 1.8.1 所示的尾座丝杆，属于细长轴零件，且尺寸精度及形位公差要求较高，加工难度较大，为了防止加工变形，可采用跟刀架支承车削梯形螺纹。零件要求调质热处理，为了使各表面的硬度均匀，一般先粗车，外圆留 1.5 mm 的余量，粗车梯形螺纹，调质处理、时效处理，再精车梯形螺纹、三角螺纹，最后精车各挡外圆。成批生产则以磨削加工为最后的精加工。

2．安装方案的确定

粗车时采用一顶一夹安装，精车采用两顶一夹安装，精车梯形螺纹用跟刀架支承。

3．加工步骤的确定

（1）采用一顶一夹安装粗车。

① 粗车左端：先钻一端中心孔，一顶一夹安装粗车左端四挡外圆，直径分别留余量 1.5 mm，台阶长度留 0.5 mm。调头夹 $\phi25$（已粗车）外圆并使台阶面靠平卡盘，车端面取总长，钻中心孔。

② 采用一顶一夹粗车右端：车右端面取总长、钻中心孔后，工件不要取下，直接安装后顶尖支顶。粗车梯牙外圆与 $\phi15$ 外圆分别留余量 2 mm，台阶长度留 0.5 mm。

零件调质处理、校直、时效处理后，修整中心孔。

（2）采用一顶一夹安装，跟刀架辅助支承，半精车梯形螺纹外圆留余量 0.5 mm、$\phi15$ 外圆、退刀槽深度与宽度至尺寸要求，粗车梯形螺纹，齿深为 2.25 mm，齿顶宽为 $0.366P$（约 1.47 mm）。

（3）两顶一夹安装，跟刀架辅助支承，精车梯形螺纹外圆至尺寸，精车梯形螺纹至尺寸。

（4）两顶一夹安装，跟刀架辅助支承，精车左端各挡外圆及倒角、M16 螺纹至尺寸要求。

4．实施加工

（1）车刀准备：外圆车刀、切槽刀、三角螺纹车刀、梯形螺纹车刀。

（2）工具、量具准备：顶尖、钻夹头、跟刀架，常用扳手，游标尺、外径千分尺、三针。

（3）按步骤加工，在用跟刀架辅助支撑加工过程，实时注意检查后顶尖和跟刀架的松紧，确保加工安全顺利地进行。最后按图样要求检查零件加工质量。

5．加工安全与操作注意事项

（1）车削梯形螺纹前，必须对车床各部位进行检查、调整。方法与三角螺纹车削前车床的调整方法相同。

（2）鸡心夹头或对分夹头应夹紧工件，否则车梯形螺纹时工件容易产生移位而损坏。

（3）加工细长轴时，车床转速不宜过高，避免离心力过大引起工件弯曲后导致工件飞出发生事故。

（4）不准在开车时用棉纱揩擦工件，以防发生危险。

（5）车削螺纹过程中，必须充分浇注切削液，以提高刀具寿命。

6．容易产生的问题和预防措施

（1）梯形螺纹车刀两侧副刀刃应平直，否则工件牙型角不正；精车时刀刃应保持锋利，要求螺纹两侧面的表面粗糙度值要小。

（2）调整小滑板的松紧，以防车削时车刀移位。

（3）两顶一夹安装车梯形螺纹，中途复装工件时，应注意保持鸡心夹拨杆返回原位，以防乱牙。

（4）工件在精车前，最好重新修正顶尖孔，以保证同轴度。

1.8.3 蜗杆螺纹的车削工艺与加工

1．车蜗杆螺纹的工艺知识

蜗杆传动用于两轴交叉 90°的减速机构传动，按齿形可分轴向直廓蜗杆（又称阿基米德螺旋线蜗杆）和法向直廓蜗杆（又称延长渐开线蜗杆）。常用的蜗杆为阿基米德螺旋线蜗杆，其轴向截面的齿廓形状为梯形，在螺旋线法向截面的齿廓为渐开线形。

1）蜗杆螺纹的各部分名称

蜗杆螺纹的各部分名称如图 1.8.14 所示。

N-N截面

2）蜗杆螺纹各部分计算

蜗杆螺纹各部分尺寸的计算如表 1-24 所示。

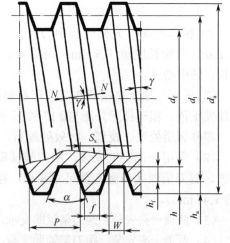

图 1.8.14　蜗杆螺纹各部分名称

表 1-24 米制蜗杆螺纹各部分尺寸的计算

基本参数	模数 m，齿形角 $\alpha=40°$（压力角=20°），特性系数 q	
其他各部分名称及计算	计算实例：模数 $m=2$，$q=17$，线数 $Z=1$	
名称	计算公式	计算（单位：mm）
周节 P	$P=\pi m$	周节 $P=\pi m=3.14\times2=6.28$
导程 P_z	$P_z=\pi mZ$	导程 $P_z=\pi mZ=3.14\times2\times1=6.28$
分度圆直径 d_1	$d_1=mq$	分度圆直径 $d_1=mq=2\times17=34$
齿顶高 h_a	$h_a=m$	齿顶高 $h_a=m=2$
齿顶圆直径 d_a	$d_a=d_1+2m$	齿顶圆直径 $d_a=d_1+2m=34+2\times2=38$
齿高 h	$h=2.2m$	齿高 $h=2.2m=2.2\times2=4.4$
齿根高 h_f	$h_f=1.2m$	齿根高 $h_f=1.2m=1.2\times2=2.4$
齿根圆直径 d_f	$d_f=d_1-2.4m=d_a-4.4\,m$	齿根圆直径 $d_f=d_1-2.4m=34-2.4\times2=29.2$
轴向齿厚 S_x	$S_x=P/2$	轴向齿厚 $S_x=P/2=6.28/2=3.14$
法向齿厚 S_n	$S_n=P/2\cos\gamma$	法向齿厚 $S_n=P/2\cos\gamma=3.14/\cos\gamma$
齿顶宽 f	$f=0.843m$	齿顶宽 $f=0.843\times2=1.686$
齿根槽宽 W	$W=0.697m$	齿根槽宽 $W=0.697\times2=1.394$
导程角 γ	$\tan\gamma=P/\pi d_1=m/d_1$	$\tan\gamma=m/d_1=2/34=1/17$，查表得出导程角 γ

3）蜗杆车刀角度

如图 1.8.15 所示是蜗杆螺纹车刀的几何形状，粗车刀可磨出 10° 左右的径向前角，以便于车削时排屑顺利，此时刀尖角应刃磨略小于 40°，否则粗车的牙型角将大于 40°。精车刀的刀前角应为零，以保证牙型角正确。车削模数大于 3 mm 时，刀头较粗，为使螺纹精车刀更锋利，可在两侧刀刃磨出月牙槽，如图 1.8.16（c）所示。

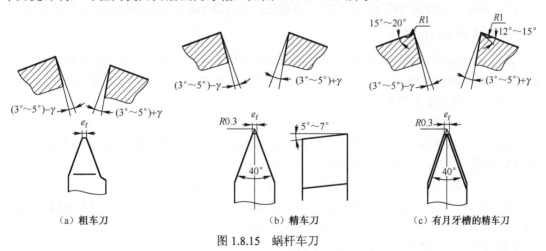

（a）粗车刀　　　　　　（b）精车刀　　　　　（c）有月牙槽的精车刀

图 1.8.15 蜗杆车刀

4）蜗杆车刀的装夹方法

车削阿基米德螺旋线蜗杆时，精车刀的前刀面应在水平面，并与工件回转轴线等高（即水平装刀），一般用角度样板来校正蜗杆车刀刀尖角的对称度。

粗车时为使车刀两侧刀刃的工作前角和工作后角相等，可用可调式刀杆装刀，把车刀从水平位置向走刀方向旋转一个螺旋角的角度（即法向装刀）。

车削法向直廓蜗杆时，应采用法向装刀法，即车刀的前刀面与螺旋线的法线法向平行。

2. 蜗杆的车削方法

1）挂轮的变换及手柄位置搭配

车削蜗杆的挂轮与车削公制螺纹的挂轮不同，车削蜗杆应变换挂轮，可按车床铭牌标明的齿轮齿数变换挂轮，并根据所车削的蜗杆模数按车床铭牌标明的手柄位置搭配。

2）车蜗杆的一般方法

车削蜗杆采用开倒顺车法切削，蜗杆因导程大，通常用低速切削，蜗杆的车削方法和梯形螺纹相似，分粗、精车两个阶段进行。

按进刀方法不同主要有：左右切削法、切槽法、分层法、单面车削法等。

（1）左右切削法：为防止三个切削刃同时切削而造成"扎刀"，一般采用此法。

（2）分层切削法：分层切削法用于粗车，为了切削时排屑顺利，避免啃刀现象，采用图 1.8.5（a）所示的进刀法分层切削，直至粗车完毕。

（3）单面车削法：多用于精车，先精车正纵向，后精车背纵向。容易把齿形修整清晰，以便保证蜗杆齿形面的表面粗糙度和精度要求。

3）蜗杆的测量方法

（1）精度要求高的蜗杆，可用三针和单针测量，方法与测量梯形螺纹相同，M 值的计算如下：

$$M=d_2+3.924D-4.316m+1.2909\, D\tan^2\gamma$$

D 为量针直径，取值范围：量针最佳直径 $D=1.674m$，量针最大直径 $D_{max}=0.656P$，量针最小直径 $D_{min}=0.487P$。

（2）精度要求较低的蜗杆，可用齿厚测量法，即用齿厚游标卡尺测量法向齿厚的方法。

3. 蜗杆的车削加工

以图 1.8.16 所示蜗杆为实例来介绍蜗杆的车削加工方法。图 1.8.16 是一般的蜗杆零件图，尺寸精度和位置精度要求较高，齿形部分有相应的要求，必须按工艺要求加工，方能保证其精度，其加工步骤如下。

（1）备料，材料 45 钢，毛坯 $\phi50\times150$。

（2）用三爪卡盘夹住毛坯外圆（伸出的 70 mm），车端面，钻中心孔 A3.15，粗车 $\phi47\times50$ 外圆，$\phi36$、$\phi32$ 各挡外圆留余量 1 mm。

（3）工件调头夹住 $\phi47$ 外圆，车端面取总长，钻中心孔 A3.15。

（4）采用一顶一夹装夹（夹 $\phi32$ 外圆，活动顶尖顶另一端中心孔），粗车 $\phi48$ 外圆至 48.6，$\phi38$ 外圆车至尺寸，$\phi36$ 外圆留余量 0.5 mm。

（5）切槽 $\phi39\times12$ 至尺寸，倒角 2-$C3$。

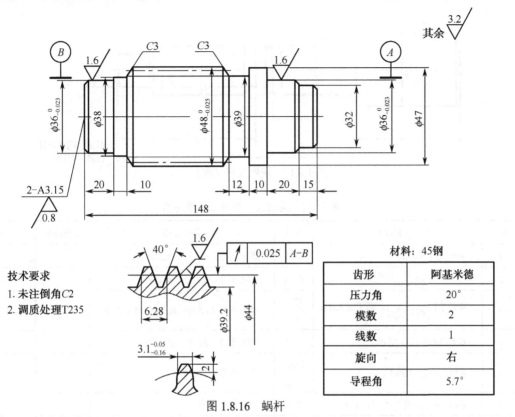

图 1.8.16 蜗杆

齿形	阿基米德
压力角	20°
模数	2
线数	1
旋向	右
导程角	5.7°

材料：45钢

技术要求
1. 未注倒角C2
2. 调质处理T235

（6）用刀头宽小于 1.2 mm 的蜗杆粗车刀粗车蜗杆螺纹，齿深车至ϕ39.2，齿顶宽 f 车至 2 mm。

（7）采用两顶一夹装夹（用对方夹头夹ϕ32 外圆），精车ϕ48、ϕ36 外圆至尺寸，倒角。

（8）精车蜗杆螺纹至尺寸，检查螺纹符合图样要求。

（9）工件调头两顶一夹装夹，精车ϕ36、ϕ32 外圆至尺寸，倒角，加工完毕。

技能训练 8

完成如图 1.8.17 所示虎钳丝杆零件的车削加工任务，按表 1-25 进行质量评价。

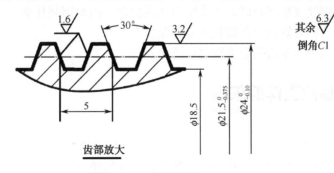

齿部放大

图 1.8.17 虎钳丝杆

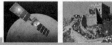

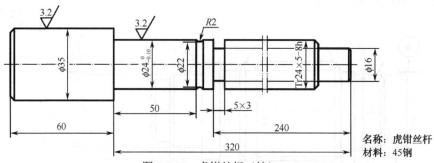

图 1.8.17　虎钳丝杆（续）

名称：虎钳丝杆
材料：45钢

表 1-25　虎钳丝杆的加工质量评价

序号	项目内容及要求	占分	记分标准	检查结果	得分
1	$\phi 24_{-0.10}^{0}$；$Ra3.2$	8；3	超差无分；Ra 大一级无分		
2	螺纹大径 $\phi 24_{-0.10}^{0}$；$Ra3.2$	8；3	超差无分；Ra 大一级无分		
3	螺纹中径 $\phi 21.5_{-0.375}^{0}$；两牙侧 $Ra1.6$	12；2×4	超差 0.01 扣 4 分；Ra 大一级扣 2 分		
4	螺纹小径 $\phi 18.5$；$Ra6.3$	5；2	超差无分；Ra 大一级无分		
5	$\phi 35$、$\phi 22$；$2\text{-}Ra3.2$	2×3；2×2	不合格不得分		
6	$\phi 16$、4 处长度尺寸（IT14）	5×2	不合格不得分		
7	槽：R2；5×3	4；4	不合格不得分		
8	3 处倒角	3	不合格不得分		
9	1．安全文明生产： （1）无违章操作情况； （2）无碰撞机床及其他事故； 2．机床维护与环保； 3．学习纪律、态度、协作能力	10 10	违章操作、出现事故者、机床不按照要求维护保养，扣5～10分； 按要求完成学习任务、劳动态度好、与同学协作记 10 分，其他酌情扣分		

思考与练习题 8

1．车梯形螺纹或车蜗杆时，产生啃刀（或抬刀）的原因是什么？

2．加工细长轴要解决的关键技术问题是什么？

3．提高细长轴加工质量应采取哪些措施？

任务 1.9　偏心工件的车削

任务描述

　　偏心工件指外圆和外圆的轴心线或内孔和外圆的轴心线不在一条直线上的工件，常见的有偏心轴、偏心套、曲轴等。本任务以图 1.9.1 所示零件加工为实例，通过简单偏心工

件的车削训练，掌握偏心工件的基本车削方法和检测方法，并介绍曲轴加工的安装方法和一般检测方法，为今后的拓展与提高奠定基础。

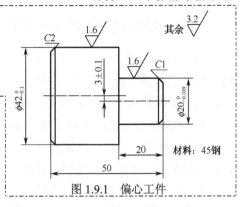

图 1.9.1 偏心工件

技能目标

（1）能在三爪卡盘上车削偏心工件，会计算垫片厚度。

（2）能在四爪卡盘上用百分表找正工件、车削偏心工件。

（3）会使用常用工具、量具对偏心工件进行检测。

1.9.1 偏心零件的应用

在机械传动中，当回转运动变为往复直线运动或直线运动变回转运动时，一般都是用偏心轴（套）或曲轴来完成的，下面是两种偏心零件的应用实例。

1）偏心夹紧机构

如图 1.9.2 所示，是用偏心件直接或间接夹紧工件的机构，图（a）是用偏心套直接压紧，图（b）是用偏心轴带动连杆间接压紧。这种机构操作简单、夹紧动作快、但夹紧行程和夹紧力较小，一般用于没有振动或振动较小、夹紧力要求不大的场合。

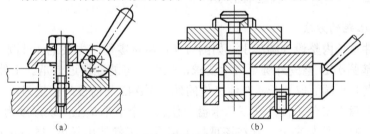

（a）　　　　　　　　　　　　（b）

图 1.9.2　偏心夹紧机构

2）曲轴

曲轴也是一种偏心零件，在发动机、空压机、曲柄压力机、剪切机等机械设备中为重要零件。通过曲轴的回转运动带动连杆传递给活塞做往复直线运动，根据发动机的性能和用途不同，曲轴分成两拐、四拐、六拐、八拐等几种，两曲柄颈之间互成 90°、120°、180° 等角度。图 1.9.3 所示为两拐曲轴。

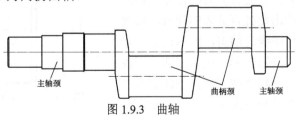

主轴颈　　　　　　　　　曲柄颈　　主轴颈

图 1.9.3　曲轴

1.9.2 简单偏心工件的车削方法与实施

一般的偏心轴、套工件在车床上车削的方法有：在三爪卡盘上、在四爪卡盘上、在两顶尖间、在双重卡盘上、在专用偏心夹具上车削等方法。这里介绍在三爪卡盘和在四爪卡盘上车削偏心工件的方法。

1. 在三爪自动定心卡盘上车削偏心工件

对长度较短，且偏心距精度要求不高的偏心工件，可在三爪自定心卡盘上进行车削。首先把工件整体外圆按基圆外圆直径车好，随后在三爪中任意一个卡爪与工件接触面之间，垫上一块材料为中碳钢的厚度通过计算好的垫块，使工件轴线相对于车床主轴轴线产生的位移等于工件的偏心距 e，并在相应的卡爪上做好记号，把工件较正后夹紧，再切削出偏心部分的表面，如图 1.9.4 所示。

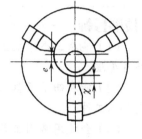

图 1.9.4　三爪卡盘上车
偏心件

1）垫片厚度的计算

垫片厚度可按下面的近似公式计算：

$$x=1.5e \tag{1-15}$$

式中：x 为垫片厚度，单位 mm；e 为要求的偏心距公称尺寸，单位 mm。

找正检测（或试切）后，垫片厚度修正可按下面的近似公式计算：

$$k=1.5\Delta e，\Delta e=e-e_{测} \tag{1-16}$$

式中：k 为垫片修正值，单位 mm；Δe 为试切后，实测偏心距误差，$\Delta e=e-e_{测}$。实测结果比要求的大时，Δe 为"–"号，反之取正号。

2）找正偏心距的方法

（1）把工件总长内整段外圆车出：如图 1.9.1 所示零件，先夹毛坯外圆 5～6 mm 的长度，车端面和基圆ϕ42 整段外圆至尺寸要求，长度尽可能地接近卡爪。工件调头（用铜皮垫基圆外圆装夹）车端面取总长，车原夹位的外圆至ϕ42 与前段外圆接刀。

（2）三爪卡盘上安装工件：在三爪卡盘中任意一个卡爪垫上一块厚度为 4.5 mm（按计算值）的垫片，把工件装夹上，并在该爪打上记号，工件伸出长度 25 mm（略长于偏心部位长度）。调整垫片与工件素线、卡爪平行并与卡爪端面平齐，轻微夹紧卡盘。

（3）用百分表检测偏心距：将表座安装在中滑板上，调整百分表杆垂直对到工件垫有垫块的母线，此处为工件偏摆的最低点，触头接触工件外圆上，如图 1.9.5 所示 A 点，并使百分表压缩量为 0.5～1 mm 左右（注意表的量程要大于偏心距的 2 倍以上），记下 A 点处百分表的读数，再把百分表平移至 B 点，读出此处百分表的读数，根据两点读数误差判断工件轴线的偏斜，用木槌或铜棒敲击 B 端找正（工件旋转过 90° 按此方法检查找正，使工件基圆表面与回转轴线平行，如此重复几次使工件轴线与主轴轴线平行为止）。然后把百分

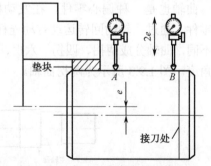

图 1.9.5　在三爪卡盘上找正偏心距

表移至 A 点处，用手缓慢转动卡盘使工件转一周，百分表指示读数的最大值和最小值之差的二分之一，就是实际偏心距。若实际偏心距与图样有误差，再按公式（1-16）计算垫片修正值，重新垫垫片后再找正。应当注意：重新垫垫片时，必须在原来的卡爪上，否则偏心距产生误差。

实例 1-19 在三爪自定心卡盘上加工图 1.9.1 所示零件，以 $\phi42$ 外圆为夹位垫垫片车削偏心距 $e=3$ mm 的表面 $\phi20$ 外圆，试计算垫片的厚度。

解 根据近似公式（1-15）得：

$$x = 1.5e = 1.5 \times 3 = 4.5 \ （mm）$$

垫入 4.5 mm 厚的垫片进行找正检测，若检查实际偏心距为 3.12 mm，则根据垫片厚度修正近似公式（1-16）得：

偏心距误差：$\Delta e = e - e_{测} = 3 - 3.12 = -0.12$（mm）

$$k = 1.5\Delta e = 1.5 \times (-0.12) = -0.18 \ （mm）$$

垫片修正值 $k = -0.18$（mm），则垫片厚度修正后应为：

$$x_{修正} = 4.5 - 0.18 = 4.32 \ （mm）$$

3）车削偏心部分外圆表面

工件找正后，先启动车床使工件旋转起来，再移动车刀缓慢靠近工件试刀，以防止打刀。在初车削时，属于断续切削状态。因三爪卡盘垫垫片装夹工件，其装夹不是很可靠，承受的切削力不宜过大。所以，在初车削时，进给量、切削深度不宜过大，等工件车圆后，车削用量再增加，否则工件容易产生位移或崩刀，严重的有工件飞出伤人的危险，应小心操作。

在三爪卡盘上车偏心工件，按计算得出的垫块厚度以及偏心距的准确度受卡盘的回转精度及卡爪的定位精度影响较大，由于卡盘长期使用，轴线与主轴回转轴线存在跳动，工件二次装夹已产生偏心，加上卡爪定位面的磨损形成直线度误差，装夹的工件轴线与主轴回转轴线产生交叉，因此，定位误差较大，同一垫块分别垫在三个卡爪上检测出的实际偏心距并不相同，给调整偏心距带来不便。另外，加工受力后垫块容易产生变形或位移，所以承受的切削力不宜太大，只适用于偏心距小、精度较低、长度较短的偏心工件的加工。

2．在四爪卡盘上车偏心工件

1）偏心工件的划线方法

（1）车工件外圆，直径为 d，长度为 L，在轴的端面和外圆上涂色放在 V 形块上。

（2）用高度游标在工件四周划一组与工件中心线等高的水平线。

（3）把工件转过 90°，用 90° 角尺对划好的端面线找正，再用已调好的高度划线尺在工件端面划另外一组水平线，找出轴线。

（4）将高度划线尺的游标上移（或下移）一个所需要的偏心距，在端面上划线，找出偏心轴线。

（5）在所划的线条上打样冲眼，防止线条模糊而失去依据。

2）在四爪卡盘上装夹工件

（1）预调卡盘爪：使其中两爪呈对称布置，另两爪呈不对称位置，其偏离主轴中心的

距离大致等于工件的偏心距 e，装夹工件如图 1.9.6 所示。

（2）用百分表校正偏心距：将表座安装在中滑板上，大致找到工件母线偏摆的最高点，调整百分表杆触头垂直接触工件外圆上如图 1.9.7 所示 A 点，并使百分表压缩量至 $2e+(0.5\sim1)$ mm 左右，记下 A 点处百分表的读数，移动大滑板使百分表平移至 B 点，读出此处百分表的读数，根据两点读数误差判断工件轴线的偏斜，用木槌或铜棒敲击 B 端找正，敲击工件修正量为两端误差值的二分之一，如此重复几次使工件轴线与主轴轴线接近平行；再将工件旋转过 90°按以上方法检查找正工件轴线的偏斜在很小范围内。

然后移动大滑板使百分表平移至 A 点，用手缓慢转动卡盘使工件转一周，百分表指示读数的最大值和最小值之差的二分之一即为偏心距。根据误差值，调整对应的两个卡爪（由一松一紧来实现偏心距的调整）。调整一次再转动卡盘检查百分表的读数核实偏心距，按此方法逐渐找正 A 点的圆周跳动量等于 $2e$ 为准。A 点调正后，又一次移动大滑板使百分表平移至 B 点，检查自由端的圆周跳动量是否等于 $2e$。若不符合要求，再敲击调整。

总之，要使两端的圆跳动均等于 $2e$（符合图样规定的公差），且母线与轴线平行。最后把四个卡爪对称地逐对夹紧工件，夹紧过程还要检查百分表读数，保证偏心距正确。注意，施加夹紧力的力度要适中，不能按三爪卡盘的夹紧力来夹紧四爪卡盘，否则，很容易把四爪的转动螺杆扳断。

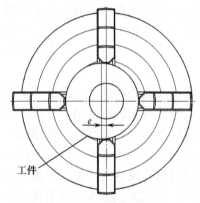

图 1.9.6　四爪卡盘装夹工件

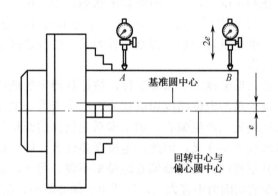

图 1.9.7　在四爪卡盘上找正偏心距

3）偏心工件的车削方法

（1）工件经找正夹紧后，即可进行车削加工。先启动车床使工件旋转起来，再移动车刀靠近工件，要防止打刀。在初车削时，进给量、切削深度不宜过大，等工件车圆后，车削用量再增加，否则工件容易产生位移或崩刀。

（2）复查偏心距，当粗车至还剩 0.5 mm 左右精车余量时，再可按图 1.9.8 所示方法复查 A 点偏心距，并在外圆素线上轴向移动百分表至 B 点检查偏心轴线是否与主轴轴线重合。若偏心距超差或偏心轴线偏斜，则略紧相应卡爪微调偏心距或用铜棒校正 B 点使偏心轴线与主轴轴线重合，

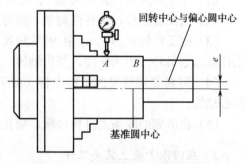

图 1.9.8　在四爪卡盘上检查偏心距

才能精车至尺寸。

3．偏心距的测量

两端有中心孔的偏心轴，如果偏心距较小，可在两顶尖间（或偏摆仪上）测量偏心距。测量时，把工件安装在两顶尖间（或偏摆仪上），百分表的测头与偏心轴轴线垂直并接触偏心表面，调整百分表压力，用手转动偏心轴，百分表上指示出的最大值和最小值之差的一半即为偏心距。

偏心套的偏心距也可用类似上述方法来测量，但必须将偏心套套在心轴上，再在两顶尖间测量。

偏心距较大的工件，因受百分表测量范围的限制，或无中心孔的偏心工件，不能采用上述方法测量。可以用图 1.9.9 所示方法间接测量偏心距。测量时，把 V 形块放在平板上，并把工件置于 V 形槽中，转动偏心轴，用百分表找出偏心轴的最高点后，把工件固定，将百分表水平移动至基准轴外圆最高点，测出偏心轴外圆到基准轴外圆之间的距离 a，再用下式计算出偏心距 e：

$$e = \frac{D}{2} - \frac{d}{2} - a \tag{1-17}$$

式中：D 为基准轴直径，mm；d 为偏心轴直径，mm；a 为基准轴外圆到偏心轴外圆之间的最小距离，mm。

基准轴直径与偏心轴直径必须用千分尺测量出正确的实际尺寸，否则计算时会产生误差。

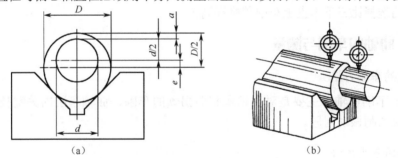

图 1.9.9　偏心距的间接测量方法

4．实施加工

在三爪卡盘上完成图 1.9.1 偏心零件的车削步骤如下。

（1）根据图样加工要求准备材料：根据偏心件的长度较短，校对偏心距时基圆外圆尺寸应相同且同轴，基圆外圆最好在一次安装后车完整个长度，所以可用长棒料车出基圆直径再切断获得。

（2）量具准备：量具包括测量尺寸用的千分尺、游标卡尺，测量偏心距的百分表及磁力表座。

（3）垫块准备：按 3 mm 的偏心距，厚度为 4.5 mm，垫块材料选用 45 钢。为了使垫块与卡爪和工件外圆表面良好接触，采用上下面用带圆弧形状的垫块。先车一个内孔直径为 $\phi 42$ mm、外圆直径为 $\phi 51^{+0.03}$ mm、长度约 20 mm 的环套，按 8 等分割据开，即可得到 8 块相同厚度的垫块。

（4）加工基圆整体外圆：按图车削基圆直径至 $\phi 42_{-0.1}^{\ 0}$ mm/Ra1.6 μm，长度等于工件总长 50+2 mm，精车端面，倒角 C2，切断长度 50.5 mm。

（5）找正偏心距：在三爪卡盘上安装工件，伸出 30 mm，把垫块垫上轻微夹紧，用百分表检查找正偏心距后夹紧。

（6）车偏心部分外圆：分多刀切削偏心台阶尺寸至 ϕ 21×20 mm，用百分表复检偏心距是否有变并加以调整，再精车至 $\phi 20_{-0.03P}^{\ 0}$ / Ra1.6 μm，倒角 C1。

（7）去毛刺：检查零件尺寸无误后，在停机状态下用锉刀手工锉掉偏心台阶面的毛刺。

注意事项：

（1）用百分表找正偏心工件时，应注意百分表的量程范围，避免最高点超出百分表量杆移动极限而损坏百分表。

（2）工件找正后，先把百分表取走再开动车床。

（3）不得在停车状态对刀切削，必须使工件回转起来，再缓慢把车刀靠近工件试切削，防止打刀事故发生。

（4）在三爪卡盘上车削偏心工件时，其夹持力较差，初切削进给要小些，避免工件飞出发生事故。

也可以在四爪卡盘上完成图 1.9.1 所示偏心零件的车削。

通过四爪卡盘安装找正偏心距，主要掌握查看百分表读数控制卡爪偏移量的操作技能，能以较快的速度完成偏心距调整及工件夹紧，切削加工比三爪卡盘安装更加可靠，因此，进给量的选择比三爪卡盘上车削稍略提高。

1.9.3 曲轴的车削与测量

1．曲轴的车削方法

在车床上车削曲轴，主要是对主轴颈和曲拐颈的车削，曲轴车削的关键技术问题是安装精度和解决切削振动问题。

1）曲轴的装夹方法

曲轴的装夹方法分两顶尖间安装和一顶一夹安装两类。

（1）两顶尖间装夹方法：图 1.9.10 所示为两顶尖间车削两拐曲轴的装夹方法，图（a）采用两顶尖装夹，因两端主轴颈的尺寸较小，不能直接在轴端钻曲柄颈中心孔，所以，可以在两端加留工艺轴颈，在工艺轴颈上钻出中心孔 A 和偏心中心孔 B_1、B_2。当顶尖安装在中心孔 A 中时，可车削加工主轴颈。当顶尖先后安装在中心孔 B_1、B_2 中，可分别车削两曲柄颈。加工完主轴颈、曲柄颈等各表面后，再切除工艺轴颈，取总长即可。也可采用图（b）所示的偏心夹板装夹方法。为了防止夹板转动，可用螺钉或键槽定位，但轴颈外圆要留 3～4 mm 精车余量。

（2）一顶一夹装夹方法：用偏心卡盘夹持曲轴的一端轴颈，另一端用顶尖支撑，如图 1.9.11 所示，是一顶一夹装夹车削曲轴曲柄颈的方法。把卡盘装夹在花盘上，使卡盘轴线与主轴轴线距离等于曲轴曲柄颈的偏心距。车削时，先在两端面上钻出主轴颈中心孔，在两顶尖间粗车主轴轴颈 d_1、两端基准主轴颈 A、B，连结盘直径及其加长部分，然后在加长部分端面上钻出各曲柄颈的中心孔，再用偏移卡盘夹住主轴颈 d_1，顶尖顶住偏心中心孔，

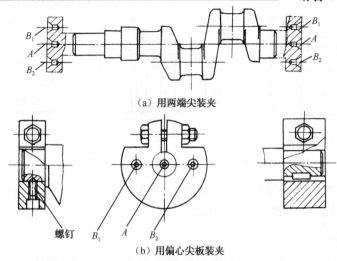

（a）用两端尖装夹

螺钉　　　B_1　　A　　　B_2

（b）用偏心尖板装夹

图 1.9.10　两顶尖间装夹加工曲轴的方法

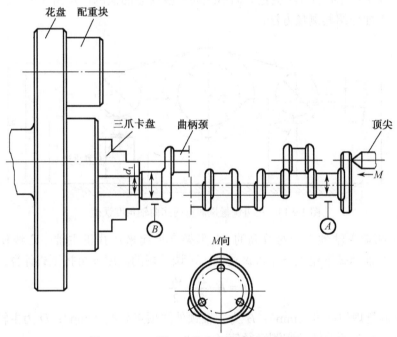

图 1.9.11　一顶一夹装夹车削曲轴曲柄颈

车削曲柄颈外圆及长度。

　　用偏心卡盘装夹、用偏心夹板装夹、用专用夹具装夹车削曲柄颈的方法，可改善安装刚性，提高加工效率，常用于对偏心距较大的多拐曲轴加工。

2）防止或减小切削振动的方法

　　切削曲轴过程中，当部分曲柄已加工出来，整个曲轴的刚性随之被消弱，尤其是加工到中间段，就越容易产生弯曲变形和振动。为了解决加工刚性问题，可采用增加辅助装置的方法来提高刚性。如图 1.9.12 所示是改善刚性的装置实例，在不加工的曲柄颈和主轴颈之间装上几个可调支撑螺钉或几块凸缘压板，来增加曲轴刚性。

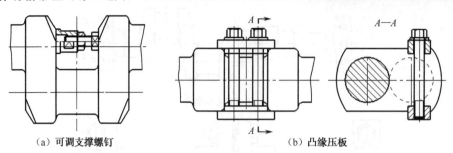

（a）可调支撑螺钉　　　　　　　　　　　　（b）凸缘压板

图 1.9.12　用于改善刚性的辅助装置

　　使用支撑螺钉时，要保证每颗螺钉都有足够的支撑力，防止螺钉甩出，更要注意防止支撑力过大，使曲轴变形。使用凸缘压板要相对安全些。

2. 曲轴的测量

　　曲轴的尺寸精度、同轴度、平行度等的测量方法与一般轴类零件相似，曲柄颈的偏心距可参照如图 1.9.9 所示的方法测量。曲柄颈间角度误差的检测，按图 1.9.13 所示的可调量规进行测量，下面介绍其测量方法。

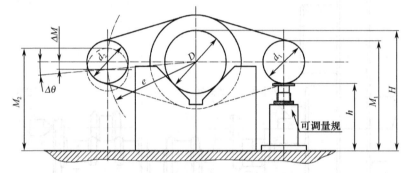

图 1.9.13　用可调量规测量两拐曲轴角度误差

　　先把曲轴两端主轴颈用一对等高的 V 形架支承起来，找正主轴中心线使之与平板平行，然后在一个曲柄颈下垫上一个可调量规，可调量规的高度 h 可按下式计算：

$$h = H - \frac{D}{2} - \frac{d_1}{2} \qquad (1\text{-}18)$$

式中：h 为可调量规的高度（mm）；H 为主轴颈外圆顶点高度（mm）；D 为主轴颈实测直径值（mm）；d_1、d_2 为两曲柄颈实测直径值（mm）。

　　测量时先量出主轴颈外圆顶点高度 H、主轴颈实测直径值 D、曲柄颈实测直径值 d_1，按式（1-18）计算出可调量规高度 h 值，并把可调量规垫入曲柄颈 d_1 下面。再用千分表测出曲柄颈顶点高度 M_1、M_2 的值，并计算出其差值 ΔM：

$$\Delta M = M_1 - M_2 \pm \Delta d$$

$$\Delta d = d_1 - d_2$$

　　再按下式计算出两曲柄颈间的角度误差：

$$\sin\Delta\theta = \frac{\Delta M}{e} \qquad (1\text{-}19)$$

式中：$\Delta\theta$ 为两曲柄颈间的角度误差，单位为°；ΔM 为两曲柄颈顶点高度 M_1、M_2 的差值（mm）；e 为两曲柄颈的偏心距（mm）。

任务训练 9

完成图 1.9.14 所示配合件的车削加工任务。

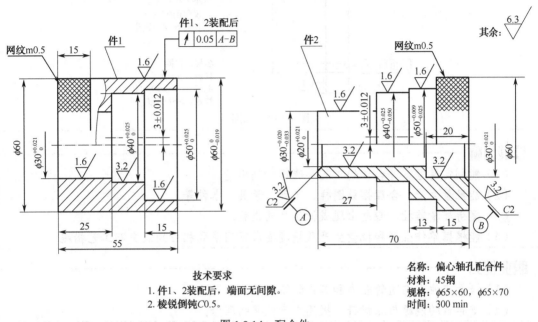

图 1.9.14　配合件

技术要求
1．件1、2装配后，端面无间隙。
2．棱锐倒钝C0.5。

名称：**偏心轴孔配合件**
材料：45钢
规格：$\phi65\times60$，$\phi65\times70$
时间：300 min

思考与练习题 9

1．三爪卡盘与四爪卡盘车削偏心工件找正的方法有何区别？

2．百分表检查偏心距时，偏心量与百分表读数增量有何关系？

3．曲轴加工以安装方法分有几种，影响曲轴回转精度的主要尺寸有哪些？

任务 1.10　薄壁零件的车削工艺与加工

任务描述

　　薄壁零件是机械加工中常见的零件，尺寸精度、表面粗糙度、形位公差等要求较高，加工时易变形。在普通车床车削薄壁零件，关键是解决装夹变形、加工变形等问题。

　　本任务以图 1.10.1 所示的薄壁零件挡圈为载体，通过完成挡圈批量生产车削任务，掌握薄壁零件的加工工艺知识，会使用各种工装夹具，能合理选择切削用量，同时学会生产中的设备维护与环保等现场管理方法，培养降低生产成本、提高工效的良好素质。

　　完成本任务要掌握的知识有：孔的加工工艺知识，加工套类零件的切削刀具要求与刃磨方法，套类零件的加工、测量方法，单件生产、批量生产及精度要求不同所采取的相应装夹与工艺措施。

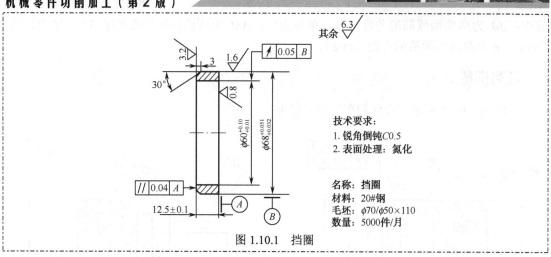

其余 $\sqrt{6.3}$

技术要求：
1. 锐角倒钝C0.5
2. 表面处理：氮化

名称：挡圈
材料：20#钢
毛坯：$\phi70/\phi50\times110$
数量：5000件/月

图1.10.1 挡圈

技能目标

（1）能制定薄壁零件合理的工艺和选择切削用量。

（2）能批量生产，合理摆放图样、工具、量具、零件等。

（3）懂得质量监控，避免出现成批废品的措施。

（4）能根据单件生产和批量生产及精度要求不同采取相应的装夹与工艺措施。

职业能力

（1）培养与他人沟通的能力和工作的组织能力。

（2）培养节约能源与原材料、提高生产效率的理念。

1.10.1 车薄壁零件的工艺准备

1. 薄壁套的精度要求

（1）尺寸精度：薄壁套的尺寸精度按用途不同要求各不相同。一般情况下，薄壁套的内外圆直径要求都比较高。

（2）形状精度：薄壁套形状精度指套的外圆及内孔表面的圆度、圆柱度等。

（3）位置精度：薄壁套的位置精度要求包括各表面之间的互相位置精度，如径向圆跳动、同轴度及垂直度等。

（4）表面粗糙度：指套筒各表面应达到设计的表面粗糙度。

2. 薄壁套零件的车削特点

由于薄壁零件的壁薄、刚性差，车削时可能产生以下现象：

（1）工件在夹紧力的作用下容易产生变形，影响工件的尺寸精度和形位精度。

（2）工件散热能力差，车削时容易引起热变形，工件尺寸不易控制。

（3）在切削力作用下，容易产生振动，影响尺寸精度、形位精度和表面粗糙度。

3. 薄壁套零件的装夹

薄壁套的主要加工表面是内孔、外圆和端面。根据薄壁套的精度要求和车削特点，要保证其精度要求，首先选择合理的装夹方法，以避免装夹变形与提高安装刚性。

（1）在一次装夹中完成全部车削内容：单件批量生产加工长度较短、直径较小的薄壁套时，毛坯选用一根多件的棒料，或单件毛坯预留卡盘装夹长度，即可在一次装夹中把工件全部表面或大部分表面粗车、精车至要求后切断。这种方法不存在因装夹而产生的定位误差，可获得较高的形位公差精度，但生产效率低，并且对操作者技能要求高，否则，加工出的废品率较高。

（2）用卡盘、心轴装夹车削薄壁套：先用卡盘装夹粗车各表面，再精车内孔、端面至要求，最后用胀力心轴装夹工件精车外圆、端面至要求（参考图1.10.6）。

（3）批量生产时，采用分散工序，利用专用工装夹具或软卡爪多次装夹中完成车削薄壁套，此方法关键要解决因重复装夹而产生的定位误差。采用这种方法车削时，对操作者的技能要求不高，利于提高产量。

4．防止和减小薄壁套零件变形的方法

（1）工件分粗、精车：粗车时切削力大，可夹紧些，精车时夹紧力可小些，减小夹紧力引起的变形。要求高的零件，粗车后进行人工时效处理再精车，可消除内应力引起的变形。

（2）增大装夹接触面：采用开缝套筒、扇形软卡爪，可增大装夹接触面积，使夹紧力均布在工件表面上，工件不易发生变形。

（3）采用轴向夹紧夹具：薄壁套变形一般是径向受力后变形的，采用轴向夹紧的方法，使夹紧力沿刚性较好的轴线方向分布，可防止夹紧变形。

（4）选用合理的刀具几何参数：适当增大前角、主偏角、刃倾角，减小刀尖圆弧半径，并保持刀具锐利状态，降低切削力，减小工件变形。

（5）车削时加注切削液，防止工件热变形。

5．薄壁套安装定位

以图1.10.1所示的挡圈为实例，毛坯为$\phi 70×110$ mm的20号钢管，一件毛坯可加工挡圈6件。

1）以毛坯外圆为粗基准加工内孔

因外圆余量小，内孔余量大，以外圆为粗基准安装在卡盘上，如图1.10.2所示，可保证工件的刚性。用主偏角小于90°的内孔粗车刀完成粗车。

2）以孔口倒角为基准粗加工外圆

前端用梅花顶尖，后端用锥堵，在两顶尖间粗车外圆，如图1.10.3所示。使用时先把梅花顶尖用卡爪夹注校正，薄壁套工件套在梅花顶尖上，后用后顶尖顶紧，梅花顶尖既起着支撑作用又可传递扭矩，一次走刀中可把工件外圆表面粗车完毕，图1.10.4是梅花顶尖在卡盘上的安装。

图1.10.2　粗车内孔

图1.10.3　粗车外圆

3）以外圆为基准精车内孔和端面

工件用扇形软卡爪装夹，如图 1.10.5 所示，精车内孔、端面，工件不易发生变形。

图 1.10.4　梅花顶尖的安装

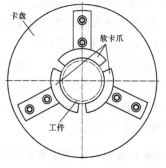

图 1.10.5　工件用扇形软卡爪装夹

4）以内孔为基准精车外圆和端面

工件用胀力心轴装夹，如图 1.10.6 所示，精车外圆、端面，保证外圆和端面对孔轴线的位置精度，且工件不易变形。

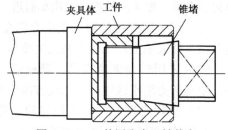

图 1.10.6　工件用胀力心轴装夹

1.10.2　挡圈的加工

1. 零件的工艺分析

1）挡圈的技术要求

（1）尺寸精度：如图 1.10.1 所示挡圈，外圆直径 $\phi68^{+0.051}_{+0.032}$ 尺寸精度要求较高，公差为 0.019 mm，表面粗糙度值为 $Ra\leqslant1.6\ \mu m$，内孔 $\phi60^{+0.10}_{+0.01}$ 的公差为 0.09 mm，长度尺寸 12.5 公差为 0.05 mm，右端面为基准面，表面粗糙度值为 $Ra\leqslant0.8\ \mu m$。

（2）形状精度：图上没有标出圆度、柱度公差，但内外圆尺寸本身的精度已经限制了形状误差不宜超出其公差范围。

（3）位置精度：挡圈的外圆对内孔轴线的跳动度为 0.05 mm，两端面的平行度为 0.04 mm。从工艺上要求右端面对内孔轴线的垂直度应 ≤0.02 mm。

（4）表面粗糙度：外圆表面要求较高，粗糙度值为 $Ra\leqslant1.6\ \mu m$，其他表面要求一般。

零件为大批量生产，为了保证加工质量，满足零件的技术要求。采用长料多件加工内外圆，再切断分件，内外圆尺寸的精车为最终加工。长度尺寸精度虽然有 0.05 mm 的公差，但两端面有平行度要求，且 A 面的表面粗糙度 $Ra\leqslant0.8\ \mu m$，可以在车加工后再磨削必保证长度尺寸及端面 A 的表面粗糙度。

2）工件安装方式的确定

安装一：三爪卡盘夹毛坯外圆，粗车端面，粗车内孔。

安装二：工件掉头夹外圆，精车内孔 $\phi60^{+0.10}_{+0.01}$、端面及孔口定位锥面 60°。

安装三：梅花顶尖和活动顶尖支顶，粗车外圆 $\phi68$，留余量。

安装四：用开缝套夹外圆表面，切断工件长 13 mm。

 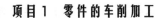

安装五：用扇形软卡爪装夹ϕ68 外圆表面，半精车端面 A 及倒内外锐角。

安装六：用胀力心轴装夹精车外圆$\phi68^{+0.051}_{+0.032}$ 至尺寸，精车左端面留右端面的磨量，倒角 30°、内孔倒锐角。

2．工件加工步骤的确定

（1）夹毛坯外圆，先粗车孔留 1.5 mm 余量及车平端面。

（2）工件调头，夹外圆车孔，精车孔至$\phi60^{+0.10}_{+0.01}$ 至尺寸、端面及定位锥面 60°。

（3）上两顶尖（梅花顶尖和活动顶尖）粗车外圆ϕ68 留 0.6 mm 余量。

（4）夹外圆切断工件长 13 mm。

（5）用扇形软卡爪装夹外圆，半精车一端面及倒锐角。

（6）用胀力心轴装夹，精车$\phi68^{+0.051}_{+0.032}$ 外圆至尺寸，精车另一端面，长度留磨 A 面的余量 0.2 mm。

（7）倒角 30°，倒内孔锐角。

（8）磨工磨端面 A，保证长度 125±0.1。

（9）去毛刺，终检。

3．刀具、量具的准备

（1）刀具选择与刃磨：端面车刀、外圆粗精车刀、内孔粗精车刀（通孔车刀如图 1.10.7 所示）、切断刀。

（2）量具准备：选用游标卡尺、50～75 外径千分尺，50～75 内径量表。

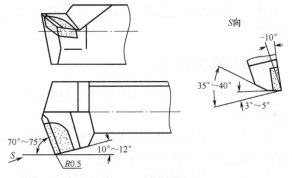

图 1.10.7　通孔车刀

4．加工实施

（1）装刀时刀杆的伸出长度要尽可能短。

（2）切削用量的合理选择：车孔时的切削用量应选得比车外圆时要小。车孔时的背吃刀量 a_p、进给量 f 应比车外圆时小 20%～40%；切削速度 v_c 时比车外圆时低 10%～20%。

5．加工质量分析

车削薄壁套类零件时，产生废品的原因很多，其中主要原因及预防措施见表 1-26。

表 1-26　薄壁套类零件质量产生的问题原因与预防措施

废品种类	产生原因	预防措施
1．孔的尺寸超差； 2．内孔有锥度； 3．内孔表面粗糙度值较大	1．车孔时，没有仔细测量； 2．车孔时，内孔车刀磨损，车床主轴轴线歪斜，床身导轨严重磨损； 3．车孔时，内孔车刀磨损，刀柄产生振动； 4．切削速度选择不当，产生积屑瘤	1．仔细测量和进行试切削； 2．修磨内孔车刀，调整车床； 3．修磨内孔车刀，采用刚性较好的刀杆； 4．选择合理的切削速度

续表

废品种类	产生原因	预防措施
1. 外圆的尺寸超差； 2. 外圆有锥度； 3. 外圆表面粗糙度较差	1. 车外圆时，没有仔细测量； 2. 车外圆时，车刀磨损； 3. 车床主轴轴线歪斜，床身导轨严重磨损； 4. 切削速度选择不当，产生积屑瘤； 5. 用顶尖装夹时，尾座偏移，锥面孔有毛刺或碰伤，使得定心精度差	1. 仔细测量和进行试切削，粗、精车外圆用的梅花顶尖齿数应相同； 2. 修磨外圆车刀； 3. 调整车床，大修车床； 4. 选择合理的切削速度； 5. 调整车床尾座，锥面孔应保护好，如有碰毛，要修整后再装夹
1. 长度的尺寸超差； 2. 长度表面粗糙度较差	1. 车端面时，没有仔细测量； 2. 用软卡爪装夹时，软卡爪没有车好； 3. 车端面时车刀磨损或切削用量较大	1. 仔细测量，减小切削用量，调整机床精度； 2. 软卡爪应在本机床上车出，直径与工件装夹尺寸基本相同（+0.1 mm）； 3. 修磨刀具或减小切削用量，调整机床精度

技能训练 10

如图 1.10.8 所示薄壁衬套，试编制其加工工艺，并考虑如何保证 2±0.05 长度的尺寸精度？

思考与练习题 10

1. 什么叫细长轴？车削细长轴的关键技术问题是什么？

2. 用跟刀架辅助支承车削细长轴时工件产生竹节形，是什么原因？如何解决？

3. 用三针测量螺纹时，三根针的位置能随意放置在任何螺旋槽中吗？

4. 在三爪自动定心卡盘上车削偏心工件，垫块是否可以垫在三个卡爪中的任何一个？垫块的材料硬度能随意选用吗？

5. 在四爪卡盘上车偏心工件，工件找正后，夹紧工件是按顺序依次夹紧各个卡爪吗？

6. 曲轴的两主轴颈同轴度误差对曲轴工作有什么影响？

7. 车薄壁套的关键技术问题是什么？常用的夹紧方式有哪几种？

8. 使用软爪有什么优点？车削软爪时应注意哪几点？

9. 车削薄壁工件怎样保证孔的尺寸精度和表面粗糙度要求？

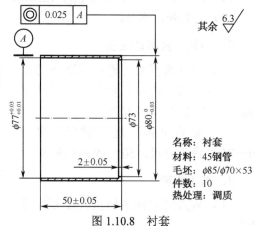

名称：衬套
材料：45钢管
毛坯：$\phi85/\phi70\times53$
件数：10
热处理：调质

图 1.10.8 衬套

任务 1.11 组合件的车削加工

任务描述

本任务以一般的轴套零件组合体及竞赛题组合件的加工为训练载体，通过组合件加工，按图样装配组合，巩固前面所学的知识与技术，熟练掌握内外圆配合、圆锥面配合、螺纹配合等零件的车削技术及工艺技巧。

组合件，是依据《车工国家职业标准》的中级工、高级工、技师标准制定的。通过加工和组装实践既考核车工基本操作技能，又考核保证位置精度的措施及工艺尺寸链计算等相关知识和应变能力，是学生综合能力的全面检验。

完成本任务要掌握的知识有：轴类零件的加工工艺、套类零件的加工工艺、内外圆配合加工工艺、圆锥配合工艺、螺纹加工工识及所用加工刀具要求与刃磨方法等。

技能目标

（1）能编写组合件的加工工艺步骤，并能根据零件选择合理的装夹方案。

（2）能按图样要求加工组件并能装配成符合装配图要求的组合体。

（3）能使用各种量具检测组合件的尺寸精度、形位精度和配合精度各项指标。

1.11.1　一般组合零件的车削加工

如图 1.11.1 为一般组合件装配图，零件图见 1.11.2，根据装配要求，完成零件加工并组装。

1．读图

分析零件图，明确加工内容及要求。

如图 1.11.1 所示的组合件，由三件零件配合连接而成。件 1 与件 2 是内外圆柱面配合，件 3 与件 2 是内外圆柱面配合同时以螺纹配合的形式与件 1 连接成零件组合体。

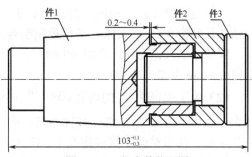

图 1.11.1　组合件装配图

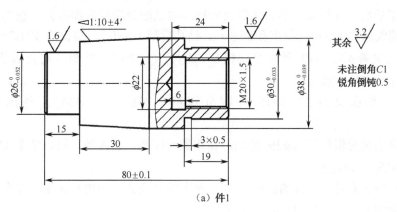

（a）件1

图 1.11.2　组合件零件图

由零件图可知，各配合部分的尺寸精度要求较高，并具有相应的同轴度与垂直度，才能保证配合顺畅及符合装配要求。为了保证装配图上的件 1 与件 2 的配合间隙 0.2～0.4 mm 符合要求，加工件 2 的内孔 $\phi 30_{0}^{+0.039}$ 长度尺寸 19 mm 时，要通过计算尺寸链来确定长度 19 的公差。装配后的总长尺寸 $103_{-0.3}^{-0.1}$，则根据 1 与 2 的配合总长度的实际尺寸计算出件 3 的台肩 $\phi 38_{-0.062}^{0}$ 的长度公差。

机械零件切削加工（第2版）

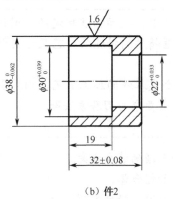

（b）件2

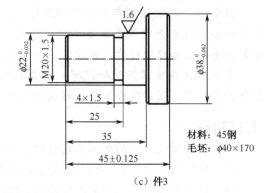

材料：45钢
毛坯：$\phi40\times170$

（c）件3

图 1.11.2　组合件零件图（续）

2. 加工方案确定

确定组合件加工的安装方法及加工方案。

（1）为了便于加工与配合要求，先夹持毛坯，在一次安装中完成件 3 所有表面加工后切断，长度留 0.5 mm 余量，最后控制配合总长度时再车平端面取配合长度。

安装一： 夹住毛坯，伸出 60 mm 长，在一次安装中完成件 3 所有表面加工后切断，长度留 0.5 mm 余量。

（2）为了保证件 2 的内孔 $\phi30^{+0.039}_{0}$ 与 $\phi22^{+0.033}_{0}$ 同轴，且与两端面垂直，以满足装配精度要求，在切下件 3 后，继续夹持棒料，在一次安装中完成件 2 所有表面加工后切断。在切下件 2 后，接着钻件 1 螺纹底孔至 $\phi17$（留车孔余量），避免重新装夹引起原钻尖孔跳动而影响钻孔切削。钻孔后粗车 $\phi30^{0}_{-0.033}$ 外圆至 $\phi31.5\times19$。

安装二： 在切下件 3 后，继续夹持毛坯，伸出长度约 62 mm，在一次安装中完成件 2 所有表面加工后切断（切断后的调头倒角安排在调试配合间隙前即可）。在切下件 2 后，接着钻件 1 螺纹底孔至 $\phi17$（留车孔余量），钻孔后粗车 $\phi30^{0}_{-0.033}$ 外圆至 $\phi31.5\times19$。

（3）调头夹持 $\phi31.5\times19$ 外圆分别粗车 $\phi38^{0}_{-0.039}$、$\phi26^{0}_{-0.052}$ 外圆，避免后续加工时余量大，影响后序的夹持可靠性。

安装三： 调头夹持 $\phi31.5\times19$ 外圆分别粗车 $\phi38^{0}_{-0.039}$、$\phi26^{0}_{-0.052}$ 外圆至 $\phi39\times62$、$\phi27\times15$。

（4）再调头夹持粗车过的 $\phi39$ 外圆，精车螺纹底孔、切内外沟槽、精车 $\phi30^{0}_{-0.033}$ 外圆至尺寸，并控制配合间隙尺寸。

安装四： 调头夹持粗车过的 $\phi39$ 外圆，精车螺纹底孔、切内外沟槽、精车 $\phi30^{0}_{-0.033}$ 外圆至尺寸，并控制 0.2～0.4 的配合间隙尺寸。

（5）夹持件 1 的 $\phi30^{0}_{-0.033}$ 外圆，精车 $\phi38^{0}_{-0.039}$、外圆及圆锥体、$\phi26^{0}_{-0.052}$ 外圆，控制长度。

安装五： 夹持件 1 的 $\phi30^{0}_{-0.033}$ 外圆，精车 $\phi38^{0}_{-0.039}$ 外圆及圆锥体、$\phi26^{0}_{-0.052}$ 外圆至尺寸，控制长度。

（6）精车件 3 端面取配合总长度。

安装六： 夹持件 3 的 $\phi22^{0}_{-0.032}$ 外圆（靠平端面），精车端面取配合总长度 $103^{-0.1}_{-0.3}$。

3．工具、量具的准备

计划选用刀具、量具、工具。

（1）选用刀具：麻花钻ϕ17、ϕ21及相匹配的锥套，内外槽刀各一把，45°、90°硬质合金粗车刀，90°硬质合金精车刀，内孔车刀，内外三角螺纹车刀各一把，3 mm宽的硬质合金切断刀等。

（2）选用量具：0.02 mm/(0～150) mm游标卡尺（带深度尺）一把，0～25 mm、25～50 mm千分尺各一把，18～35 mm内径量表一套。M20×1.5-6 g螺纹环规一副，万能角度尺一把，厚薄规（0.2～0.4）一套。

4．实施加工

（1）车件3：夹持毛坯，工件伸出长度60 mm，粗车$\phi38_{-0.062}^{0}$、$\phi22_{-0.032}^{0}$外圆留余量0.5 mm，车螺纹外径及切槽至尺寸，精车$\phi38_{-0.062}^{0}$、$\phi22_{-0.032}^{0}$外圆及长度至尺寸，倒角，切断，长度为45.5 mm。

（2）夹持毛坯，工件伸出长度62 mm，车件2，钻孔ϕ21深度32 mm；粗车外圆至ϕ38.5 mm，粗车小孔至ϕ21.8 mm，扩孔至ϕ29.8×18.7 mm；精车内孔$\phi30_{0}^{+0.039}$、$\phi22_{0}^{+0.033}$至尺寸，深度尺寸19车至18.8 mm；精车外圆至$\phi38_{-0.062}^{0}$，去锐角，切断长度32±0.08。切断后加工件1：钻孔ϕ17 mm，控制深度24 mm；粗车$\phi30_{-0.033}^{0}$外圆至ϕ31.5×19。

（3）工件调头夹持件1的ϕ31.5×19外圆分别粗车$\phi38_{-0.039}^{0}$、$\phi26_{-0.052}^{0}$外圆至ϕ39×62、ϕ27×15。拆下件1，夹持件2外圆，倒件2右端斜角。

（4）工件再调头夹持件1粗车过的ϕ39外圆，精车螺纹底孔、切内外沟槽、精车$\phi30_{-0.033}^{0}$外圆至尺寸，并控制配合间隙尺寸。

（5）工件再调头夹持件1的$\phi30_{-0.033}^{0}$外圆，精车$\phi38_{-0.039}^{0}$、外圆及圆锥体、$\phi26_{-0.052}^{0}$外圆至尺寸，与件2配合检查控制长度19，保证配合间隙0.2～0.4 mm。

（6）精车件3大端面保证总长度：夹持$\phi22_{-0.032}^{0}$外圆（靠平端面），精车端面取配合总长度。

5．检查与评价

按图样逐项检查齿轮坯的加工质量，检查机床是否处于正常工作状态。

按图样逐项检查组合零件的加工质量，参照评分表1-27进行质量评价，其中安全文明生产与环保不配分，违反时扣10分。

表1-27　质量检测评价表

项目	序号	技 术 要 求	配分	评分标准	检测量具	检测记录	得分
件1 外圆 锥度	1	$\phi38_{-0.039}^{0}$；Ra1.6	4；3	超差0.01扣2分，降级无分	千分尺，目测		
	2	$\phi30_{-0.033}^{0}$；Ra3.2	4；3				
	3	$\phi26_{-0.052}^{0}$；Ra1.6	4；3				
	4	1：10±4'；Ra3.2	3；3	超差、降级无分	角度尺		

续表

项目	序号	技术要求	配分	评分标准	检测量具	检测记录	得分
件1 螺纹 长度	5	M20×1.5 配作松紧合适	3	不符合要求无分			
	6	80±0.1；两侧 Ra3.2	2；2	超差、降级无分	游标卡 尺，目测		
	7	30；24；19；15	4×1				
件2 外圆内孔 长度	8	$\phi38_{-0.062}^{0}$；Ra1.6	3；3	超差 0.01 扣 2 分、 降级无分	千分尺		
	9	$\phi30_{0}^{+0.039}$；Ra3.2	3；3		内径量表		
	10	$\phi22_{0}^{+0.033}$；Ra3.2	3；3		内径量表		
	11	32±0.08；19	1；1	超差不得分	游标卡尺		
件3 外圆 螺纹	12	$\phi38_{-0.062}^{0}$；Ra3.2	4；3	超差 0.01 扣 2 分、 降级无分	千分尺， 目测		
	13	$\phi22_{-0.032}^{0}$；Ra1.6	4；3				
	14	M20×1.5-6g 大、中径	4；4	超差无分	游标卡 尺，目测		
	15	M20×1.5-6g 两侧 Ra3.2	1				
	16	M20×1.5-6g 牙形角	1	不符合无分	牙规		
	17	45±0.125；35；25	3×1	不符合扣一分/处	目测		
组合件	18	6-1.5×45°	6×1		目测		
	19	$103_{-0.3}^{-0.1}$	5	超差无分	游标卡尺		
	20	0.2～0.4	2	超差无分	塞尺		
	21	未注倒角	2	不符合无分	目测		
	22	安全操作规程与环保	0	违反时扣总分 10 分/次			

技能训练 11

参考前面任务所学，编制如图 1.11.3 所示零件的质量检测评价表，按一般工作过程实施加工，并进行自检和互检。

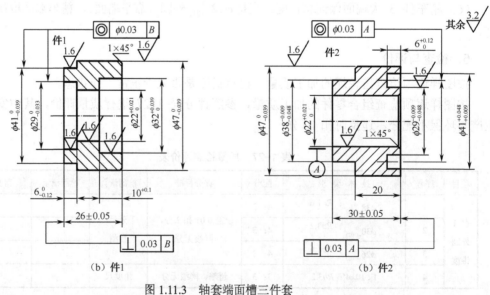

图 1.11.3 轴套端面槽三件套

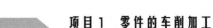

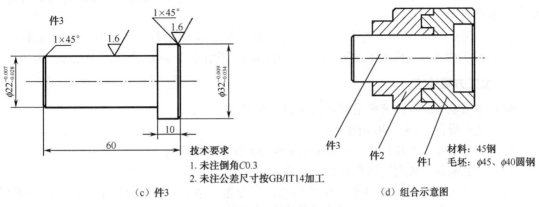

技术要求
1. 未注倒角C0.3
2. 未注公差尺寸按GB/IT14加工

（c）件3

材料：45钢
毛坯：φ45、φ40圆钢

（d）组合示意图

图 1.11.3 轴套端面槽三件套（续）

1.11.2 竞赛题组合件的车削加工

如图 1.11.4 为一组锥套螺纹三件组合件的装配图，属于竞赛题组合件，零件图见 1.11.5，根据装配要求，完成零件加工并组装。

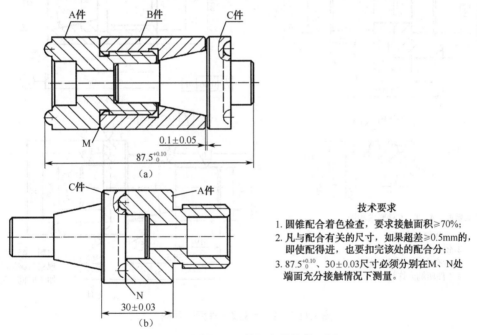

（a）

（b）

技术要求
1. 圆锥配合着色检查，要求接触面积≥70%；
2. 凡与配合有关的尺寸，如果超差≥0.5mm的，即使配得进，也要扣完该处的配合分；
3. $87.5^{+0.10}_{0}$、30 ± 0.03尺寸必须分别在M、N处端面充分接触情况下测量。

图 1.11.4 锥套螺纹三件组合件的装配图

1. 读图

分析零件图及装配图，明确加工内容及要求。

如图 1.11.4 所示组合件，由 A、B、C 三个工件组成。A 件与 B 件为螺纹配合，B 件与 C 件为内外圆锥配合，A 件和 C 件为内外圆及圆弧槽配。

装配后，要求 B 件和 C 件两端面轴向间隙为 0.1±0.05，三件配合时 A 件和 B 件的两端面配合在 M 处充分接触。A 件和 C 件单独配合时两配合面的对应面距离为 30±0.03。三件

配合后总长为 $87.5^{+0.10}_{0}$ 。

根据零件图 1.11.5 所示各零件尺寸要求，最高加工精度为 IT7 级，表面粗糙度最高为 $Ra1.6$。螺纹为内外双头梯形螺纹配合，导程为 6 mm，螺距为 3 mm，外螺纹中径公差为 7e。

2．加工方案确定

确定使用设备、零件装夹定位方式及加工方案。

（1）选择设备：CA6140 型车床。

（2）选择毛坯：毛坯尺寸为 $\phi 40$ mm×170 mm 的 45 钢棒料。

（3）工艺装备：采用三爪自定心卡盘装夹。

（4）加工方案：为了满足加工精度要求，应分粗、精车工序进行加工。精车时应采用两顶尖安装的装夹方式，才能保证跳动度精度要求。

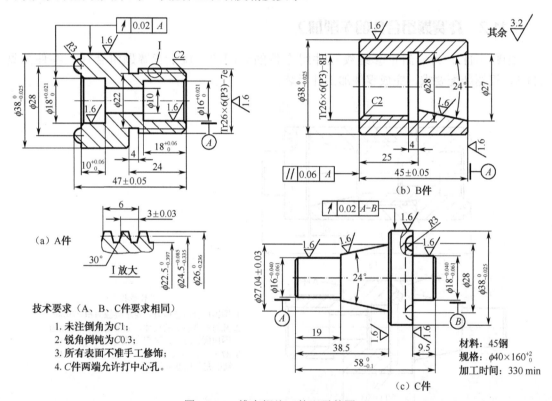

图 1.11.5　锥套螺纹三件配零件图

3．工具、量具、刀具、切削用量的选择

计划选用刀具、量具、工具，初步选定切削用量，拟定加工步骤。

（1）选用刀具：麻花钻 $\phi 10$、$\phi 15$、$\phi 17$、$\phi 20$ 各一把及相匹配的锥套、钻夹头、$R3$ 平面槽刀、球刀、内外矩形槽刀（槽宽 4）各一把，45°车刀、90°硬质合金粗车刀、90°硬质合金精车刀、内外梯形螺纹车刀（T26×6（P3））各一把，3 mm 宽的硬质合金切断刀等。

（2）选用量具：0.02 mm/（0～150）mm 的游标卡尺（带深度尺）一把，0～25 mm、25～50 mm 的千分尺各一把，内径量表（孔尺寸 15～18）一套。磁力表座、百分表一套，螺纹测量三针（T26×6（P3））一副，万能角度尺一把，厚薄规（0.02～0.2）一套。

（3）切削用量的选择：加工时应分粗车和精车两个阶段，以保证工件的加工质量。粗车：粗车时切削深度、进给量根据加工余量不同而定，在保证工件质量情况下尽可能取大值，切削速度约取 100 m/min；精车时切削速度取高些，切削深度、进给量根据加工余量及零件表面粗糙度具体选择。

4．拟定加工步骤

1）粗车 A 件

（1）毛坯伸出 57 mm 长，车端面→钻孔 $\phi10\times50$ mm，粗车 A 件右端 $\phi16$ 内孔、$\phi38$ 外圆及螺纹外径，切 4 mm 宽退刀槽→粗、精车 A 件外梯形螺纹→精车 A 件右端 $\phi16$ 内孔、$\phi38$ 外圆及螺纹外径→留余量切断。

（2）毛坯伸出 55 mm 长，车端面→钻孔 $\phi17\times50$ mm，粗车 B 件左端 $\phi38$ 外圆及内螺纹小径，切 4 mm 宽退刀槽→粗、精车 B 件内梯形螺纹→精车 B 件左端 $\phi38$ 外圆及内螺纹小径→留余量切断。

（3）垫铜皮夹 A 件 $\phi38$ 外圆，找正外圆和端面→粗、精加工 A 件左端 $\phi18$ 内、$R3$ 凸圆环及倒角等加工内容。

（4）毛坯伸出 25 mm 长，车端面→粗车 C 件右端 $\phi18$、$\phi38$ 外圆及 $R3$ 圆弧槽→调头钻中心孔，采用一顶一夹粗、精加工 C 件左端 $\phi16$、$\phi38$ 外圆及外圆锥并倒角，确保配合尺寸 $87.5^{+0.10}_{0}$ →调头找正→精车 C 件右端 $\phi18$ 外圆及 $R3$ 圆弧槽。

5．实施加工

（1）工作场地布置，刀具、工夹量具的准备。

（2）按计划拟定的加工步骤实施加工，并装配成图样要求的组合件。

6．检查与评价

（1）检查零件各处尺寸是否符合图样要求。

（2）检查加工过程中机床运行情况、加工结束后手柄复位情况、机床维护情况。

（3）加工质量评价参考表 1-28。

表 1-28　质量检测评价

件号	序号	检 测 项 目	配 分	评 分 标 准	实测扣分
A 件	1	$\phi16^{+0.021}_{0}$；$Ra1.6$	4；1	每超差 0.01 扣 2 分；$Ra1.6$ 不合不得分。	
	2	$\phi18^{+0.021}_{0}$；$Ra1.6$	4；1	同上	
	3	$\phi38^{0}_{-0.025}$；$Ra1.6$	3；1	同上	
	4	$\phi24.5^{-0.085}_{-0.335}$；$Ra1.6$	2×4；2	同上	
	5	$10^{+0.06}_{0}$；$16^{+0.06}_{0}$；47 ± 0.05	3×1	不合格不得分	
	6	$\boxed{\nearrow\ |\ 0.02\ |\ A}$	2×1.5	不合格不得分	
	7	$\phi26^{0}_{-0.236}$；$\phi22.5^{0}_{-0.397}$；$P=3\pm0.03$	1；1；4	不合格不得分	

续表

件号	序号	检 测 项 目	配 分	评 分 标 准	实测扣分
A件	8	$R3 / \phi28$	0	一处不合格倒扣 1 分	
	9	$\phi22\times4$；24；$C2/2-C1$；其余 $Ra\ 3.2$	0	一处不合格倒扣 0.5 分	
B件	10	$\phi38_{-0.025}^{\ 0}$；$Ra\ 1.6$	3；1	每超差 0.01 扣 2 分；$Ra\ 1.6$ 不合格不得分	
	11	$\phi27$；24°；$Ra\ 1.6$	1；2；1	不合格不得分	
	12	内螺纹小径：$\phi23_{0}^{+0.315}$	2	不合格不得分	
	13	45±0.05；$Ra\ 1.6$；$\boxed{// \ |\ 0.06\ |\ A}$	1；0.5；2	不合格不得分	
	14	25；$C2$；$2-C1$；其余 $Ra\ 3.2$	0	一处不合格倒扣 0.5 分	
C件	15	$\phi38_{-0.025}^{\ 0}$；$Ra\ 1.6$（包括二侧面）	3；1.5	每超差 0.01 扣 2 分；$Ra\ 1.6$ 不合格不得分。	
	16	$\phi16_{-0.061}^{-0.040}$；$Ra\ 1.6$	3；1	同上	
	17	$\phi18_{-0.061}^{-0.040}$；$Ra\ 1.6$	3；1	同上	
	18	$\phi27.04\pm0.03$；24°；$Ra\ 1.6$	3；2；1	不合格不得分	
	19	$\boxed{\nearrow \ |\ 0.02\ |\ A-B}$	2	不合格不得分	
	20	$R3$；$\phi28$；19；38.5；9.5；$58_{-0.1}^{\ 0}$	0	一处不合格倒扣 1 分	
	21	$3-C1$；其余 $Ra\ 3.2$	0	一处不合格倒扣 0.5 分	
配合	22	$87.5_{0}^{+0.1}$；30±0.03	8 / 8	每超差 0.01 扣 2 分	
	23	间隙 0.1±0.05	8	每超差 0.01 扣 2 分	

竞赛训练题 1

1．如图 1.11.6 所示为偏心传动组合件，完成加工步骤设计，并实施加工和组装。

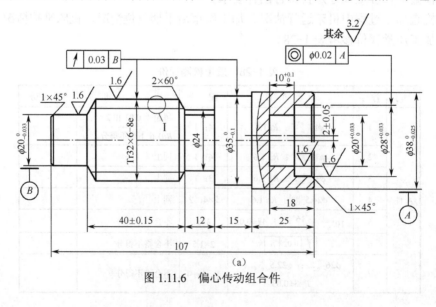

图 1.11.6 偏心传动组合件

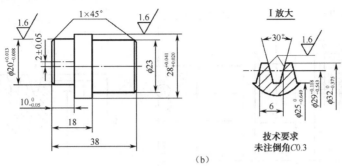

（b）

图 1.11.6 偏心传动组合件（续）

2. 如图 1.11.7 所示为螺杆圆锥组合件，完成加工步骤设计，并实施加工和组装。

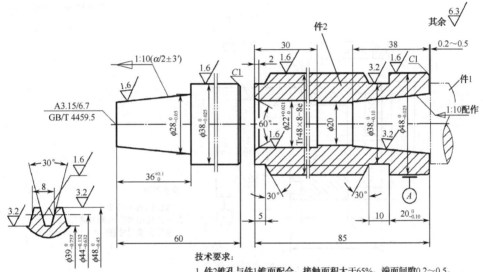

技术要求：

1. 件2锥孔与件1锥面配合，接触面积大于65%，端面间隙0.2～0.5。
2. 件1配入件2后与基准A圆跳动公差为0.05。
3. 未注倒角C0.3。

图 1.11.7 螺杆圆锥组合件

3. 如图 1.11.8 所示为螺杆三件组合件装配图，如图 1.11.9 所示为零件图，完成加工步骤设计，并实施加工和组装。

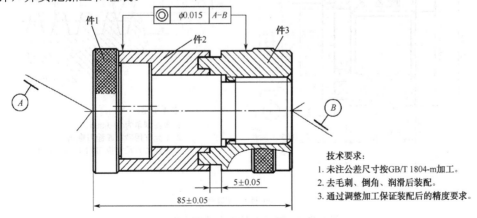

技术要求：

1. 未注公差尺寸按GB/T 1804-m加工。
2. 去毛刺、倒角、润滑后装配。
3. 通过调整加工保证装配后的精度要求。

图 1.11.8 螺杆三件组合件的装配图

143

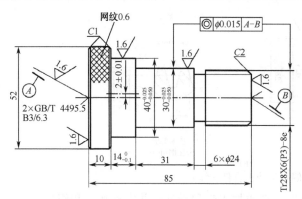

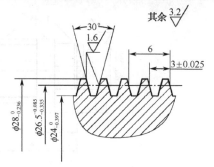

技术要求：
1. 未注倒角为C0.3 mm。
2. 不允许用砂布或锉刀修光。
3. 未注公差尺寸按GB/T 1804-m加工。

（a）件1螺杆

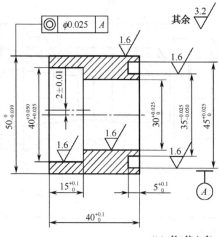

技术要求：
1. 未注倒角为C0.3 mm。
2. 不允许用砂布或锉刀修光。
3. 未注公差尺寸按GB/T 1804-m加工。

（b）件2偏心套

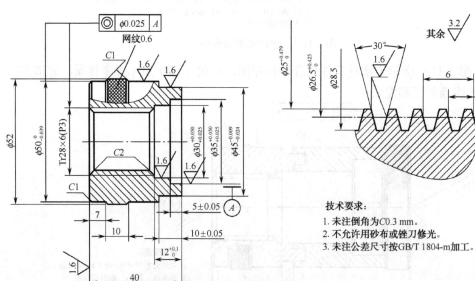

技术要求：
1. 未注倒角为C0.3 mm。
2. 不允许用砂布或锉刀修光。
3. 未注公差尺寸按GB/T 1804-m加工。

（c）件3内螺纹套

图 1.11.9　螺杆三件组合件的零件图

项目 2
零件的铣削加工

任务 2.1　铣床操作

任务描述

　　铣床是机械加工常用的设备之一，有普通铣床、数控铣床。普通铣床分立式铣床、卧式铣床和万能铣床。在普通铣床上可以完成各种平面、沟槽、特形面等加工，加上其他辅助工具（如分度头等铣床附件）的配合使用，还可以完成花键轴、螺旋槽、齿式离合器等工件的铣削。普通铣床在机械加工中得到广泛的应用。

　　本任务通过普通铣床的基本操作训练，懂得铣床的操作方法、安全操作知识、铣床的使用与维护制度。

技能目标

　　（1）能按铣床安全操作规程操纵各运动机构，懂得其用途。
　　（2）能对铣床进行日常维护和保养。
　　（3）能说出文明生产的要求。

2.1.1　铣床的分类与主要参数

　　铣工是金属切削加工的工种之一，是现代化工业生产中不可缺少的工种。铣削加工是在铣床上进行，其加工精度、效率较高，在机械制造业中广泛应用。铣削加工就是在铣床上利用各式各样的铣刀进行切削加工，如图 2.1.1 所示。铣削是以铣刀绕自身轴线回转运动为主运动，工件缓慢进给为辅助运动的一种切削加工方法。

1. 铣床的分类

　　目前我国最常用的铣床有卧式升降台铣床和立式升降台铣床两种。较为普遍使用的机型分别是 X6132 型万能卧式铣床（如图 2.1.2 所示）和 X5032 型立式铣床（如图 2.1.3 所示）。

这两种铣床在结构、性能、功用等诸多方面均非常有代表性，具有功率大，转速高，变速范围广，操作方便、灵活，通用性强等特点。

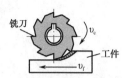

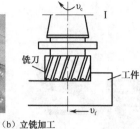

（a）卧铣加工　　　　　　　　　　　（b）立铣加工

图 2.1.1　铣削加工

1—总开关；
2—主轴电机启动按钮；
3—进给电机启动按钮；
4—机床总停按钮；
5—进给高、低速调整盘；
6—进给转盘手柄；
7—升降手动手柄；
8—纵向、横向、垂向快动手柄；
9—横向手动手柄；
10—升降自动手柄；
11—横向自动手柄；
12—纵向自动手柄；
13—主轴高、低速调整手柄；
14—主轴点动按钮；
15—纵向手动手轮；
16—主轴变速手柄

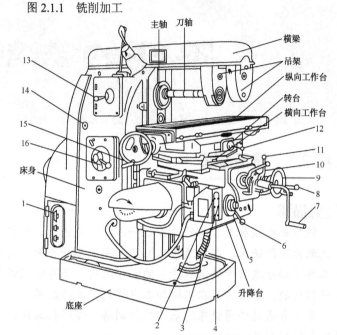

图 2.1.2　X6132 万能卧式铣床

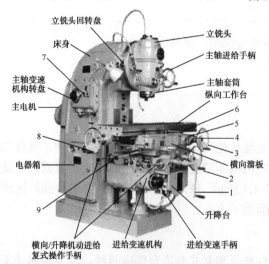

1—升降手动手柄；
2—横向手动手柄；
3、8—纵向手动手柄；
4、5—主轴电机启动停止按钮；
6—纵向机动进给手柄；
7—主轴电机点动按钮；
9—横向锁紧手柄

图 2.1.3　X5032 型立式铣床

2. 铣床的代号

机床的类代号，用大写的汉语拼音字母表示。铣床的类代号是"**X**"，读作"铣"。所以当看到在机床的标牌上第一位字母（或第二位）标有"**X**"时，即可知道该机床为铣床。

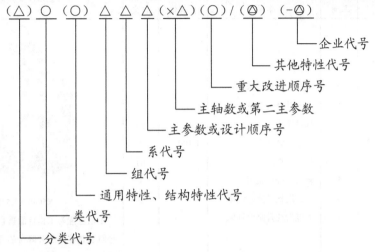

注：① 有"（ ）"的代号或数字，当无内容时，则不表示；若有内容则不带括号。

② 有"〇"符号者，为大写的汉语拼音字母。　③ 有"△"符号者，为阿拉伯数字。

④ 有"◬"符号者，为大写的汉语拼音字母，或阿拉伯数字，或两者兼有之。

（1）旧编制方法编制的型号中，各类机床只规定有"组"别，而无"系"别，只用一位阿拉伯数字代表。

（2）旧编制方法编制的型号中，铣床的升降台铣床的主参数（工作台面宽度）用号数表示。如：

"0"表示工作台面宽度 200 mm；表示 0 号铣床

"1"表示工作台面宽度 250 mm；表示 1 号铣床

"2"表示工作台面宽度 320 mm；表示 2 号铣床

"3"表示工作台面宽度 400 mm；表示 3 号铣床

"4"表示工作台面宽度 500 mm；表示 4 号铣床

例如：

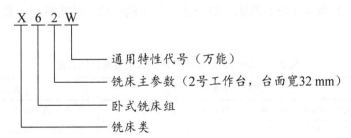

3. 机床的主参数

铣床型号中的主参数通常用工作台面宽度的折算值表示，折算值大于 1 时则取整数，前面不加"0"；当折算值小于 1 时，则取小数点后第一位数，并在前面加"0"。常用铣床的组、系划分及型号中主参数的表示方法和典型机床，见表 2-1。

表 2-1　常用的铣床类型

组		系		主参数		典型铣床及特点
代号	名称	代号	名称	折算值	含义	
5	立式升降台铣床	0 1 2 3 4 5 6 7	立式升降台铣床 立式升降台镗铣床 摇臂铣床 万能摇臂铣床 摇臂镗铣床 转塔升降台铣床 立式滑枕升降台铣床 万能滑枕升降台铣床	1/100	工作台面宽度	 X5040（X53K） 主轴位置与工作台面垂直，具有可沿床身导轨垂直移动的升降台的铣床，通常安装在升降台上的工作台和横向溜板可分别作纵向、横向移动
6	卧式升降台铣床	0 1 2 3 4 5 6	卧式升降台铣床 万能升降台铣床 万能回转头铣床 万能摇臂铣床 卧式回转头铣床 广用万能铣床 卧式滑枕升降台铣床	1/100	工作台面宽度	X6132 主轴位置与工作台面平行，具有可沿床身导轨垂直移动的升降台铣床，通常安装在升降台上的工作台和横向溜板可分别作纵向、横向移动

　　下面以 X6132 型万能卧式铣床为例，认识铣床的组成和结构特点。其主要部件的功用见表 2-2。

表 2-2　X6132 型万能卧式铣床主要部件的功能

部件名称	结构特点及功能	主要技术参数
底座	底座用来支持床身，承受铣床全部重量，盛储切削液	工作台面尺寸（长×宽）： 320 mm×1 250 mm；
床身	床身是机床的主体，用来安装和连接机床其他部件。床身正面有垂直导轨，可引导升降台上、下移动。床身顶部有燕尾形水平导轨，用以安装横梁并按需要引导横梁水平移动。床身内部装有主轴和主轴变速机构。	工作台最大行程： 纵向（手动/机动）700/680 mm， 横向（手动/机动）255/240 mm，

续表

部件名称	结构特点及功能	主要技术参数
横梁与挂架	横梁可沿床身顶部燕尾形导轨移动，并可按需要调节其伸出床身的长度。横梁上可安装挂架，用以支承刀杆的外端，增强刀杆的刚性。	垂向（手动/机动）320/300 mm；工作台进给速度（18级）：
主　轴	主轴为前端带锥孔的空心轴，锥孔的锥度为 7∶24，用来安装铣刀刀杆和铣刀。主电动机输出的回转运动，经主轴变速机构驱动主轴连同铣刀一起回转，实现主运动。	纵向、横向速度 23.5～1180 mm/min，垂向速度 8～394 mm/min；
主轴变速机构	机构安装于床身内，其操作机构位于床身临左侧。其功用是将主电机的额定转速（1 450 r/min）通过齿轮变速，转换成从 30～1 500 r/min 的 18 种不同主轴转速，以适应不同铣削速度的需要。	工作台快速移动速度：纵向、横向 2 300 mm/min，垂向 770 mm/min；
进给变速机构	进给变速机构用来调整和变换工作台的进给速度，以适应铣削的需要。	工作台最大回转角度±45°；主轴锥孔锥度 7∶24；主轴转速（18级）：30～1500 r/min；
工作台	工作台用以安装需用的铣床夹具和工件，铣削时带动工件实现纵向进给运动。	主电机功率 7.5 kW；机床工作精度：
横向溜板	横向溜板铣削时来带动工作台实现横向进给运动。在横向溜板与工作台之间设有回转盘，可以使工作台在水平面内作±45° 范围内的扳转。	平面度≤0.02 mm，平行度≤0.03 mm，垂直度≤0.02 mm/100 mm，
升降台	升降台用来支承横向溜板和工作台，带动工作台上、下移动。升降台内部装有进给电动机和进给变速机构	加工表面粗糙度达到 Ra2.6 μm。

2.1.2　铣削加工的特点与安全文明生产

1. 铣削加工的特点与应用

（1）铣削采用多刃刀具加工，刀齿交替切削，刀具冷却效果好，耐用度高。

（2）铣削加工的范围很广，在普通铣床上使用各种不同的铣刀也可以完成加工平面（平行面、垂直面、斜面）、台阶、沟槽（直角沟槽、V 形槽、T 形槽、燕尾槽等特型槽）、特型面等加工任务。加上分度头等铣床附件的配合运用，还可以完成花键轴、螺旋槽、齿式离合器等工件的铣削，如图 2.1.4 所示。

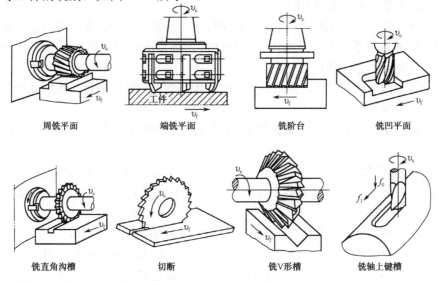

周铣平面　　　端铣平面　　　铣阶台　　　铣凹平面

铣直角沟槽　　　切断　　　铣V形槽　　　铣轴上键槽

图 2.1.4　普通铣床的主要工作内容

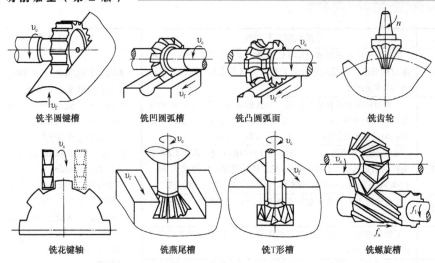

铣半圆键槽 铣凹圆弧槽 铣凸圆弧面 铣齿轮

铣花键轴 铣燕尾槽 铣T形槽 铣螺旋槽

图 2.1.4 普通铣床的主要工作内容（续）

（3）铣削加工具有较高的加工精度，其经济加工精度一般为 IT9～IT7，表面粗糙度 Ra 值一般为 12.5～2.6 μm。精细铣削精度可达 IT5，表面粗糙度 Ra 值可达到 0.20 μm。

由于铣削加工具有以上特点，比较适合模具等形状复杂的组合体零件的加工，在模具制造等行业中占有非常重要的地位。

2. 普通铣床安全技术操作规程

生产实习前对所使用的机床作如下安全检查：

（1）检查机床各部分机构是否完好，检查各传动手柄、变速手柄位置是否正确，以防开车时因突然撞击而损坏机床。

（2）手摇各进给手柄，检查各进给方向是否正常。

（3）各进给方向自动进给停止挡铁是否在限位柱范围内，是否紧牢。不准穿背心、拖鞋和戴围巾进入生产实习实训车间。

（4）检查主轴和进给变速，使主轴低速空转 1～2 分钟，使工作台进给由低速到高速运动，检查主轴和进给系统工作是否正常，启动后，检查齿轮是否甩油，应使润滑油散布到各需要之处（冬天更为重要）。

以上检查工作进行完毕后，若无异常，对机床各部位加注油润滑，然后才能工作。

普通铣床的操作规程如下：

（1）工作中装卸工件、铣刀变换转速和进给速度较快时的调整、搭配交换齿轮，都必须在停车后进行。

（2）工作前应穿好工作服，女同志要戴工作帽。头发或辫子应塞入帽内。

（3）工作时不准带戒指或其他手饰品。工作时不准戴手套操作机床、测量工件、更换刀具、擦拭机床。

（4）操作时严禁离开工作岗位，不准做与操作内容无关的其他事情。

（5）工作台自动进给时，手动进给离合器应脱开，以防手柄随轴旋转打伤人。

（6）不准在两个进给方向同时开动自动进给；自动进给时，不准突然变换进给速度。

（7）走刀过程中不准测量工件，不准用手抚摸工件加工表面。自动走刀完毕，应先停

止进给，再停止主轴使铣刀旋转停止。

（8）工作时头不应靠工件太近，高速铣或磨刀时应戴防护眼镜。

（9）不准用手刹住转动着的刀盘。应用专用钩子、刷子清除切屑，不许用手直接清除，不能用嘴去吹铁屑。

（10）装卸机床附件时，必须有他人帮助，装卸时应擦净工作台面和附件基准面。

（11）爱护机床工作台面和导轨面。毛坯件、手锤、扳手等，不准直接放在工作台面和导轨面上。

（12）实习操作中，出现异常现象应及时停车检查；出现事故应立即切断电源，报告教师。

（13）每个工作班结束后，应关闭机床总电源。各手柄应置在空挡位置，各进给紧固手柄应松开，工作台应处于中间位置，然后对机床清洁加润滑油。

3．普通铣床文明生产要求

文明生产是工厂管理的重要内容，它直接影响产品质量的优劣，影响设备和工、夹、量具的使用寿命，影响操作技能的发挥。所以，要求学员必须重视培养文明生产的良好习惯，在操作过程中必须遵守以下规定：

（1）上下课时有次序地进出生产实习实训车间。

（2）不准穿背心、拖鞋和戴围巾进入生产实习场所。

（3）不准在车间里奔跑，不乱扔东西。不准用切削液洗手；生产实习课上应团结互助，遵守纪律，不准随便离开生产实习场所。

（4）生产实习中严格遵守安全操作规程，避免出现人身事故和机床事故。工作时不能倚靠在机床上。及时更换磨损的刀具。

（5）爱护工具、量具，爱护机床和生产实习车间的其他设备。未经允许不得动用任何附件或机床。不许在卡盘和床身导轨面上敲击或校正工件，床面不准乱放杂物。

（6）保持工作环境清洁和工量具、图纸、工件摆放整齐，位置合理。工量具用后马上擦干净上油。

（7）注意防火，注意安全用电。操作中出现异常现象时应及时停车检查，出现故障、事故应立即切断电源，第一时间报告老师，不得擅自进行处理，然后通过老师上报，请专业人员检修。未经修复，不得使用。

（8）节约原材料，节约水电，节约油料和其他辅助材料。

（9）搞好文明生产，保持工作位置的整齐和清洁。

（10）生产实习课结束后应认真擦拭机车、工具、量具和其他附具，清扫工作地，关闭电源。

技能训练 12

1．操纵铣床

要掌握铣床的操作，先要了解各手柄的名称、工作位置及作用，并熟悉它们的使用方法和操作步骤。图 2.1.5 所示是 X6132 铣床的各手柄名称和电气箱。

操作练习步骤：

（1）在工作台纵向、横向和升降的手动操纵练习前，应先关闭机床电源并检查各方向紧固手柄是否松开，如图 2.1.6 所示，再分别进行各方向进给的手动练习。

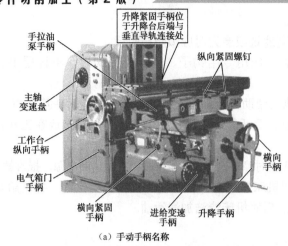

手拉油
泵手柄

主轴
变速盘

工作台
纵向手柄

电气箱门
手柄

升降紧固手柄位
于升降台后端与
垂直导轨连接处

纵向紧固螺钉

横向
手柄

横向紧固
手柄

进给变速
手柄

升降手柄

（a）手动手柄名称

关 开

（b）电气箱

图 2.1.5　X6132 型铣床

逆时针松开纵向紧固螺钉

向里推，松开横向紧固手柄

向外拉，紧固升降紧固手柄

图 2.1.6　松紧各向紧固手柄的方法

（2）将某一方向手动操作手柄插入，接通该方向手动进给离合器。摇动进给手柄，就能带动工作台做相应方向上的手动进给运动。如图 2.1.7（a）所示，先将手轮向前推再转动，使工作台横向移动；如图 2.1.7（b）所示，先将摇柄向前推再转动，使工作台升降移动；如图 2.1.7（c）所示，先手轮向左推再转动，使工作台纵向移动。

（a）横向移动

（b）升降移动

（c）纵向移动

图 2.1.7　进给操纵

（3）手动匀速进给练习、工作台定距移动练习。定距移动练习使工作台在纵向、横向和垂直方向移动规定的格数、规定的距离，并能消除因丝杠间隙形成的空行程对工作台移动的影响。

纵向、横向刻度盘的圆周刻线为 120 格，每摇一转，工作台移动 6 mm，所以每摇过一格，工作台移动 0.05 mm（见图 2.1.8）；垂直方向刻度盘的圆周刻线为 40 格，每摇一转，工作台移动 2 mm，因此，每摇过一

图 2.1.8　纵向、横向及升降刻度盘

格，工作台升（降）也是 0.05 mm。

在进行移动规定距离的操作时，若手柄摇过了刻度，不能直接摇回。必须将其退回半转以上消除间隙后，再重新摇到要求的刻度位置。另外，不使用手动进给时，必须将各方向手柄与离合器脱开，以免机动进给时旋转伤人。

（4）变换主轴转速，必须先按下主轴停止按钮，主轴停止转动后再按以下步骤进行变速操作，如图 2.1.9 所示。手握变速手柄球部下压，使手柄定位榫块从固定环的槽 1 中脱出，外拉手柄，手柄顺时针转动，使榫块嵌入到固定环的槽 2 内。手柄处于脱开的位置 I，调整转速盘，将所选择的转数对准指针，下压手柄，并快速推至位置 II，即可接合手柄。此时，冲动开关瞬时接通，电机转动，带动变速齿轮转动。随后手柄继续向右，电机失电，当主轴箱内齿轮因惯性缓慢停止转动的同时将手柄缓慢推至位置 III，并将其榫块送入固定环的槽 1 内复位。主轴变速操作完毕，按下起动按钮，主轴即按选定转速回转。（手柄从右往左扳动的动作要领：迅速；手柄从左往右扳动的动作要领：先快后慢）

（5）进给变速变换：铣床上的进给控制手柄操作步骤如图 2.1.10 所示，外拉出进给变速手柄，转动进给变速手柄，带动进给速度盘转动，将进给速度盘上选择好的进给速度值对准指针位置，将变速手柄推回原位，即完成进给变速操作。

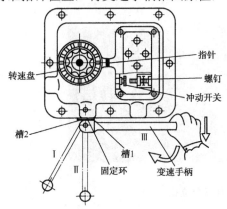

图 2.1.9　主轴变速操作

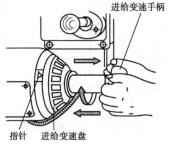

图 2.1.10　进给变速操作

注意：速度较慢的可以开机变速，但推进去时要缓慢推进，速度较快的要停机变速。

（6）工作台纵向、横向和升降的机动进给操纵练习

由图 2.1.11 可知，X6132 铣床在各个方向的机动进给手柄都有两副，是联动的复式操纵机构，使操作更加便利。进行机动进给练习前，应先检查各手动手柄是否与离合器脱开（特别是升降手柄），以免手柄转动伤人。

打开电源开关将进给速度变换为 100 mm/min 左右的挡位，按下面步骤进

图 2.1.11　X6132 铣床操纵手柄名称

行各方向自动进给练习。

① 如图 2.1.12 所示，检查各挡块是否安全牢固。三个进给方向的安全工作范围，各由两块限位挡铁实现安全限位，不得将其随意拆除。

图 2.1.12　检查各挡块位置

② 启动主电机前，必须使机动进给手柄与进给方向处于垂直位置、工作台处于停止状态。启动主电机后，再把机动进给手柄扳到倾斜状态，此时手柄向哪个方向倾斜，即向哪个方向进行机动进给；如果同时按下快速移动按钮，工作台即向该进给方向进行快速移动。如图 2.1.13 所示纵向机动进给手柄有三个位置，即"向左进给"、"向右进给"和"停止"。如图 2.1.14 所示横向和垂直方向机动进给手柄有五个位置即"向里进给"、"向外进给"、"向上进给"、"向下进给"和"停止"。

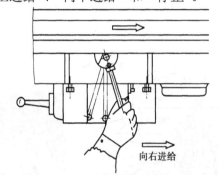

图 2.1.13　纵向机动进给手柄有三个位置

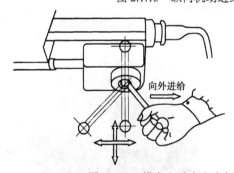

图 2.1.14　横向和垂直方向机动进给手柄有五个位置

2. 铣床的日常维护和润滑

1）铣床的维护保养

（1）熟悉铣床的结构、转动原理和各操纵机构的用途等。

（2）根据机床的润滑系统图，按要求对机床进行润滑。

（3）开车之前，检查机床各部件，如操纵手柄、按钮等是否在正常位置和灵敏度如何。

（4）开车前应加足润滑油。检查各油窗、油标是否正常。

（5）合理选择主轴转速和进给量。不能超过机床负荷工作，安装夹具及工件时应轻放，工作台面不应乱发工具和工件等。

（6）在工作中应时刻观察铣削情况，如发现异常现象，应立即停车检查。

（7）工作后应清扫铣床上及周围的切屑等杂物，关闭电源，擦净机床，在滑动部位加润滑油，整理工具、量具等做好交接班工作。

2）铣床的润滑

机油是机床的"血液"。没有了机油的冷却、润滑，机床内部的零件就无法正常工作，机床的精度和寿命都有会受到很大的影响，所以为铣床润滑是我们每班必做的一项重要工作，下面我们来学习为铣床润滑的内容和方法。

（1）机床开动后，应检查各油窗是否甩油，铣床的主轴变速箱和进给变速箱均采用自动润滑，即可在流油指示器（油窗或油标）显示润滑情况。若油位显示缺油，应立即加油。班前、班后采用手拉油泵对工作台纵向丝杠和螺母、导轨面、横向溜板导轨等注油润滑，见图 2.1.15。

（2）工作结束后，擦净机床然后对工作台纵向丝杠两端轴承、垂直导轨面、挂架轴承等采用油枪注油润滑，如图 2.1.16 所示。

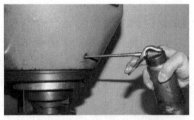

图 2.1.15　油壶注油及手压油泵润滑　　图 2.1.16　油枪注油润滑

思考与练习题 11

1．铣削的定义？

2．常用铣床的类型有哪些？最常用的铣床有哪两种？

3．以 X6132 型铣床为例，试述铣床基本部件的名称及作用？

4．试述主轴变速的动作过程及动作要领？

任务 2.2　平面铣削工艺与平行垫块铣削

任务描述

平行垫块是机械加工中常用的垫块之一，机用平口钳的钳口护板是机用平口钳装夹工件常用的垫于固定钳口与工件之间的平行垫块，起着保护固定钳口和工件表面的作用。平口钳钳口护板的外形与结构简单，但精度要求较高，各平面的尺寸精度、表面粗糙度和形位公差要求较高，其精度直接影响工件的安装定位精度和加工精度。

本任务以图 2.2.1 所示平口钳钳口护板六面的铣削加工为训练任务，通过对工件加工实例的学习，让学员掌握平面和连接面的铣削方法、工件尺寸精度、平面度、垂直度和平行度检测方法等。

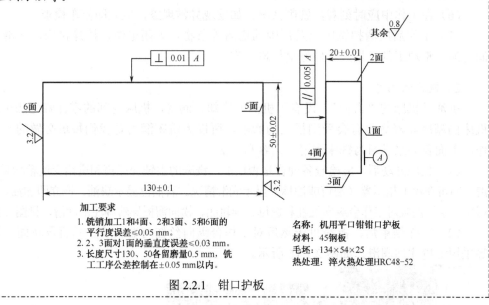

加工要求

1. 铣销加工1和4面、2和3面、5和6面的平行度误差≤0.05 mm。
2. 2、3面对1面的垂直度误差≤0.03 mm。
3. 长度尺寸130、50各留磨量0.5 mm，铣工工序公差控制在±0.05 mm以内。

名称：机用平口钳钳口护板
材料：45钢板
毛坯：134×54×25
热处理：淬火热处理HRC48-52

图 2.2.1 钳口护板

技能目标

（1）能正确安装常用铣刀。
（2）能安装和校正虎钳及正确装夹工件。
（3）能合理选择刀具和铣削用量。
（4）能铣削平面、平行面、垂直面零件，会检测平面度、平行度、垂直度。

铣削平面可以在立式铣床或卧式铣床上进行，在不同类型铣床上铣削平面，铣削的方式有所不同，如图 2.2.2（a）、（b）所示为立式铣床上铣削平面，图 2.2.2（c）所示为卧式铣床上铣平面。铣削的方法分端铣和周铣，图 2.2.2（a）的铣削方法为端铣，2.2.2（b）、（c）的铣削方法为周铣。

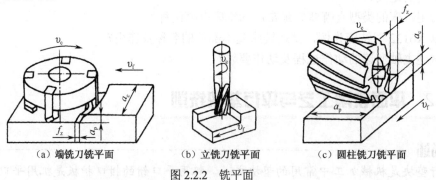

（a）端铣刀铣平面　　　（b）立铣刀铣平面　　　（c）圆柱铣刀铣平面

图 2.2.2 铣平面

2.2.1 平面铣刀的几何形状与刃磨

铣削平面的铣刀有端铣刀、圆柱铣刀、立铣刀和三面刃铣刀等（见图 2.2.2）。端铣刀刀齿通常为硬质合金制成，圆柱铣刀、三面刃铣刀等一般用高速钢制成，立铣刀多为高速钢，也有镶焊硬质合金的立铣刀。

1．端铣刀

端面铣刀有盘式端铣刀和套式端铣刀，如图 2.2.3（a）、（b）所示。盘式端铣刀刀头为硬质合金，分焊接式和机夹式，机夹式端铣刀现在多采用可转位不重磨刀片，如图 2.2.3（c）、（d）所示。

端铣刀可直接安装在立式铣床与卧式铣床主轴孔上进行铣削，见图 2.2.4，安装刚性好，刀盘上有很多个刀头，切削厚度相对较小，且加工时刀齿以主切削刃切削，所以切削力较小。适应于强力切削和高速切削，生产率较高。

（a）盘式端铣刀　　　　　　（b）套式端铣刀

（c）硬质合金可转位刀片端铣刀　　（d）直角端铣刀杆

图 2.2.3　端铣刀

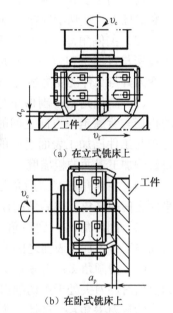

（a）在立式铣床上

（b）在卧式铣床上

图 2.2.4　端铣刀在铣床上铣削

端铣刀头分焊接式与不重磨式，不重磨式刀片的几何角度由刀盘与刀片制造时确定，焊接式铣刀头需要操作者刃磨。

1）铣刀头切削部分的几何形状与名称

铣刀头和车刀的几何形状相似，如图 2.2.5 所示是铣刀头切削部分的几何形状与名称。

（1）前刀面：切屑流出时所经过的刀面。

（2）后刀面：有主后刀面和副后刀面之分。主后刀面是铣刀相对着加工表面的刀面；副后刀面是铣刀相对着已加工表面的刀面。

（3）主切削刃：前面与主后面的交线，担负主要切削工作。

（4）副刀切削刃：前面与副后面的交线，担负次要切削工作。

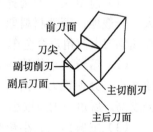

图 2.2.5　端铣刀头切削部分的几何形状及名称

（5）刀尖：主刀刃与副刀刃的交点。

（6）过渡刃：主刀刃与副刀刃之间的刀刃称过渡刃，过渡刃有直线型和圆弧型两种。

（7）修光刃：副刀刃前端一窄小的平直刀刃称修光刃。

2）铣刀头切削部分的几个主要角度

铣刀头切削部分的几个主要角度有：前角（γ_0）、主偏角（κ_r）、副偏角（κ'_r）、主后角（α_0）、副后角（α'_0）、刃倾角（λ_s）等主要角度，如图2.2.6所示。

（1）前角γ_0：前角是前刀面与基面之间的夹角。前角的主要作用是使刃口锋利，减少切削变形和磨擦力，使切削轻松，排屑方便

（2）主偏角κ_r：主偏角是主切削刃在基面上的投影与背离走刀方向的夹角。它的主要作用是改变刀具与工件的受力情况和刀头的散热条件。

（3）副偏角κ'_r：副偏角是副切削刃在基面上的投影与背离走刀方向之间的夹角。它是减少副刀刃与工件已加工表面之间的摩擦，其角度大小将影响加工表面的粗糙度。

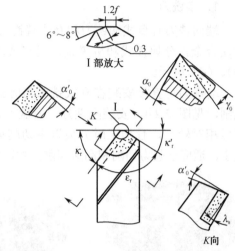

图2.2.6　端铣刀头几何形状

（4）主后角α_0：主后角是主后刀面与主切削平面之间的夹角。主后角的作用是减少后刀面与工件加工表面之间的磨擦。

（5）副后角α'_0：副后角是副后刀面与副切削平面之间的夹角。副后角的作用是减少后刀面与工件已加工表面之间的磨擦。

（6）刃倾角λ_s：刃倾角是主切削刃与基面之间的夹角。它可以控制切屑流向；当刃倾角为负值时，刀尖处于主切削刃的最低点，可增加刀头强度、保护刀尖承受冲击。

（7）刀尖角ε_r：它是一个派生角度，是主切削刃与副切削刃之间的夹角，$\varepsilon_r = 180° - (\kappa_r + \kappa'_r)$。

3）端铣刀头的几何角度选择

铣刀头的具体角度要根据加工材料及加工性质与条件进行合理选择，下面提供几个主要角度的选择原则。

（1）前角大小的选择与工件材料、加工性质及刀具材料有关，特别是工件材料影响最大，一般地：塑性材料取大值，脆性材料、硬度高的取小值。粗铣取小值，精铣取大值。高速钢刀大前角，合金车刀前角小。

（2）后角大小的选择要考虑铣刀强度和工件表面粗糙度，后角太大，铣刀强度差，后角太小，会使铣刀后面与工件表面增加摩擦，影响工件的表面粗糙度。一般地：粗加工时强度高，后角勿大应取小。工件料软取大后角，料硬后角宜取小。

（3）主偏角的大小影响刀尖强度、刀头散热条件、工件径向抗力等因素。一般地：材料硬，取小值，工件刚性差取大值。

（4）副偏角的选择主要是考虑减小工件的表面粗糙度和刀具的耐用度，强力切削时，取较小的副偏角，增加刀头强度；精加工时副偏角取稍大些，减少摩擦振动。

（5）刃倾角的选择主要考虑刀尖强度。断续切削和强力切削时，为了增加刀头强度，刃倾角应取负值；精铣时，为了伸刀具锋利，应取正值。

一般焊接端铣刀头，选择主偏角为 75°，副偏角 12°～15°，前角 0°～3°，刃倾角 0°～3°，后角 6°～8°，刀尖圆弧半径 $R0.3～R0.5$。

4）端铣刀头的刃磨

刀头的刃磨要求：刀刃要直，且不能出现锯齿；刀面要平整，特别是靠近主切削刃的刀面，不得出现多面的形状。

（1）砂轮的选择：常用磨刀砂轮有氧化铝砂轮（白色砂轮）和绿色碳化硅砂轮（绿色砂轮）两种。氧化铝砂轮的砂粒韧性好，比较锋利，但硬度低，适用于刃磨高速钢刀头或焊接刀头的刀杆部分。绿色碳化硅砂轮的砂粒硬度高，耐磨性能好，用于刃磨硬质合金刀头部分。磨刀时还要按粗磨和精磨选择粗砂轮和细砂轮。砂轮的粗细以粒度区分，如粗砂轮：36 粒度、46 粒度、60 粒度，细砂轮有 70 粒度、80 粒度以上。

（2）刃磨时的冷却：刃磨高速钢刀具时，要注意充分冷却，防止发热退火而降低刀具硬度；刃磨硬质合金刀一般不能进行冷却，如刀杆过热需要冷却时，可将刀杆部分浸在水中，硬质合金刀不能在过热情况下速冷，否则产生裂纹。

（3）焊接铣刀刃磨的一般步骤如下。

① 粗磨焊渣：先在粗粒度（46 粒度）的氧化铝砂轮上把铣刀前面、后面上的焊渣磨去。

② 粗磨刀杆：在粗粒度的氧化铝砂轮上粗磨刀杆，刃磨主副后面的刀杆部分，使主后角和副后角比所要求的后角角度大 2～3 度，以便于下一步刃磨刀片上的后角。

③ 粗磨合金刀片：选择粗粒度（60 粒度以下）的绿色碳化硅砂轮，粗磨前刀面使前角大致符合所需的角度要求。

④ 粗磨主后刀面：粗磨主后刀面时，要同时兼顾主后角、主偏角。以 75° 铣刀为例，此时铣刀相对砂轮的位置是：刀体与砂轮水平中心素线成 75° 夹角，且刀体略向外转，使上平面与水平成 6°～8° 的夹角。每次刀面接触砂轮，都保证上述角度不变，刃磨过程中高度不变，才能保证主偏角与主后角正确。

⑤ 粗磨副后刀面，使副偏角、副后角的角度符合要求。刃磨时刀体与砂轮水平中心素线成 12°～15° 夹角，且刀体略向外转，使上平面与水平成 6°～8° 的夹角。

⑥ 精磨前刀面：选择细粒度（70 粒度以上）的绿色碳化硅砂轮，精磨前刀面。精磨时按角度摆好位置，手握刀体要稳，接触砂轮要轻，保证前角的角度及前刀面粗糙度值小于 $Ra0.8\ \mu m$。

⑦ 分别精磨主后刀面和副后刀面：精磨主后刀面和副后刀面时，与粗磨时摆动的角度一样，但接触要轻，移动要缓慢平稳。保证主偏角等于 75°、主后角等于 6°～8°；副偏角等于 12°～15°，副后角等于 6°～8°，后刀面粗糙度值小于 $Ra0.8\ \mu m$。

⑧ 修磨刀尖：刀尖过渡刃有直线形和圆弧型两种。刃磨时可分几次转动角度磨出刀尖，且注意保证刀尖后角。

5）刃磨刀具时的注意事项

（1）砂轮刚启动时，注意观察磨削表面不应有过大跳动，不要立即磨刀，待运转平稳后再磨。

（2）砂轮表面应经常修整，使砂轮的外圆及端面没有明显跳动。

（3）必须根据铣刀材料来选择砂轮种类，否则将影响刃磨效果。

（4）刃磨时，应按砂轮旋转方向由刃口向刀体磨削，以免造成崩刃现象。

（5）在平行砂轮上磨刀时，尽量避免使用砂轮的侧面，在杯形砂轮上磨刀时，尽量避免使用砂轮的内圆和外圆。

（6）刃磨时，手握刀杆要平稳，压力不能太大，并要沿砂轮素线缓慢做水平往复移动，不得停留于一处刃磨，保证砂轮表面平直。

（7）磨刀结束后应随手关闭砂轮机电源。

6）刃磨刀具安全知识

（1）砂轮必须装有防护罩。

（2）砂轮托架和砂轮之间的间隙不能太大，以避免车刀嵌入而发生事故。也不准在没有安装托架的砂轮上磨刀。

（3）磨刀时应戴防护眼镜，同时应尽量避免面对砂轮，站在砂轮侧面磨刀可防止万一砂轮破碎飞出伤人。

（4）磨刀时不能用力过猛，以防打滑伤人。

（5）磨刀用的砂轮不应磨其他物件。

2．立铣刀

立铣刀分直柄和锥柄立铣刀，如图 2.2.7 所示，直柄立铣刀直径较小，一般在 $\phi 16$ mm 以下。立铣刀材料有高速钢和硬质合金两种。立铣刀的刚性较差，所要加工的切削用量不宜选择过大，否则产生振动或崩刃，甚至断刀现象。

高速钢立铣刀　　　　　　硬质合金三刃立铣刀

（a）直柄立铣刀　　　　　　　　　　　　　　　　　（b）锥柄立铣刀

图 2.2.7　立铣刀

新的立铣刀角度已成形，不用刃磨，经过使用磨损后，要进行修磨，主要刃磨端头几个主切削刃，刃磨时应注意各主切削刃的高低及后角大小一致。

3．三面刃铣刀

三面刃铣刀一般用高速钢制成，有的镶焊硬质合金刀片，如图 2.2.8 所示为镶硬质合金的三面刃铣刀。硬质合金三面刃铣刀的耐磨性较好，得到广泛使用。

4．圆柱铣刀

圆柱铣刀如图 2.2.9 所示，刀体全部由高速钢制成，加工时不宜选择太高的切削速度，所以效率较低，使用不广泛。

图 2.2.8　三面刃铣刀 　　　　　　　　图 2.2.9　圆柱铣刀

2.2.2　铣刀的安装与工件装夹

1．立铣刀的装卸

安装锥柄立铣刀时，应根据铣刀锥柄规格选择对应的变锥套，先把铣刀套入变锥套，并找到与铣刀尾部螺纹孔匹配的拉杆如图 2.2.10（a）所示，拉杆先不要装上。然后把变锥套装进铣床主轴锥孔，再用拉杆从主轴上端孔中穿入，旋进铣刀螺纹孔并用扳手上紧，如图 2.2.10（c）所示。

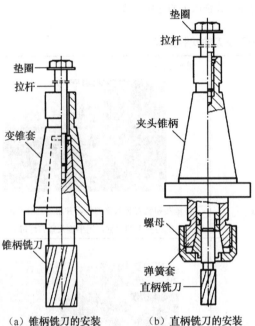

（a）锥柄铣刀的安装　　　（b）直柄铣刀的安装　　　（c）立铣刀在主轴上的安装

图 2.2.10　立铣刀的安装

安装直柄立铣刀时，先准备一个与铣刀直径匹配的锥柄弹簧夹头，把锥柄弹簧夹头装进主轴锥孔，与前面方法相同，用拉杆拉紧夹紧弹簧夹头，见图2.2.10（b），然后把直柄铣刀装入弹簧夹头，并用勾头扳手上紧（**注**：最好以拉的动作上紧，比较安全些），如图 2.2.11 所示。

2．带孔铣刀的装卸

带孔铣刀的刀杆与刀体可以分开，圆柱铣刀、三面刃铣刀、锯片铣刀等带孔铣刀都要借助于刀杆安装在铣床的主轴上。

图 2.2.11　直柄立铣刀的夹紧

1）在卧式铣床上安装带孔铣刀

带孔铣刀在卧式铣床上的连接方式如图 2.2.12 所示。安装带孔铣刀的步骤见表 2-3。

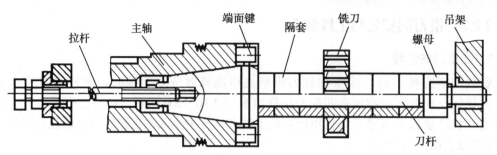

图 2.2.12　带孔铣刀在卧式铣床上的连接方式

表 2-3　带孔铣刀的安装步骤

步骤 1:	步骤 2:

擦净铣刀杆、垫圈和铣刀。确定铣刀在铣刀杆上的位置。	将垫圈和铣刀装入铣刀杆，并用适当分布的垫圈确定铣刀在铣刀杆上的位置。用手旋入紧刀螺母。
步骤 3:	步骤 4:

擦净挂架轴承孔和铣刀杆的支承轴颈，将挂架装在横梁导轨上。注入适量的润滑油。	适当调整挂架轴承孔与铣刀杆支承轴颈的间隙。
步骤 5:	步骤 6:

用扳手将挂架紧固。	将铣床主轴锁紧，然后用扳手将铣刀杆紧刀螺母旋紧，使铣刀被夹紧在铣刀杆上。

2）带孔铣刀的拆卸

带孔铣刀的拆卸方法与安装时恰好相反，步骤如下：

（1）将铣床主轴转数调整到最低，或将主轴锁紧。

（2）用扳手反向旋转铣刀杆上的紧刀螺母，松开铣刀。

（3）将挂架轴承间隙调大，然后松开并取下挂架。

（4）旋下紧刀螺母，取下垫圈和铣刀。

（5）用扳手松开拉紧螺杆上的背紧螺母，再将其旋出一周。用锤子轻轻敲击拉紧螺杆的端部，使铣刀杆锥柄从主轴锥孔中松脱。

（6）右手握铣刀杆，左手旋出拉紧螺杆，取下铣刀杆，将铣刀杆擦净、涂油，然后将长刀杆垂直放置在专用的支架上。

3）套式端铣刀的安装

套式端铣刀有内孔带键槽和端面带槽两种结构形式，分别采用带纵键的铣刀杆和带端键的铣刀杆安装。安装铣刀时，先擦净铣刀内孔、端面和铣刀杆圆柱面，再按顺序进行安装。

（1）内孔带键槽铣刀的安装：将铣刀内孔的键槽对准铣刀杆上的键装入铣刀，然后旋入紧刀螺钉，用叉形扳手将铣刀紧固，如图2.2.13所示。

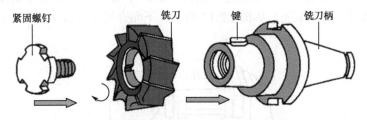

图2.2.13 内孔带键槽套式端铣刀的安装

（2）端面带槽铣刀的安装：将铣刀端面上的槽对准铣刀杆上凸缘端面上的凸键，装入铣刀，然后旋入紧刀螺钉，用叉形扳手将铣刀紧固，见图2.2.14所示。

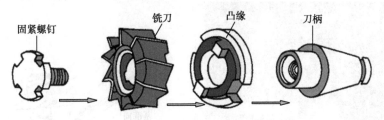

图2.2.14 端面带键槽套式端铣刀的安装

4）机夹式不重磨铣刀的安装

机夹式硬质合金可转位铣刀，不需要操作者刃磨，若铣削中刀片的切削刃用钝，只要用内六角扳手旋松双头螺钉，就可以松开刀片夹紧块，取出刀片，把用钝的刀片转换一个位置（等多边形刀片的每一个切削刃都用钝后，更换新刀片），然后将刀片紧固即可，见图2.2.15。

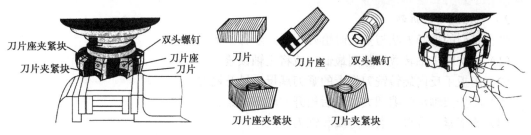

图 2.2.15　硬质合金可转位刀片的安装

使用硬质合金可转位铣刀，要求机床、夹具的刚性好，机床功率大，工件装夹牢固，刀片牌号与加工工件的材料相适应，刀片用钝后要及时更换。

3．工件装夹方法

平面的铣削加工，关键要解决工件的正确装夹问题。批量加工时，通常采用专用的铣床夹具装夹工件进行加工，操作比较简单。单件和小批量生产时，常用通用夹具装夹工件，要采用相应的辅助工具与夹具，并经过一系列的装夹、找正等辅助工作，操作者必须掌握相关的技术。在此我们主要介绍单件和小批量生产时铣床上加工零件的方法。

在铣床上进行单件和小批量生产时，最常用的方法是用平口钳、压板来装夹工件。对于较小型的工件，一般采用平口钳装夹，如图 2.2.16 所示；对大、中型的工件则多是在铣床工作台上直接用压板来装夹，如图 2.2.17 所示。下面介绍用平口钳装夹工件的方法。

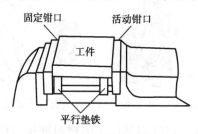

图 2.2.16　平口钳装夹工件

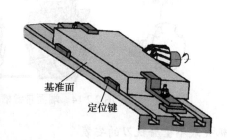

图 2.2.17　用压板装夹工件

1）平口钳

平口钳是铣床上常用的机床附件，常用的有固定式平口钳和回转式平口钳两种（如图 2.2.18 所示）。固定式平口钳主要有固定钳口、活动钳口、底座等组成。回转式平口钳可

以扳转任意角度，故适应性很强。固定式平口钳与回转式平口钳的结构基本相同，只是固定式平口钳的底座没有转盘，钳体不能回转，但安装刚性好。

平口钳的规格以钳口宽度作为型号标准，常用的有 100 mm、125 mm、136 mm、160 mm、200 mm、250 mm 等规格型号。

2）平口钳的安装与找正

将平口钳安装在铣床工作台上，把底座紧固螺栓轻微上紧，然后把百分表座固定在铣床立铣头（或挂架）上，百分表测量头垂直对准平口钳固定钳口平面（如图 2.2.19 所示）。手摇铣床纵向手轮使工作台纵向移动，看百分表的读数变化，看出固定钳口是否与工作台纵向进给方向平行。如果不平行，则通过摆动平口钳钳体调整角度，再纵向移动工作台，看百分表的读数（要求百分表前后两端误差在 0.01 mm 范围内）。经过多次调整，直到固定钳口与工作台纵向进给方向平行为止，最后将平口钳底座紧固螺栓上紧。

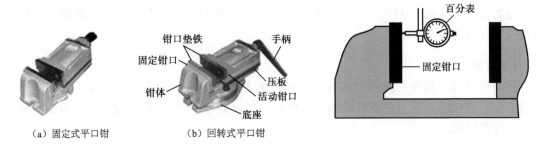

（a）固定式平口钳　　（b）回转式平口钳

图 2.2.18　平口钳

图 2.2.19　平口钳找正

3）工件在平口钳上的装夹

铣削长方体工件的平面、斜面、台阶或轴类工件的键槽时，一般用平口钳来进行装夹。用平口钳装夹工件时通常以平口钳固定钳口面或以钳体导轨平面作为定位基准，装夹时将工件的基准面靠向固定钳口或钳体导轨，并使基准面紧贴固定钳口。为了使工件余量高出钳口，装夹时还应在工件下加垫适当高度的平行垫铁；对于毛坯零件，为了防止夹伤平口钳的钳口，在装夹时应在钳口上垫铜皮（精加工时不能垫铜皮，避免定位破坏），并在活动钳口与工件间放置一圆棒，如图 2.2.20（a）所示。为了使工件基准面与导轨面平行，工件夹紧后，可用木槌或紫铜棒轻击工件上平面，如图 2.2.20（c）所示，并用手试移垫铁。当垫铁不再松动时，表明工件与平行垫铁、平行垫铁与导轨水平面已紧密贴合。

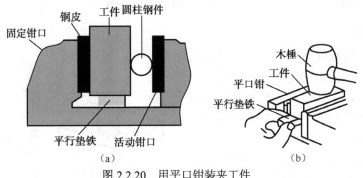

（a）　　　　　　　　　　（b）

图 2.2.20　用平口钳装夹工件

4）平口钳装夹工件时的注意事项

（1）安装工件时，应将各接合面擦净。

（2）工件的装夹高度，以铣削时铣刀不接触钳口上平面为宜。

（3）工件的装夹位置，应尽量使平口钳钳口受力均匀。必要时，可以加垫块进行平衡。

（4）用平行垫铁装夹工件时，所选垫铁的平面度、平行度和垂直度应符合要求，且垫铁表面应具有一定硬度。

2.2.3　铣削方法与切削用量的确定

在铣床上铣削工件时，由于铣刀的结构不同，工件上所加工的部位不同，所以具体的切削方法与方式也不一样。

1. 铣削方法

根据铣刀在切削时刀刃与工件接触的位置不同，铣削方法可分为周铣、端铣以及周铣与端铣同时进行的混合铣削。

1）圆周铣

圆周铣（简称周铣）是用分布在铣刀圆周面上的刀刃来铣削并形成已加工表面的一种铣削方法。周铣时，铣刀的旋转轴线与工件被加工表面相平行。图 2.2.21 所示为在卧式铣床上进行的周铣。

2）端面铣

端面铣（简称端铣）是用分布在铣刀端面上的齿刃铣削并形成已加工表面的铣削方法，称为端铣。端铣时，铣刀的旋转轴线与工件被加工表面相垂直。图 2.2.22 所示分别为在卧式铣床和立式铣床上进行的端铣。

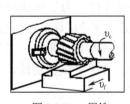

图 2.2.21　周铣　　　　　　　　　图 2.2.22　端铣

3）混合铣削

混合铣削（简称混合铣）是指在铣削时铣刀的圆周刃与端面刃同时参与切削的铣削方法。混合铣时，工件上会同时形成两个或两个以上的已加工表面。图 2.2.23 所示为在卧式铣床上进行的混合铣。

上述三种不同铣削方法的特点比较如下：

（1）端铣时铣刀所受的铣削力主要为轴

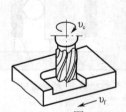

图 2.2.23　混合铣削

向力，加之端铣刀刀杆较短，所以刚性好，同时参与切削的齿数多，因此振动小，铣削平稳，效率高。

（2）端铣刀的直径可以做得很大，能一次铣出较大的表面而不用接刀。圆周铣时工件加工表面的宽度受周刃宽度的限制，所铣平面不能太宽。

（3）端铣刀的刀片装夹方便、刚性好，适宜进行高速铣削和强力铣削，可大大提高生产效率和减小表面粗糙度值。

（4）端铣刀每个刀齿所切下的切屑厚度变化较小，因此端铣时铣削力变化小。

（5）周铣时，能一次切除较大的铣削层深度（铣削宽度 a_e），但切削速度较低，否则会产生振动。

（6）混合铣削时，由于周铣的切削速度受到限制，所以混合铣时周铣加工出的表面比用端铣加工出的表面粗糙度值大。

由于端铣具有较多的优点，所以，在单一平面的铣削中大多数采用端面铣削。

2．铣削方式

根据铣刀切削部位产生的切削力与进给方向间的关系，铣削方式可分为顺铣和逆铣。

1）周铣时的顺铣与逆铣

用图 2.2.24 中的铣削情况进行比较：

（1）顺铣——铣削时，在切点处铣刀旋转方向与工件进给方向相同的铣削方式。

（2）逆铣——铣削时，在切点处铣刀旋转方向与工件进给方向相反的铣削方式。

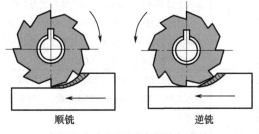

图 2.2.24　周铣时的顺铣与逆铣

2）顺铣与逆铣的受力分析

在铣削过程中，由于铣床工作台是通过丝杠螺母副来实现传动的，要使丝杠在螺母中能轻快地旋转，在它们之间一定要有适当的间隙。此时在工作台丝杠螺母副的一侧，两条螺旋面紧密贴合在一起；在其另一侧，丝杠与螺母上的两条螺旋面存在着间隙。工作台的进给运动是由工作台丝杠与丝杠螺母的接合面传递，进给的作用力发自工作台丝杠上。同时，丝杠螺母也受到了铣刀在水平方向的铣削分力 F_f 的作用。当铣削力 F 的方向与工作台移动速度 v_f 的方向相反时，由于工作台丝杠与丝杠螺母紧密贴合，不会产生串动；当铣削力 F 的方向与工作台移动速度 v_f 的方向一致时，由于工作台丝杠与丝杠螺母间的配合间隙，则工作台受同向的两个力作用，就会产生串动，直到螺母顶到丝杠另一侧才停止，但随着丝杠的转动，螺母与丝杠再度产生串动的空间，从而产生周期性串动。

顺铣时，如图 2.2.25（a）所示，工作台进给方向 v_f 与其水平方向的铣削分力 F_f 方向相同，F_f 作用在丝杠和螺母的间隙上。当 F_f 大于工作台滑动的摩擦力时，F_f 将工作台推动一段距离，使工作台发生间歇性窜动，发生啃伤工件，损坏刀具，甚至损坏机床现象。逆铣时，如图 2.2.25（b）所示，工作台进给方向 v_f 与其水平方向上的铣削分力 F_f 方向相反，两种作用力同时作用在丝杠与螺母的接合面上，工作台在进给运动中，绝不会发生工作台的窜动现象，即水平方向上的铣削分力 F_f 不会拉动工作台。所以在一般情况下都采用逆铣。

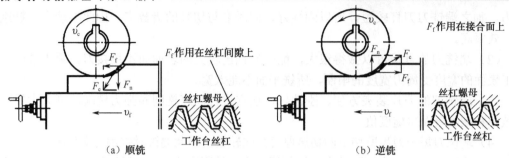

图 2.2.25 周铣时的切削力对工作台的影响

周铣时的顺铣与逆铣具有以下一些特点，见表 2-4。

表 2-4 周铣时顺铣与逆铣的特点

	优 点	缺 点
顺铣	1. 铣刀对工件的作用力 F_c 在垂直方向的分力 F_n 始终向下，对工件起压紧的作用。因此铣削平稳，对不易夹紧的工件及细长的薄板形工件的铣削尤为合适。 2. 铣刀刃切入工件时的切屑厚度最大，并逐渐减小到为零。刀刃切入容易，故工件的被加工表面质量较高。 3. 顺铣在进给运动方面消耗的功率较小。	1. 铣刀对工件的作用力 F_c 在水平方向上的分力 F_f 作用在工作台丝杠及其螺母的间隙上，会拉动工作台，使工作台发生间歇性窜动，导致铣刀刀齿折断、铣刀杆弯曲、工件与夹具产生位移，甚至严重的事故。 2. 铣刀刀刃从工件外表面切入工件，当工件表面有硬皮或杂质时，容易磨损或折断铣刀。
逆铣	1. 在铣刀中心进入工件端面后，铣刀刃沿已加工表面切入工件，工件表面有硬皮或杂质时，对铣刀刃损坏的影响小。 2. 铣刀对工件的作用力 F_c 在水平方向上的分力 F_f 作用在工作台丝杠及其螺母的接合面上，不会拉动工作台，得到广泛的应用。	1. 铣刀对工件的作用力 F_c 在垂直方向的分力 F_n 始终向上，将工件向上铲起，工件需要使用较大的夹紧力。 2. 刀刃切入工件时的切削层厚度为零，并逐渐增到最大。使铣刀与工件的磨擦、挤压严重，加速刀具磨损，降低工件表面质量。 3. 在进给运动方面消耗的功率较大。

3）对称铣削与非对称铣削

进行端铣时，铣刀切入边与切出边的切削力方向相反。根据铣刀与工件之间相对位置的不同，端铣可分为对称铣削与非对称铣削。

（1）对称铣削

端铣时，以铣刀轴线为对称中心，切入边与切出边所占的铣削宽度相等，如图 2.2.26 所示。这种铣削宽度 a_e 对称于铣刀轴线的铣削方式，称为对称铣削。这时，切入边为逆铣；切出边为顺铣。

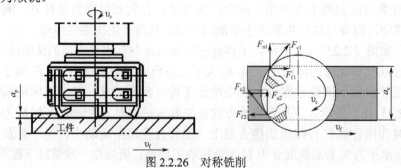

图 2.2.26 对称铣削

（2）非对称铣削

端铣时，切入边和切出边相对铣刀轴线的距离不相等，如图 2.2.27 所示。这种铣削宽度 a_e 不对称于铣刀轴线的铣削方式，称为非对称铣削。这时，按切入边和切出边所占铣削宽度比例的不同，区分为顺铣和逆铣。

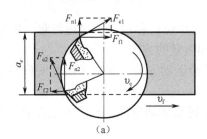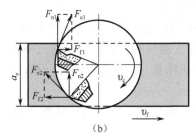

图 2.2.27　非对称铣削

① 非对称顺铣：端铣时，当切出边的宽度大于切入边的宽度时，这种铣削方式称为非对称顺铣，如图 2.2.27（a）所示。

与圆周铣的顺铣一样，非对称顺铣也容易产生工作台串动现象。因此，周铣时很少采用非对称顺铣。只有在铣削塑性和韧性好、加工硬化严重的材料（如不锈钢、耐热合金等）时，为了减少切屑粘附，提高刀具寿命，才采用非对称顺铣。此时，必须调整好铣床工作台的丝杠螺母副的传动间隙以及工作台镶条的松紧，避免加工过程出现拉刀情况。

② 非对称逆铣：端铣时，当切入边的宽度大于切出边的宽度时，这种铣削方式称为非对称逆铣，如图 2.2.27（b）所示。

非对称逆铣时，铣刀在进给方向上给工件的作用力的合力 F_f 作用在工作台丝杠及其螺母的接合面上，因此，不会出现拉动工作台的现象。在切削过程中，铣刀切削刃切出工件时，切屑由薄到厚，因而冲击小，振动较小，切削平稳，得到普遍应用。

3．铣削用量的确定

1）铣削用量要素

铣削用量有四要素，包括铣削速度 v_c、进给量 f、铣削深度 a_p 和铣削宽度 a_e。铣削时合理地选择铣削用量，对保证零件的加工精度与加工表面质量、提高生产效率、提高铣刀的使用寿命、降低生产成本，都有着密切的关系。

（1）铣削速度 v_c

铣削时铣刀切削刃上选定点相对于工件的主运动的瞬时速度称铣削速度。铣削速度可以简单地理解为切削刃上选定点在主运动中的线速度，即切削刃上离铣刀轴线距离最大的点在 1 min 内所经过的路程。铣削速度的单位是 m/min，铣削速度与铣刀直径、铣刀转速有关，计算公式为：

$$v_c = \frac{\pi d n}{1\,000} \qquad (2\text{-}1)$$

式中：v_c 为铣削速度，m/min；d 为铣刀直径，mm；n 为铣刀或铣床主轴转速，r/min。

铣削时，根据工件的材料、铣刀切削部分的材料、加工阶段的性质等因素，确定铣削速度，然后根据所用铣刀的规格（直径），按式（2-2）计算并确定铣床主轴的转速。

$$n = \frac{1\,000\upsilon_{\mathrm{c}}}{\pi d} \tag{2-2}$$

在实际选取时，若计算所得数值处在铭牌上两个数值的中间时，则应按较小的铭牌值选取。

（2）进给量 f

刀具（铣刀）在进给运动方向上相对工件的单位位移量，称为进给量。铣削中的进给量根据具体加工情况的需要，有下面三种表述和度量的方法。

① 每转进给量 f：铣刀每回转一周，在进给运动方向上相对于工件的位移量，单位为mm/r。

② 每齿进给量 f_z：铣刀运转时每一刀齿在进给运动方向上相对于工件的位移量，单位为 mm/z。

③ 每分钟进给速度：又称每分钟进给量，在一分钟内，工件相对于铣刀所移动的距离称为每分钟进给速度。用符号 υ_{f} 表示，单位为 mm/min，三种进给量的关系为：

$$\upsilon_{\mathrm{f}} = fn = f_z zn \tag{2-3}$$

式中：υ_{f} 为进给速度，mm/min；f 为每转进给量，mm/r；n 为铣刀或铣床主轴转速，r/min；f_z 为每齿进给量，mm/z；z 为铣刀齿数。

铣削时，根据加工性质先确定每齿进给量 f_z，然后根据所选用铣刀的齿数 z 和铣刀的转速 n 计算出进给速度 υ_{f}，并以此对铣床进给量进行调整（铣床铭牌上的进给量以进给速度 υ_{f} 表示）。

（3）铣削深度 a_{p}

铣削深度 a_{p} 是指在平行于铣刀轴线方向上测得的切削层尺寸，单位为 mm。

（4）铣削宽度 a_{e}

铣削宽度 a_{e} 是指在垂直于铣刀轴线方向、工件进给方向上测得的切削层尺寸，单位为 mm。

铣削时，由于采用的铣削方法和选用的铣刀不同，铣削深度 a_{p} 和铣削宽度 a_{e} 的表示也不同。图 2.2.28 所示为用圆柱形铣刀进行圆周铣与用端铣刀进行端铣时，铣削深度与铣削宽度的表示。不难看出，不论是采用圆周铣还是端铣，铣削宽度 a_{p} 总是表示沿铣刀轴向测量的切深；而铣削宽度 a_{e} 都表示沿铣刀径向测量的铣削弧深。因为不论使用哪一种铣刀铣削，其铣削弧深的方向均垂直于铣刀轴线。

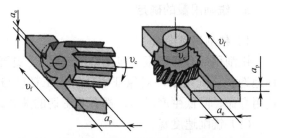

图 2.2.28　周铣与端铣时的铣削用量

2）铣削用量的选择原则

铣削用量的选择是否合理，将直接影响铣削质量、铣刀使用寿命、生产效率以及生产成本。所谓合理的铣削用量，是指充分利用铣刀的切削能力和机床性能，在保证加工质量的前提下，获得高的生产效率和低的加工成本的铣削用量。

选择铣削用量的原则是在保证加工质量，降低加工成本和提高生产率的前提下，使铣

削宽度（或铣削深度）、进给量、铣削速度的乘积最大。这时工序的切削工时最少。

粗铣时，在机床动力和工艺系统刚性允许并具有合理的铣刀耐用度的条件下，按铣削宽度（或铣削深度）、进给量、铣削速度的次序，选择和确定铣削用量。在铣削用量中，铣削宽度（或铣削深度）对铣刀耐用度的影响最小，进给量的影响次之，而以铣削速度对铣刀耐用度的影响为最大。因此，在确定铣削用量时，应尽可能选择较大的铣削宽度（或铣削深度），然后按工艺装备和技术条件的允许选择较大的每齿进给量，最后根据铣刀的耐用度选择允许的铣削速度。

精铣时，为了保证加工精度和表面粗糙度的要求，工件切削层的宽度应尽量一次铣出；切削层深度一般在 0.5 mm 左右；再根据表面粗糙度要求选择合适的每齿进给量；最后根据铣刀的耐用度确定铣削速度。

（1）切削层深度 a_p 和铣削宽度 a_e 的选择

端铣时的铣削深度 a_p、圆周铣削时的铣削宽度 a_e，即是被切金属层的深度（切削层深度）。当铣床功率足够、工艺系统的刚度和强度允许，且加工精度要求不高及加工余量不大时，可一次进给铣去全部余量。当加工精度要求较高或加工表面的表面粗糙度 Ra 值要小于 6.3 μm 时，应分粗铣和精铣。粗铣时，除留下精铣余量（0.5～2.0 mm）外，应尽可能一次进给切除全部粗加工余量。

端铣时，铣削深度 a_p 的推荐数值见表 2-5。当工件材料的硬度和强度较高时，取表中较小值。

表 2-5　端铣时铣削深度 a_p 的推荐值　　　　单位：mm

工件材料	高速钢铣刀		硬质合金铣刀	
	粗铣	精铣	粗铣	精铣
铸铁	5～7	0.5～1	10～18	1～2
软钢	<5	0.5～1	<12	1～2
中硬钢	<4	0.5～1	<7	1～2
硬钢	<3	0.5～1	<4	1～2

圆周铣削时的铣削宽度 a_e，粗铣时可比端铣时的铣削深度 a_p 大，因此，在铣床功率足够和工艺系统的刚度、强度允许的条件下，尽量在一次进给中把粗铣余量全部切除。精铣时，a_e 值可参照端铣时的 a_p 值。对于圆柱铣刀，铣削深度应小于铣刀长度。

（2）进给量的选择

粗铣时，限制进给量提高的主要因素是铣削力。进给量主要根据铣床进给机构的强度、铣刀杆尺寸、刀齿强度以及工艺系统（如机床、夹具等）的刚度来确定。在上述条件许可的情况下，进给量应尽量取得大些。

精铣时，限制进给量提高的主要因素是加工表面的表面粗糙度，进给量越大，表面粗糙度值也越大。为了减小工艺系统的弹性变形，减小已加工表面残留面积的高度，一般采用较小的进给量。

表 2-6 所列为各种常用铣刀对不同工件材料铣削时的每齿进给量，粗铣时取较大值，精铣时取较小值。

表 2-6　每齿进给量 f_z 推荐值　　　　　　　单位：mm/z

工件材料	工件材料硬度 HBW	硬质合金		高速钢			
		端铣刀	三面刃铣刀	圆柱铣刀	立铣刀	端铣刀	三面刃铣刀
低碳钢	<150	0.20~0.40	0.15~0.30	0.12~0.20	0.04~0.20	0.15~0.30	0.12~0.20
	150~200	0.20~0.35	0.12~0.25	0.12~0.20	0.03~0.18	0.15~0.30	0.10~0.15
中、高碳钢	120~180	0.15~0.50	0.15~0.30	0.12~0.20	0.05~0.20	0.15~0.30	0.12~0.20
	180~220	0.15~0.40	0.12~0.25	0.12~0.20	0.04~0.20	0.15~0.25	0.07~0.15
	220~300	0.12~0.25	0.07~0.20	0.07~0.15	0.03~0.15	0.10~0.20	0.05~0.12
灰铸铁	150~180	0.20~0.50	0.12~0.30	0.20~0.30	0.07~0.18	0.20~0.35	0.15~0.25
	180~200	0.20~0.40	0.12~0.25	0.15~0.25	0.05~0.15	0.15~0.30	0.12~0.20
	200~300	0.15~0.30	0.10~0.20	0.10~0.20	0.03~0.10	0.10~0.15	0.07~0.12
铝镁合金	95~100	0.15~0.38	0.12~0.30	0.15~0.20	0.05~0.15	0.20~0.30	0.07~0.20

（3）铣削速度的选择

在铣削深度 a_p、铣削宽度 a_e、进给量 f 确定后，最后选择确定铣削速度 v_c。铣削速度 v_c 是在保证加工质量和铣刀耐用度的前提下确定的。

铣削时，影响铣削速度的主要因素有：铣刀材料的性质和铣刀的耐用度、工件材料的性质、铣削条件及切削液的使用情况等。

粗铣时，由于金属切除量大，产生热量多，切削温度高，为了保证合理的铣刀耐用度，铣削速度要比精铣时低一些。在铣削不锈钢等韧性好、强度高的材料，以及其他一些硬度高、热强度性能高的材料时，铣削速度更应低一些。此外，粗铣时铣削力大，必须考虑铣床功率是否足够，必要时应适当降低铣削速度，以减小功率。

精铣时，由于金属切除量小，所以在一般情形下，可采用比粗铣时高一些的铣削速度。但铣削速度的提高将加快铣刀的磨损速度，从而影响加工精度。因此，精铣时限制铣削速度的主要因素是加工精度和铣刀耐用度。在精铣加工面积大的工件（即一次铣削宽而长的加工面）时，往往采用铣削速度比粗铣时还要低的低速铣削，以使刀刃和刀尖的磨损量减少，从而获得高的加工精度。表 2-7 所列为加工常用材料的铣削速度推荐值，实际工作中可按实际情况适当进行修正。

表 2-7　常用材料 v_c 的推荐值　　单位：m/min

工件材料	硬　　度	铣削速度 v_c	
		硬质合金铣刀	高速钢铣刀
低、中碳钢	<220	80~150	21~40
	225~290	60~115	15~36
	300~425	40~75	9~20
高碳钢	<220	60~130	18~36
	225~325	53~105	14~24
	325~375	36~48	9~12
	375~475	36~45	9~10

续表

工件材料	硬 度	铣削速度 v_c	
		硬质合金铣刀	高速钢铣刀
灰铸铁	100～140	110～115	24～36
	150～225	60～110	15～21
	230～290	45～90	9～18
	300～320	21～30	5～10
铝镁合金	95～100	360～600	180～300

实例 2-1 用一把直径为 25 mm、齿数为 3 的高速钢立铣刀，在 X5032 型铣床上精铣 45 钢的零件，试确定铣床主轴的转速 n 和进给速度 v_f。

解 已知 d=25 mm，z=3。由于加工零件的材料为中碳钢，铣削性质为精铣，根据表 2-6 推荐可选取每齿进给量 f_z 的推荐值为 0.04 mm/z；又根据表 2-7 推荐值及铣刀耐用度等综合因素考虑，铣削速度 v_c 可选取为 25 m/min。由公式 2-2 得：

$$n = \frac{1\,000v_c}{\pi d} = \frac{1\,000 \times 25}{3.14 \times 25} = 318.5 \text{ r/min}$$

根据铣床铭牌，实际转速选择为 n=300 r/min

$$v_f = fn = f_z zn = 0.04 \times 3 \times 300 = 36 \text{ mm/min}$$

根据铣床铭牌，实际进给速度选取 v_f=37.5 mm/min

精铣该零件时，调整铣床的转速为 300 r/min，进给速度为 37.5 mm/min。

实例 2-2 用一把直径为 150 mm、齿数为 6 的硬质合金端铣刀，在 X5032 型铣床上粗铣一个灰铸铁的零件，零件余量为 8 mm，试确定铣削深度 a_p 及铣床主轴转速 n 和进给速度 v_f。

解 已知 d=150 mm，z=6，零件余量为 8 mm。由于加工零件的材料为灰铸铁，铣削性质为粗铣，考虑精铣的余量（1 mm），根据表 2-5 可选取铣削深度 a_p 为 7 mm，根据表 2-6 可选取每齿进给量 f_z 的推荐值为 0.3 mm/z，又根据表 2-7 推荐值及铣刀耐用度等综合因素考虑，铣削速度 v_c 可选取为 60 m/min。

$$n = \frac{1\,000v_c}{\pi d} = \frac{1\,000 \times 60}{3.14 \times 150} = 127.4 \text{ r/min}$$

根据铣床铭牌，实际选择为 118 r/min。

$$v_f = fn = f_z zn = 0.3 \times 6 \times 118 = 212.4 \text{ mm/min}$$

根据铣床铭牌，实际选取 190 mm/min。

粗铣时调整端铣刀的切削深度为 7 mm，铣床主轴转速为 118 r/min，进给速度为 190 mm/min。

2.2.4 零件的测量

1. 游标卡尺测量外轮廓尺寸的方法

1）游标卡尺的使用

在以前学习车工操作中已经介绍了游标卡尺的读数原理及使用方法，这里不再重复，图 2.2.29 所示是铣工操作常用的游标卡尺测量方式。

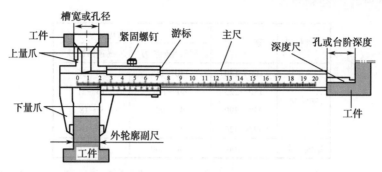

图 2.2.29　游标卡尺的使用

上量爪用于测量孔径或槽宽，下量爪用于测量外表面的长度，深度尺用于测量孔深或台阶长度。紧固螺钉用于测量后锁紧游标，防止读数变动。

2）游标卡尺错误的测量方法举例

测量时要避免以下几种不正确的测量方法出现，如图 2.2.30 所示。

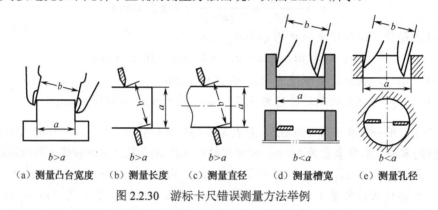

（a）测量凸台宽度　（b）测量长度　（c）测量直径　（d）测量槽宽　（e）测量孔径

图 2.2.30　游标卡尺错误测量方法举例

2．深度游标尺与高度游标尺的使用

图 2.2.31 所示是用于测量深度与高度的游标尺，其读数原理与游标卡尺相同。高度尺除了用于测量工件的高度外，还用于对工件的精密划线。

3．外径千分尺测量外轮廓尺寸

外径千分尺的测量方法在学习车工操作中已介绍，这里只指出测量平面时应注意的问题及对千分尺的维护保养。

1）使用注意事项

（1）外径千分尺是比较精密的测量工具，要轻拿轻放，不得碰撞或跌落地下。

（2）用千分尺测量平面尺寸时，用手拧动测力装置，使千分尺的量砧测量面与被测表面的素线平行，且手指轻轻摆动尺架使千分尺的测量面与被测表面贴合。为了防止测量读数变动，先把锁紧装置锁紧再读取读数。不要用千分尺来测量粗糙的平面，以免损坏测量面。

（3）读数时看主尺下方的 0.5 mm 线是否露出，来判断主尺读数是否加上 0.5 mm，如图 2.2.32（a）和（b）所示的长度分别为 30.17 mm 和 30.67 mm。

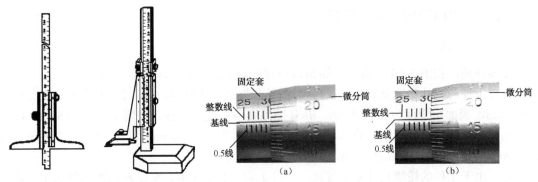

图 2.2.31 深度游标尺与高度游标尺　　　　图 2.2.32 外径千分尺读数

2）千分尺的维护与保养

（1）千分尺不用时应置于干燥地方防止锈蚀。

（2）在使用后，不要使两个量砧紧密接触，而是要留出间隙（大约 0.5～1 mm）。

（3）如果要长时间保管时，必须用清洁布或纱布来擦净成为腐蚀源的切削油、汗、灰尘等之后，涂敷低粘度的高级矿物油或防锈剂。

4．其他量具的使用

（1）用刀口尺与塞尺检测平面度：各平面的平面度可用刀口尺检测，如图 2.2.33（a）所示。透光检查，用肉眼观察刀口尺与平面的漏光部位，再选用塞尺（由薄到厚）试塞，前一片塞得过，后一片塞不过，前一片的厚度即为塞得过的最大间隙。再把刀口尺转过 90°，按上述方法再测一次，两次测得的最大间隙即为平面度误差。

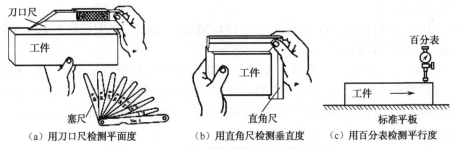

（a）用刀口尺检测平面度　　（b）用直角尺检测垂直度　　（c）用百分表检测平行度

图 2.2.33 平面度、垂直度、平行度的检测

（2）用直角尺与塞尺检验垂直度：面与面之间的垂直度可用直角尺检验，如图 2.2.33（b）所示。角尺基面与工件大平面（基面）贴平，缓慢移动使测量面慢慢靠近工件被测表面，透光检查，用肉眼观察直角尺与平面的漏光部位，再选用塞尺（由薄到厚）试塞，与上述检测平面度方法相同，塞得过的最厚一片即为垂直度误差。

（3）用百分表检测平行度与平面度：两平行面的平行度用百分表检测，如图 2.2.33（c）所示。测量时，将工件擦拭干净置于标准平板上，并把百分表座吸在平板上，调整百分表，使测量杆垂直于工件上表面，并有 0.5 mm 以上的预压读数。工件沿平板缓慢移动，记下移动过程中百分表读数变化的最大值与最小值，两值之差即是平行度误差，也是该平面的平面度误差。

2.2.5　平口钳钳口护板的铣削

1．工艺分析

读零件图，由图 2.2.1 了解平口钳钳口平行垫块的技术要求。

（1）工件的尺寸精度要求较高，1、4 面的长度公差为±0.01 mm，2、3 面的长度公差为±0.02 mm，表面粗造度为 $Ra0.8\ \mu m$，并有平行度和垂直度要求，铣削加工留 0.5 mm 的余量，热处理后最终以磨削加工获得，铣工工序公差控制在±0.05 mm 以内。5、6 面的公差为±0.1 mm，表面粗造度为 $Ra3.2\ \mu m$，铣削加工可以达到。

（2）由于工件的轮廓尺寸要求较高，1 和 4 面、2 和 3 面、5 和 6 面的铣削加工平面度要求控制在 0.05 mm 范围内，2、3 面对 1 面的垂直度要求控制在 0.03 mm 范围内，而且严格按照 1、2、3、4、5、6 面的加工次序加工，否则很难达到轮廓尺寸精度要求。

2．确定加工方案

（1）工件在立式铣床上用端面铣刀完成加工。

（2）采用虎钳安装工件。

3．刀具及铣削用量选择

1）工具、刀具的选择

该零件属于单件或小批量生产，因此选择通用夹具机用虎钳装夹工件。为了提高加工效率选择硬质合金端铣刀进行铣削加工，选取刀盘直径为 $\phi100$ mm、齿数为 6 的硬质合金端铣刀。

2）铣削用量的选择

根据零件的毛坯材料为 45 钢板，尺寸 134×54×25（mm），切削余量不大，每个面只有 2～2.5 mm，铣削用量选择如下。

（1）粗铣：铣削深度 a_p 采取一次走刀粗铣至留精铣余量的尺寸，一般留精铣余量 0.5 mm。进给量可参照表 2-6 推荐每齿进给量 f_z 值为 0.15～0.50 mm/z，选取 $f_z=0.3$ mm/z；铣削速度根据表 2-7 推荐的铣削速度 v_c 值为 80～150 m/min，可选取 $v_c=80$ m/min。

主轴转速根据公式（2-2）计算：

$$n=\frac{1\,000v_c}{\pi d}=\frac{1\,000\times80}{3.14\times100}=254.77\ \text{r/min}$$

取接近的整数 255 r/min 为主轴转速。

（2）精铣：根据工件表面粗糙度要求 $Ra3.2$，铣削深度 a_p 取 0.5 mm，进给量 f_z 取 0.15 mm/z，铣削速度 v_c 取 150 m/min。

3）量具的选用

根据零件的尺寸公差最小值为±0.05 mm，可采用游标卡尺测量，选用 0～150 mm/0.02 mm 的游标卡尺。选用 0～25 mm 千分尺、25～50 mm 千分尺各一把，用于检查厚度与宽度及平行度。用直角尺与塞尺、百分表及表座，检验垂直度、平面度与平行度。

4．实施加工

1）准备刀具、材料、工具、量具

2）操作步骤

（1）选择安装硬质合金端铣刀。

（2）安装并校正平口钳固定钳口。

（3）选择较大和较光洁平整的平面作为基准面，用虎钳安装夹紧。

（4）调整铣床转速和进给量。

（5）铣削过程：工件铣削顺序如图 2.2.34 所示。

3）注意事项

（1）在铣平面 5 时，必须保证与其他四个已铣好的平面之间相互垂直，所以装夹时基准面除与固定钳口贴紧外，还应该用 90°角尺校正工件的侧面与平口钳的钳体导轨面垂直，如图 2.2.35 所示，再夹紧工件进行铣削。用平口钳装夹工件后，应先取下平口钳扳手方能进行铣削。

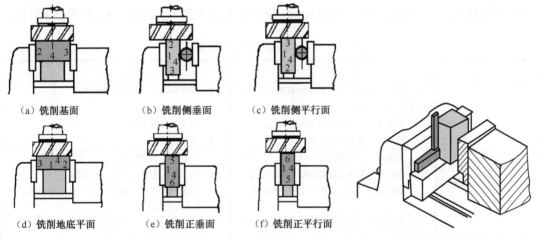

（a）铣削基面　　　　（b）铣削侧垂面　　　　（c）铣削侧平行面

（d）铣削地底平面　　（e）铣削正垂面　　　　（f）铣削正平行面

图 2.2.34　铣削连接面顺序　　　　　　图 2.2.35　铣削第五面时的装夹方法

（2）铣削时应紧固不使用的进给机构，工作完毕再松开。

（3）铣削中不准用手触摸工件和铣刀，不准测量工件，不准变换主轴转数。

（4）铣削中不准任意停止铣刀旋转和自动进给，以免损坏刀具、啃伤工件。若必须停止时，则应先降落工作台，使铣刀与工件脱离接触方可停止操作。

（5）铣削完一个平面，都要将毛刺锉去，而且不能伤及工件的其他已加工表面。

5．检查评价

（1）加工完毕，对工件进行质量检查。垫块的轮廓尺寸检查，各表面间平行度、垂直度检查，表面粗糙度检查，棱边去毛刺检查等，并按表 2-8 对照评分。

（2）检查加工过程与工艺要求是否有出入，操作有无问题。

（3）对设备进行清扫维护，检查各手柄所处位置是否正确。

表 2-8　质量检测评价

零件编号：		学生姓名：		成绩：	
序号	项目内容及要求	占分	记 分 标 准	检查结果	得分
1	20±0.01	20	超差 0.01 扣 4 分		
2	50±0.02	20	超差 0.01 扣 4 分		
3	$Ra0.8\,\mu m$（四处）	16	Ra 大一级扣 2 分		
4	平行度 0.05	14	超差 0.05 扣 5 分		
3	垂直度 0.03	10	超差 0.01 扣 5 分		
4	机床维护与环保、安全文明生产： （1）无违章操作情况； （2）无撞刀及其他事故	20	机床不按要求维护保养、违章操作、出现撞刀或设备事故者，倒扣 20 分		

6. 质量分析

（1）对零件加工质量进行评价。根据加工质量检查结果，逐一进行评价。

（2）对加工过程进行评价。对加工步骤和操作的合理性进行检查分析。

（3）根据加工质量检查结果，分析问题的原因与预防措施。加工质量分析如表 2-9 所示。

表 2-9　平面和连接面的铣削质量分析

质 量 问 题		产 生 原 因	预 防 措 施
工件尺寸超差		1. 刻度盘格数计算错误或没有考虑手柄与刻度盘的反向间隙。 2. 测量不准，铣削深度调整有误差。 3. 铣削时工件有松动现象。	1. 操作应细心，注意机床间隙。 2. 测量姿势应正确。 3. 工件应装夹牢靠。
形位公差超差	平面度超差	1. 周铣时，铣刀圆柱度有误差。 2. 端铣时，铣床主轴与进给方向不垂直。 3. 铣削薄而长的工件时，工件产生变形。	1. 检查铣刀的圆柱度。 2. 校正铣床主轴与进给方向垂直。 3. 铣削薄而长的工件时，采用长形垫块夹住工件，防止工件变形。
	垂直度超差	1. 平口钳钳口与工作台面不垂直。 2. 基准面在装夹时与固定钳口未贴合。 3. 基准面选择不正确，装夹时产生误差。	1. 校正平口钳钳口与工作台面的垂直度。 2. 擦干净工件基准面与固定钳口的表面。 3. 应选择较大、较为平整的平面（或加工过的平面）作基准面。
	平行度超差	1. 平口钳钳导轨面与工作台面不平行。 2. 平行垫铁平行度差或工件基准面与平行垫铁未贴合。 3. 在铣削过程中工件松动。 4. 滑台间隙过大。	1. 检查平口钳钳导轨面与工作台面的平行度。 2. 检查平行垫铁平行度，保证工件基准面与平行垫铁贴合。 3. 正确安装工件，确保工件装夹牢靠。 4. 调整机床间隙，并注意精铣时采用同一方法铣削。
表面粗造度超差		1. 机床间隙调整不当引起切削振动。 2. 进给量过大，工件表面有啃刀痕迹。 3. 铣刀安装不牢靠引起切削振动。 4. 铣刀不锋利，切削液使用不当。	1. 合理调整机床各部分间隙。 2. 合理选择切削用量，并注意切削过程中走刀不得停顿。 3. 铣刀安装要牢固。 4. 保持铣刀的锋利，合理选用切削液并充分浇注。

思考与练习题 12

1．用端铣刀和圆柱铣刀铣平面有什么区别？哪种效率高？

2．如何区分顺铣与逆铣？铣削中通常选用哪种铣削方式？

3．铣刀的主偏角、副偏角大小对切削各有什么影响？

4．铣刀的刃倾角有什么作用？如何选择？

5．粗铣、精铣时，切削用量的选择原则是什么？

6．有两把端铣刀，齿数分别为 2 和 6，铣削时，进给量 f 不变，两把铣刀的切削情况有什么不同？

7．铣削六面体时，如何保证各平面的平行度与垂直度？

8．开展如图 2.2.36 所示六面体的铣削练习。

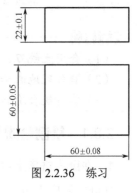

图 2.2.36　练习

任务 2.3　折弯模的铣削工艺与加工

任务描述

折弯模零件在模具制造中主要用于铁片的折弯、变形。根据形状可成直角、斜面、圆弧、曲面。一般普通机床加工的多是形状偏于简单的直角、斜面的零件；而对于较为复杂的圆弧、曲面的零件则用数控机床加工，这里不作介绍。作为模具其尺寸精度、表面粗糙度和形位公差及形状都要求较高。

本任务以图 2.3.1 所示工件的加工为实例，了解在立式铣床、卧式铣床上加工台阶和直角沟槽的配合铣削的方法。

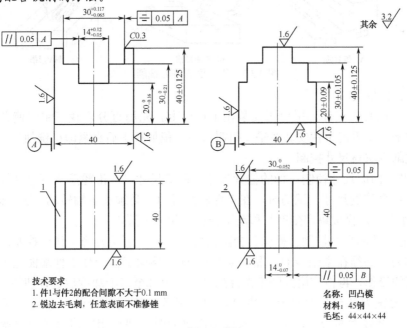

1—凹模；2—凸模

图 2.3.1

完成本任务要掌握的知识有：立铣刀、三面刃铣刀的安装；圆周铣时的铣削方式；平口钳的校正；万能铣床工作台的零位校正；铣削时的工艺知识；质量分析等。

技能目标

（1）会用立铣刀、盘形铣刀加工阶台和直角沟槽。

（2）能合理地选择立铣刀、盘形铣刀铣台阶和直角沟槽时的切削用量。

（3）能对铣台阶和直角沟槽的质量分析。

2.3.1 铣削台阶与沟槽工艺准备

1．在卧式铣床上铣削台阶与沟槽

在卧式铣床上用三面刃铣刀，可以完成台阶、沟槽的铣削。如图 2.3.2 所示，图（a）是用三面刃铣刀铣削台阶面，图（b）是用三面刃铣刀铣削直角沟槽，图（c）是用双角铣刀铣削 V 形槽。

1）用三面刃铣刀铣削的方法

（1）三面刃铣刀的安装

三面刃铣刀的刀杆安装在主轴锥孔与挂架上，通过隔套与挂架调整三面刃铣刀的位置，固紧挂架即可。

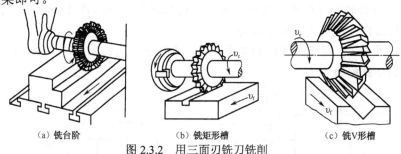

（a）铣台阶　　　　　　　（b）铣矩形槽　　　　　　（c）铣V形槽

图 2.3.2　用三面刃铣刀铣削

（2）工件的安装

采用平口钳装夹工件，平口钳安装在工作台上。先用百分表找正钳口使之与工作台横向移动方向平行，再把工件安装在平口钳钳口中，稍加找正后夹紧即可铣削。

（3）铣削方法与尺寸控制

① 宽度方向的尺寸控制：槽的位置尺寸、槽宽尺寸、凸沿轮廓宽度尺寸等，可用纵向手轮移动工作台控制尺寸。试切时，在工件侧面碰刀（必须在主轴转动情况下碰刀），提刀（即降下工作台）后再按纵向刻度盘移动工作台至相应位置。

② 深度方法的尺寸控制：槽深、台阶深度等尺寸，可用升降工作台控制。试切时，在工件上面碰刀（必须在主轴转动情况下碰刀），横向移动工作台使工件端面完全退出刀具直径在水平面的投影，再按使用升降工作台刻度盘，上升至切削深度后进行切削。

用三面刃铣刀铣台阶时容易产生"让刀"现象，铣出的台阶不容易保证垂直度的要求。尤其铣宽度较大的台阶，需要二次或多次进刀时，要选用宽度大于台阶宽度的铣刀，采用分层铣削的方法，先铣削宽度尺寸（台阶侧面留少量精铣余量），然后用分层铣削的方法多次铣削到深度，再精铣台阶侧面至刻度尺寸，才能保证台阶的垂直度。

2）采用组合铣刀铣削的方法

在卧式铣床上铣削多件和成批量的台阶工件时，一般采用组合铣刀铣削的方法，可提高生产效率，便于控制整批零件的尺寸。

组合铣刀铣削法是两把或多把铣刀装在一起同时对工件进行铣削的方法，如图 2.3.3 所示。两把铣刀之间用隔套隔开，靠调整隔套的厚度来控制所铣削台阶的厚度。

用组合铣刀铣削时，由于几个刀面同时切削，切削力较大，加上刀杆长、刚性差，容易产生振动，切削余量不宜过大，而且加工时要充分浇注切削液，刀具磨损要及时换刀。

2. 在立式铣床上铣削沟槽与台阶

在立式铣床上铣削沟槽、台阶，可以用立铣刀进行铣削加工，如图 2.3.4（a）所示。当铣削的台阶较大时，可用端铣刀加工，如图 2.3.4（b）所示。

如图 2.3.1 所示的零件，主要由几个相互垂直和平行的平面组成，这些平面除了具有较好的平面度和较小的表面粗糙度值以外，由于台阶通常要与沟槽相配合，所以必须具有较高的尺寸精度和位置精度。其中构成台阶的两个连接平面，可通过混合铣削的方法来完成加工，在立式铣床上可用端铣刀、立铣刀进行铣削。

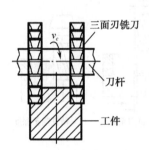

图 2.3.3 组合铣刀铣削

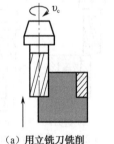
（a）用立铣刀铣削

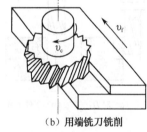
（b）用端铣刀铣削

图 2.3.4 台阶面的铣削

1）铣床主轴"对零"

在立式铣床上铣削沟槽、台阶时，必须使主轴"对零"位，即找正机床主轴的轴线与工作台水平基准面垂直。

用万能铣床、三面刃铣刀加工台阶、直角沟槽时，应校正工作台的"零位"对准；不然铣出槽的形状侧面是圆弧，而且槽的尺寸为上宽下窄，造成台阶、直角沟槽的尺寸和形状误差。方法：采用试铣削调整的方法，和主轴垂直度调整的方法一样。

2）工件安装

工件安装前，先用高度尺在工件表面上划线，确定工件最终尺寸和形状的轮廓，作为切削参考用，如图 2.3.5（a）所示。装夹工件时，先将平口钳的固定钳口

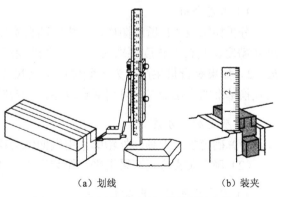

（a）划线   （b）装夹

图 2.3.5 铣削台阶面时工件的划线与装夹

校正使之与工作台纵向进给方向平行；把平口钳导轨和钳口擦拭干净，在平口钳导轨上垫一块宽度小于 40 mm（工件宽度）的平行垫铁，使工件定位后高出钳口 21 mm 左右，以免钳口被铣伤。工件按图 2.3.5（b）图示安装。装夹时可在两侧的钳口铁上垫铜皮，以防夹伤工件两侧面应使工件的侧面（基准面）靠向固定钳口面。

3）用立铣刀铣削的方法

（1）对刀与进刀方法

对刀试切削按图 2.3.6（a）、（b）所示，进刀按图（c）所示，由铣床刻度盘控制铣削宽度和深度，如图（d）所示，留精铣余量。

（2）铣削方法

用立铣刀在立式铣床上加工时由于立铣刀的刚性较差，铣削时铣刀容易向不受力的一侧偏让而产生"让刀"现象，甚至造成铣刀折断。为此，一般分粗铣和精铣完成加工。先将台阶的宽度和深度精铣至如图 2.3.6（e）所示尺寸，Δ 表示精铣余量，一般为 0.5 mm。由于该两面台阶相互对称，粗铣完两侧面，再精铣至尺寸要求。为了保证质量和加工效率，可选用直径较大的立铣刀铣台阶，留余量，最后精铣各表面，如图 2.3.6（f）所示。

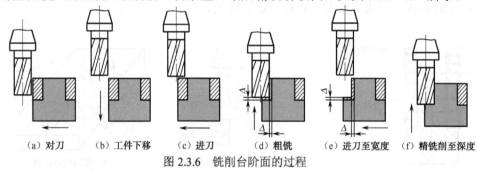

| (a) 对刀 | (b) 工件下移 | (c) 进刀 | (d) 粗铣 | (e) 进刀至宽度 | (f) 精铣削至深度 |

图 2.3.6　铣削台阶面的过程

2.3.2　折弯模的铣削加工

1．用立式铣床加工

在立式铣床上完成图 2.3.1 所示零件的铣削加工任务，步骤如下。

1）工艺分析

分析如图 2.3.1 所示图样，凸模的凸台宽度尺寸精度、槽对称度要求较高；凹模的槽宽尺寸精度、凸台对称度要求较高。工件外轮廓的表面粗糙度要求都为 Ra1.6，其余表面为 Ra3.2。如果是批量生产，为了既保证宽度尺寸又保证对称度要求，同时保证粗糙度，可采用互换基准的方法加工，可用两台设备，一台粗加工，一台精加工。

2）确定加工方案

（1）确定加工刀具：外轮廓采用端面铣刀铣削，沟槽用立铣刀铣削。

（2）确定装夹方式：采用平口钳装夹工件加工。

3）刀具及铣削用量选择

（1）刀具规格选择：选用 ϕ80 mm 硬质合金端铣刀铣削外轮廓，用 ϕ16 mm 高速钢立式铣刀铣削沟槽。

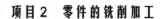
（2）切削用量的确定。$\phi 80$mm 硬质合金端铣刀铣削用量选择：v_c=60～150 m/min，f_z=0.2～0.35 mm/z，粗铣取转速 n=400（r/min），取 v_f=160 mm/min。精铣取转速 n= 600（r/min），取 v_f=100 mm/min。

$\phi 16$ mm 三刃高速钢立式铣刀铣削用量选择：根据工件材料为中碳钢时转速为中等偏低，一般参考 v_c=21～40 mm/min，取 v_c=30 m/min；进给量 f_z=0.05～0.2 mm/z。粗铣取 f_z=0.05 mm/z，v_f 按（2-2）、（2-3）式计算：

$$n = \frac{1\,000 v_c}{\pi d} = \frac{1\,000 \times 30}{3.14 \times 16} = 597 \text{（r/min），取 } n=600 \text{（r/min）}$$

$$v_f = fn = f_z zn = 0.05 \times 3 \times 600 = 90 \text{ mm/min}$$

精铣取转速 n=400（r/min），取 v_f=60 mm/min。

（3）安全与操作注意事项：

① 铣刀的受力方向应朝向固定钳口。

② 对刀应开机进行。

③ 刚开始切削时，应手动慢进给，铣出一小段圆弧后，再机动进给。

④ 严禁采用顺铣加工零件。

⑤ 刀具未停止转动不得进行测量工件。

⑥ 控制尺寸时，应消除机床间隙。

4）加工准备工作

工具：活动扳手、呆扳手。

量具：直角尺、游标卡尺、千分尺。

刀具：端铣刀、三面刃铣刀。

夹具：机用平口钳、平行垫铁。

材料：45×45×45（mm）。

5）加工操作步骤

（1）检查毛坯料。

（2）安装平口钳，并找正平口钳固定钳口与纵向方向平行，调整主轴的垂直度。

（3）安装端铣刀，调整铣削用量。

（4）铣凸模全部尺寸至要求。

（5）铣凹模外形至尺寸要求，并划线、打上样冲眼。

（6）安装立铣刀，调整铣削用量。

（7）装夹凹模找正工件。

（8）铣台阶槽至尺寸要求。

（9）去毛刺，检查各项要求。

6）检查与质量分析

（1）检查加工质量及运行情况，检查设备、量具精度与维护情况。

（2）按零件加工质量及过程，对照表 2-10 进行评价。

（3）对加工质量问题产生原因与预防措施进行分析，见表 2-11。

表 2-10　质量检测评价

零件编号：		学生姓名：		成绩：	
序号	项目内容及要求	占分	记分标准	检查结果	得分
1	配合间隙≤0.1 mm	12	超差不得分		
2	凹件 40、40	4	一处超差扣 1 分		
3	40±0.125	4	超差不得分		
4	$30^{+0.117}_{-0.065}$	8	超差 0.01 扣 2 分		
5	$30^{0}_{-0.21}$	3	超差不得分		
6	$14^{+0.12}_{-0.05}$	8	超差 0.01 扣 2 分		
7	$20^{0}_{-0.16}$	4	超差不得分		
8	对称度	8	超 0.01 扣 2 分		
9	Ra1.6 四处	4	Ra 一处大一级扣 1 分		
10	凸件 40、40	4	超差不得分		
11	40±0.125	4	超差不得分		
12	$30^{0}_{-0.052}$	8	超差 0.01 扣 2 分		
13	20±0.09	4	超差不得分		
14	$14^{0}_{-0.07}$	4	超差不得分		
15	30±0.105	3	超差 0.01 扣 2 分		
16	对称度	8	超 0.01 扣 2 分		
17	Ra 1.6 六处	5	Ra 一处大一级扣 1 分		
18	安全文明生产	15	违章倒扣 10～15 分		

表 2-11　加工质量问题产生原因与预防措施

质 量 问 题	产 生 原 因	预 防 措 施
槽的侧面与工件基准不平行	平口钳没有校正好	严格校正好平口钳。
槽两端尺寸不一样	1. 机床"零位"不准 2. 控制尺寸错误	1. 校正好万能铣床工作台的"零位"对准。 2. 操作时及时测量，严格控制进刀量。
槽宽尺寸不合格	1. 铣刀偏摆过大。 2. 吃刀量与进给量过大，或刀具磨损，使刀具产生位移。 3. 铣削时振动过大。	1. 检查钻夹头的回转是否稳定，若跳动过大必须更换。 2. 直径较小的铣刀，切削量、进给量要小些，并充分浇注切削液。 3. 调整机床间隙、防止振动。

2．用卧式铣床加工

在卧式铣床上完成图 2.3.1 所示零件的铣削加工任务，步骤如下。

1）选择刀具与切削用量

（1）凹模外轮廓、凸模全部表面采用端铣刀铣削，在卧式铣床上进行加工。

（2）选择高速钢三面刃铣刀在卧式铣床上铣削沟槽，三面刃铣刀的宽度小于沟槽的宽度。铣削时，为了使工件的上平面能够在铣刀刀轴下通过，铣刀的直径 $D>d+2t$，即：铣刀

直径 D 大于刀轴垫圈直径 d 加上两倍的沟槽深度 t。若刀轴垫圈直径为 $\phi 45$ mm，工件槽深 20 mm，则取铣刀的直径应大于 $\phi 85$ mm。

（3）切削用量的选择：$\phi 85$ mm 高速钢三面刃铣刀，取 $v_c=25$ m/min 进给量 $f=0.12\sim$ 0.2 mm/r。粗铣取 $f_z=0.2$ mm/r，n 按（2-2）式计算：

$$n = \frac{1\,000v_c}{\pi d} = \frac{1\,000 \times 25}{3.14 \times 85} = 94\ (\text{r/min})，取\ n=100\ (\text{r/min})$$

精铣取转速 $n=80$（r/min），进给量 $f=0.12$ mm/r。

2）加工步骤

（1）工、量具准备。

刀具准备：端铣刀、三面刃铣刀。

夹具：机用平口钳、平行垫铁。

材料：45×45×45（mm）。

（2）机床校正：如果机床是万能铣床应校正工作台的"零位"。

（3）工件的安装和校正：采用平口钳装夹工件，安装平口钳时，应校正固定钳口与横向方向平行。槽底平面应高于平口钳的上表面。

（4）铣外形至尺寸要求、划线、打上样冲眼。

（5）选择安装三面刃铣刀，调整铣削用量。

（6）装夹找正工件。

（7）在卧式铣床上用三面刃铣刀根据划线对刀，铣直角沟槽至尺寸要求。

（8）去毛刺，检查各项要求。

3）检查评价

（1）检查加工质量及运行情况，按零件加工质量及过程对照表 2-10 进行评价。

（2）对加工质量问题产生原因和预防措施进行分析，见表 2-12。

表 2-12 加工质量分析

质 量 问 题	产 生 原 因	预 防 措 施
槽的侧面与工件的基准不平行	平口钳没有校正好	严格校正好平口钳。
槽两端尺寸不一样	垫铁不平行	检查垫铁的平行度合格后才使用。
槽宽尺寸不合格	控制尺寸错误或机床工作台"零位"不准。	操作细心，准确调整机床工作台"零位"对准。
表面粗糙度不合格	吃刀量过大，刀具磨损，铣削工件没有使用切削油	切削用量选择合理，刀具磨损应及时修磨和更换，充分浇注冷却液。

思考与练习题 13

1. 用三面刃铣刀和立铣刀铣凹凸面，各有什么特点？

2. 铣削前为什么要检查铣床及平口钳是否对准"零位"？

3. 怎样才能保证对刀操作较为准确？

4. 分别在卧式铣床和立式铣床上加工凹凸零件，零件图见图 2.3.7（a）、（b）所示。

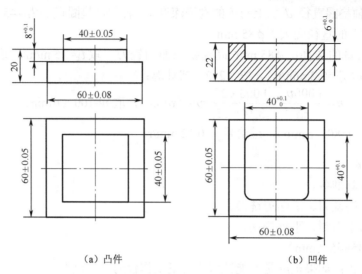

（a）凸件   （b）凹件

图 2.3.7　凹凸零件

任务 2.4　键槽的铣削工艺与加工

任务描述

　　铣床齿轮箱里的传动轴，通过轴上的键槽和键连接，实现轴和齿轮的扭矩传递。按照键的连接方式有平键连接、半圆键连接、花键连接等。平键键槽一般在立式铣床上加工，半圆键键槽、花键在卧式铣床上加工，本任务以台阶轴两端轴颈上的平键键槽加工作为训练载体，如图 2.4.1 所示。

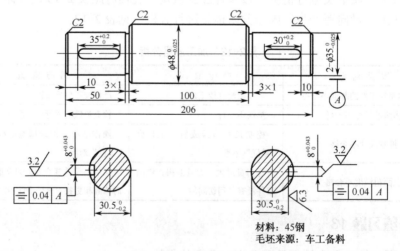

材料：45钢
毛坯来源：车工备料

图 2.4.1　台阶轴

　　键槽的精度要求主要在于：键槽的尺寸精度，键槽的两个侧面、底面与轴心线的平行度，键槽的两个侧面与轴心线的对称度，其他的要求不高。

　　完成本任务要掌握的知识有：轴类零件的装夹方法；铣轴上键槽的对刀方法。

技能目标

（1）掌握轴类零件的安装找正方法。

（2）掌握键槽铣刀的对刀方法，并在立式机床上加工键槽。

（3）能按图样尺寸完成键槽的铣削加工。

2.4.1 铣键槽的工艺准备

1. 键槽的种类

轴上用来安装平键的直角沟槽称为键槽，其两侧面的表面粗糙度值较小，都有极高的宽度尺寸精度要求和对称度要求。键槽有通槽、半通槽和封闭槽，如图 2.4.2 所示。通键槽大多用盘形铣刀铣削，封闭键槽多采用键槽铣刀铣削。而图 2.4.1 中所示轴的两端轴颈上分别带有一个封闭键槽，根据图示情况可在立式铣床上采用键槽铣刀在一次安装中完成铣削。

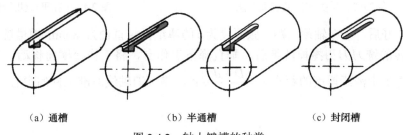

(a) 通槽　　　　　　　(b) 半通槽　　　　　　　(c) 封闭槽

图 2.4.2　轴上键槽的种类

2. 零件的装夹方法

轴类零件在铣床上安装，进行键槽铣削加工，要保证键槽的中心平面通过轴的轴线，并保证工件在加工中稳定可靠，即轴线位置不变，常用的装夹方法有：平口钳安装、分度头自动定心卡盘装夹加顶尖支顶，如工件细长，还需在中间加上辅助支承，如图 2.4.3 所示。安装时应采用百分表校正工件轴线与进给方向的平行度，才能保证键槽的平行度要求。

3. 铣轴上键槽的对中方法

1）按切痕对刀法

利用三面刃铣刀或立铣刀在工件上表面切深后，横向移动工作台就会在工件上表面铣出一个对称于本身工件轴心线的椭圆或方块切痕；只要移动横向工作台用肉眼判断使铣刀对准切痕，就可以实现对中。此方法对中性不高。

2）按划线对刀法

此方法和按切痕对刀法大致相当，先在工件表面上画出两条对称于工件本身轴心线的线段，然后移动横向工作台用肉眼判断使铣刀对准线段，就可以实现对中。此方法对中性不高。

3）工件安装与擦边对刀法

根据零件的结构特点，本任务零件在平口钳上安装较为方便。其方法是先安装平口钳，并将固定钳口校正成与工作台纵向进给方向一致。然后在平口钳的导轨上放置一宽度小于 40 mm 适当高度的平行垫铁，校正并装夹工件。装夹时应注意用铜锤或木榔头将工件与垫铁敲实如图 2.4.4 所示。为防止夹伤工件，夹紧时可在两钳口与工件间垫铜皮。

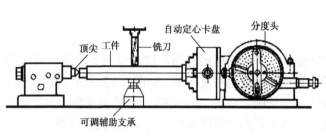

图 2.4.3　轴类零件的装夹方法

图 2.4.4　在平口钳上装夹工件

　　工件安装好后，先在轴颈上贴一张厚度为 δ 的薄纸。将直径为 8 mm 键槽铣刀逐渐靠向工件，当回转的铣刀刀刃擦掉薄纸后，垂直降下工作台，将工作台横向移动一个铣刀与轴颈半径之和再加上薄纸厚度的距离 $A = \dfrac{D+d}{2} + \delta$，将铣刀轴线对准工件的中心。如图 2.4.5 所示。

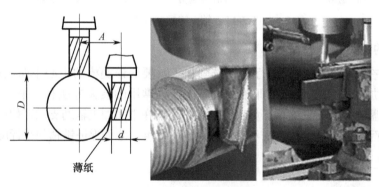

图 2.4.5　铣刀对中

　　4）百分表对刀法

　　用百分表对刀方法，找正方便准确，适合于在立式铣床上采用。调整时，将百分表固定在铣床主轴上，用手转动主轴，参照百分表的读数，可以准确地移动工作台，实现准确地对准中心。

4．键槽宽度尺寸的加工方法

　　1）分层铣削法

　　对好中心后，紧固横向工作台。采用分层铣削法进行铣削。即每次进刀时，铣削深度 a_p 约取 0.5～2.0 mm，手动进给由轴槽的一端铣向另一端。然后再吃深，重复铣削。铣削时应注意轴槽两端要各留长度方向的余量 0.2～0.5 mm。在逐次铣削达到轴槽深度后，最后铣去两端的余量，使其符合长度要求，如图 2.4.6 所示。铣好一端轴颈的键槽后，降下工作台

纵向移动将铣刀调整到另一端轴颈的铣削位置。用同样方法铣出另一键槽。检测合格后，卸下工件。

2）定尺寸刀具法

对于较宽的键槽，为了提高加工精度也可采用扩刀法铣削。即用直径比槽宽尺寸略小的铣刀先粗铣一刀，槽深留余量 0.1～0.3 mm；槽长两端各留 0.2～0.5 mm。再用符合轴槽宽度尺寸的键槽铣刀进行精铣。

键槽的宽度可用卡尺测量或用塞规、塞块来检验。键槽深度的检测可用千分尺直接测量。当槽宽较窄，千分尺无法直接测量时，可用量块配合游标卡尺或卡千分尺间接测量槽深，如图 2.4.7 所示。

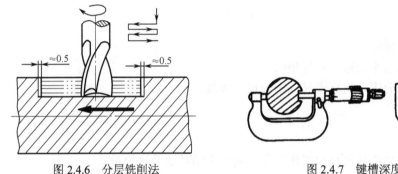

图 2.4.6　分层铣削法　　　　　图 2.4.7　键槽深度的测量

2.4.2　轴上键槽的铣削加工

1．工艺分析

图样分析：由图 2.4.1 所示，轴零件所有外圆表面已由车工完成了车削加工，铣工铣削两端 8 mm 宽的键槽。除键槽的宽度、深度、长度有公差要求外，键槽对轴线的对称度误差≤0.04 mm，键槽侧面表面粗糙度值 Ra≤3.2，精度要求较高，可采用定尺寸刀具法，但是必须试铣合格后才加工图示零件。为了保证对称度，对批量加工，可采用一顶一夹安装方法（一端用分度头卡盘夹住，一端用顶尖支顶），单件加工，可用平口钳安装找正后铣削的方法。

2．设备、刀具及量具的选择

1）设备选用

采用在立式铣床上用 ϕ8h7 的键槽铣刀铣削键槽。

2）装夹方式的确定

任务训练为单件加工，所以采用平口钳安装的方法加工。

3）选用刀具

选择 ϕ8 高速钢键槽铣刀加工键槽。

4）量具选用

用百分表找正工件，用千分尺测量槽的尺寸 30.5，用游标卡尺测量键槽长度，用极限

塞规检查槽宽。

3．加工方案确定

在立式铣床上按图 2.4.4 所示方法，在平口钳上装夹工件，找正工件上素线、侧素线与工作台移动方向平行，$\phi 8$ 高速钢键槽铣刀铣削键槽，控制键槽长度、宽度与深度。一次装夹完成两个键槽的铣削。

4．切削用量的选择

$\phi 8$ 键槽铣刀为高速钢，工件材料为中碳钢。选择铣床转速为 600～800 r/min；进给量 0.05～0.1 mm/r。

5．实施加工

1）准备工作

（1）刀具准备：键槽铣刀。

（2）工具准备：机用平口钳、平行垫铁。

（3）量具准备：百分表、游标卡尺、千分尺、塞规。

2）操作步骤

（1）检查坯料。

（2）校正立铣头的轴心线垂直与工作台面，调整主轴转数及进给量。

（3）安装、找正平口钳固定钳口面与纵向进给方向平行。

（4）装夹、找正工件上素线与工作台面平行。

（5）对刀（按侧面贴纸擦边对刀法对刀），粗铣键槽到接近图样要求尺寸，留精铣余量。检查位置精度是否符合要求并加以校正。

（6）精铣至尺寸要求。

（7）去毛刺，检查各项要求。

3）操作注意事项

（1）安装铣刀夹头时，锥柄与主轴锥孔必须擦干净。

（2）第一次练习铣键槽应采用手动进给。

（3）测量时一定要停机。

（4）注意铣削时的铣刀，以防出现偏让。

（5）铣削时应充分浇注冷却液。

（6）铣刀磨损必须重磨或更换新刀。

6．检查

（1）零件加工质量检查：检查键槽尺寸精度、位置精度、表面粗糙度。

（2）加工完毕，对设备情况、工具量具检查，做好维护保养。

7．质量分析

（1）按加工质量对照表 2-13 进行评分。

表 2-13　质量检测评价

零件编号：		学生姓名：		成绩：	
序号	项目内容及要求	占分	记分标准	检查结果	得分
1	10 二处	10	超差不得分		
2	$30^{+0.2}_{0}$	12	超差不得分		
3	$35^{+0.2}_{0}$	12	超差不得分		
4	$30.5^{0}_{-0.2}$ 二处	26	超差不得分		
5	对称度 0.04 二处	30	超差 0.01 扣 5 分		
6	安全文明生产： （1）无违章操作情况； （2）无撞刀及其他事故； （3）按要求保养设备	10	按要求操作记 10 分。违章操作、出现撞刀或设备事故者，扣完 10 分，严重者倒扣 10～20 分。		

（2）对加工工艺过程、操作规范性进行评价。

（3）对零件产生质量问题的原因及预防措施进行分析，见表 2-14。

表 2-14　键槽质量分析

质量问题	产生原因	预防措施
键槽宽度尺寸超差	1. 铣刀直径未选对； 2. 主轴圆跳动过大； 3. 铣刀磨损	1. 加工前仔细检查铣刀直径，最好试铣确定铣刀直径； 2. 检查主轴圆跳动； 3. 检查刀具是否磨损，进行试切削检查
槽深超差	铣削层深度调整有误差	1. 工件夹紧要牢靠； 2. 测量前毛刺要刮掉； 3. 测量方法及姿势要正确
槽侧偏斜	固定钳口与进给方向不平行	校正固定钳口与进给方向平行
槽底与轴线不平行	1. 工件圆柱表面上素线与工作台面不平行； 2. 垫铁不平行； 3. 工件未夹紧，铣削时工件拉起	1. 校正工件圆柱表面上素线与工作台面平行； 2. 检查垫铁的平行度； 3. 检查工件夹紧可靠性
键槽对称度超差	1. 对刀不准确； 2. 铣削时产生让刀； 3. 横向工作台未紧固	1. 铣刀轴心线应严格对准工件中心； 2. 注意消除横向工作台的间隙、进给量不能过大； 3. 锁紧横向工作台
表面粗造度超差	1. 进给量选择过大； 2. 刀具磨损； 3. 机床间隙过大	1. 合理选择切削用量； 2. 刀具磨损后应及时修磨或更换新刀； 3. 加工前调整机床各部分间隙

思考与练习题 14

1. 铣削键槽时，如何保证键槽对零件轴线的对称度？

2. 铣削键槽时，如果侧面产生波纹或表面粗糙度值过大，其主要原因有哪些？可以采取什么措施来解决？

3．用 $\phi5$ 的键槽铣刀进行通槽、半通槽和封闭槽等键槽铣削练习。

4．完成图 1.3.1 传动轴的键槽铣削加工（毛坯来源：车工训练任务 1.3，所有外圆表面已加工成型）。

任务 2.5　六方体的铣削工艺与加工

任务描述

具有六方体的机械零件在机器制造业中应用非常广泛，这些零件的六方体部分可由铣削加工来完成。本任务以图 2.5.1 所示六角头螺栓端部的六方体为例，介绍在立式铣床上采用万能分度头及结合立铣刀进行铣削的方法。当工件加工数量较多时，则采用组合铣刀铣削。当工件加工表面较宽时，则采用圆柱铣刀铣削。

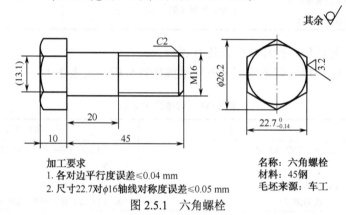

加工要求
1. 各对边平行度误差≤0.04 mm
2. 尺寸22.7对 $\phi16$ 轴线对称度误差≤0.05 mm

名称：六角螺栓
材料：45钢
毛坯来源：车工

图 2.5.1　六角螺栓

完成本任务要掌握的知识有：六角螺栓的加工工艺知识；万能分度头的使用方法等。

技能目标

（1）能正确选择加工正六方体的刀具和选择切削用量。

（2）能编制铣削正六方体的加工工艺步骤。

（3）能正确计算和使用分度头。

（4）掌握组合铣刀铣六方体、单刀（圆柱铣刀）铣六方体的方法。

（5）掌握正六方体的检测方法。

（6）会对正六方体进行质量分析。

2.5.1　铣削多边形表面工艺准备

1．万能分度头的构造及分度

万能分度头规格通常用夹持工件的最大直径表示，常用的规格有：160 mm、200 mm、250 mm、320 mm 等，分度头的中心高度是最大夹持直径的 1/2。中心高度是用分度头划线、校正时常用的一个重要依据。其中 FW250 型分度头是铣床上应用最普遍的一种万能分度头。通常万能分度头还配有三爪卡盘、尾座、顶尖、拨盘、鸡心夹、挂轮轴、挂轮架及配换齿轮等附件，如图 2.5.2 所示。

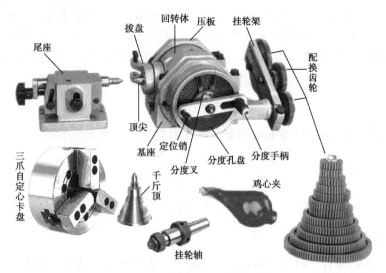

图 2.5.2　FW250 型分度头及附件

生产中，万能分度头最常见的分度方法是简单分度法。在万能分度头进行简单分度时，先将分度孔盘固定，转动分度手柄使蜗杆带动蜗轮转动，从而带动主轴和工件转过一定的转（度）数。通过分度叉的计数作用，很容易使分度手柄相对分度盘转过相应的孔圈数，分度时应将分度叉 1 和 2 之间调整成需要转过的孔距数（比需要转过的孔数多一个孔），以免分度时摇错手柄，见图 2.5.3（b）。FW250 型分度头的分度盘孔圈数见表 2-15。

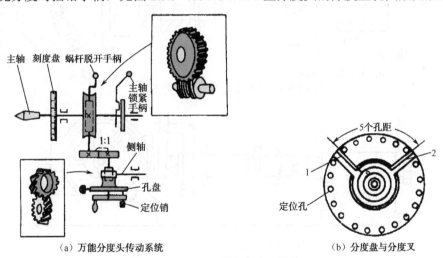

（a）万能分度头传动系统　　　　　　　　　　（b）分度盘与分度叉

图 2.5.3　FW250 型分度头及附件

表 2-15　FW250 型分度盘孔圈孔数及配换齿轮

分度头形式	分度盘孔圈孔数及配换齿轮齿数	
带一块分度盘	正面：24、25、28、30、34、37、38、39、41、42、43	
	反面：46、47、49、51、53、54、57、58、59、62、66	
带两块分度盘	第一块	正面：24、25、28、30、34、37；反面：38、39、41、42、43
	第二块	正面：46、47、49、51、53、54；反面：57、58、59、62、66

由图 2.5.3 所示的万能分度头传动系统可知，分度手柄转过 40 r，分度头的主轴转过 1 r，即传动比为 40 : 1，40 是分度头的定数。各种常用分度头（FK 型数控分度头除外）都采用这一定数。由此可知，简单分度时分度手柄的转数 n 与工件等分数 z 之间的关系如下：

$$n = \frac{40}{z} \ (r) \tag{2-4}$$

若改为角度分度，则分度手柄的转数 n 与工件转过角度 θ 间的关系为：

$$n = \frac{\theta^\circ}{9^\circ} \tag{2-5}$$

或

$$n = \frac{\theta'}{540'} \tag{2-6}$$

2. 分度头装夹工件的方法

据零件的形状不同，零件在分度头上的装夹方法也不同。其方法有多种方式：用自定心三爪卡盘装夹工件如图 2.5.4 所示，用两顶一夹法装夹工件如图 2.5.5 所示，用一夹一顶法装夹工件如图 2.5.6 所示，用心轴装夹工件如图 2.5.7 所示等。

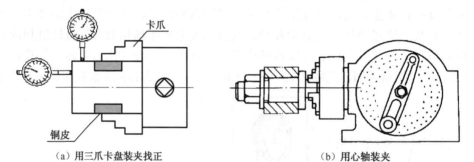

（a）用三爪卡盘装夹找正　　　　　　　　（b）用心轴装夹

图 2.5.4　三爪卡盘及心轴装夹工件

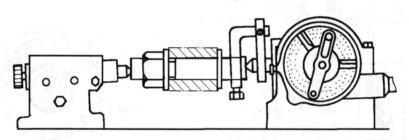

图 2.5.5　两顶一夹法装夹工件

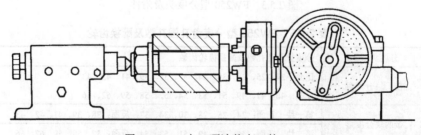

图 2.5.6　一夹一顶法装夹工件

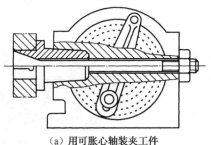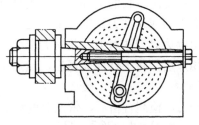

（a）用可胀心轴装夹工件　　　　　　　（b）用锥度心轴装夹工件

图2.5.7　工件在分度头上装夹

实例2-3　用FW250型分度头装夹后铣削16个等分齿的离合器，试求每铣完一齿，分度头手柄应转的孔圈数。

解　以z=16代入式（2-4）得：

$$n = \frac{40}{z} = \frac{40}{16} = 2\frac{1}{2} = 2\frac{33}{66} \text{（r）}$$

每铣削完一齿后，分度头手柄应在66孔圈上转过2圈又33个孔距。

实例2-4　在某圆柱形工件圆周上要铣削两条直槽，两槽所夹圆心角θ=32°，求铣好一槽后再铣另一槽时，分度头手柄应转过的孔圈数。

解　将θ=32°代入式（2-5）得：

$$n = \frac{\theta}{9} = \frac{32}{9} = 3\frac{5}{9} = 3\frac{30}{54} \text{（r）}$$

铣削完一条槽后，分度头手柄应在54孔圈上转过3圈又30个孔距。

3．铣削方式

由于正多边形工件的各边都是沿其内（外）切圆的圆周均布的，所以对其每边的铣削，实际上只是在一个圆柱体表面铣削一个平面，但这些平面的铣削沿圆周等分均布，具有重复性。所以一般将工件在万能分度头上安装、校正后，通过简单分度进行铣削。

在铣削图2.5.1中所示的六方头这类短小的多边形工件时，一般在立铣床上采用分度头上的三爪自定心卡盘水平装夹，用三面刃铣刀或立铣刀铣削，如图2.5.8所示。对工件的螺纹部分，要采用衬套或垫铜皮，以防夹伤螺纹。露出卡盘部分应尽量短些，防止铣削中工件松动。本任务现采用图2.5.8（a）所示的方法进行铣削。选择立铣刀长度应考虑卡盘能在立铣头下通过而不妨碍铣削，铣刀直径应大于螺钉头的厚度。

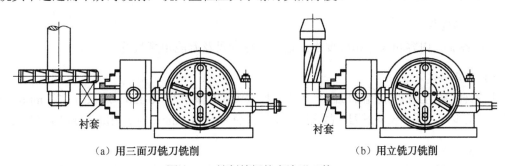

（a）用三面刃铣刀铣削　　　　　　　（b）用立铣刀铣削

图2.5.8　铣削较短的多边形工件

另外，在铣削较长的工件时，可用分度头配以尾座装夹，用立铣刀或端铣刀铣削，如图 2.5.9 所示。铣削时，一般用擦边对刀法对刀，将铣刀端面与工件外圆上素线轻轻相擦后，将工件横向退出，然后工作台上升一个距离：

试铣一刀，检测合格后，依次分度铣削其他各边。

$$e=\frac{D-d}{2}=\frac{26.2-22.7}{2}=1.75 \text{ mm}$$

图 2.5.9　分度头加尾座装夹

由简单分度公式得：$n=\dfrac{40}{z}=\dfrac{40}{6}=6\dfrac{2}{3}=6\dfrac{44}{66}$，即每

铣削完一边，将分度头手柄在 66 孔圈上转过 6 圈又 44 孔距（两分度叉间为 45 孔），再铣削下一侧面。分度和铣削时应分别注意松开和锁紧分度头的主轴。

六面全部铣好后，停车、退出工作台，再卸下工件，最后修锉去尖边、毛刺。

2.5.2　正六方体的铣削加工

1. 零件分析

应用普通立式铣床加工六角头螺栓中的六方端头，如图 2.5.1 是 M16 六角螺栓，工件材料为 45 钢。生产规模：单件。

由任务训练图可知，零件平行六边形对应边距离为 $22.7_{-0.14}^{0}$ mm，共 3 处，表面粗糙度值 $Ra \leqslant 3.2\ \mu\text{m}$，通过铣削可以获得尺寸精度。各对边平行度影响到与扳手啮合是否可靠，因此，要求平行度误差 $\leqslant 0.04$ mm。为了保证加工质量，满足零件的技术要求。必须采取合理的工艺措施与加工方法。

2. 工艺确定

1）机床选择

该类型等边工件一般在卧式铣床或立式铣床上加工，这里采用 X62W 型铣床完成加工。

2）夹具选择

该零件螺栓螺纹圆柱部分与六方体同心，而上道工序为车削，故可选用万能分度头三爪卡盘安装，分度头采用简单分度方式。

3）量具选择

根据各加工内容和尺寸精度要求，选用游标卡尺及万能角度尺等。

4）刀具确定

本次铣削采用立铣刀底端面加工，由于螺栓端头六方体宽为 10 mm、边长为 13.1 mm，为减小铣削受力变形，采用轴向进刀。故选用立铣刀直径大于 13.1 mm。可选用 $\phi14$ 或 $\phi16$ 立铣刀。

5）装夹方式确定

工件的安装如图 2.5.8（a）所示，用三爪卡盘装夹工件，夹 $\phi16$ 外圆。为了不使工件的螺纹及外圆被夹伤，应在工件螺纹跟部 $\phi 16$ 外圆套上一只开缝的铜衬套。工件被切削部分应高出卡爪 5～10 mm。

3．加工步骤

1）工、量具准备

分度头、游标卡尺、千分尺、高度游标卡尺、百分表、磁性表座。

2）安装分度头、安装刀具

3）工件安装

用分度头三爪卡盘夹 $\phi 16 \times 20$ 外圆（用开缝的铜衬套夹住），伸出 17 mm（包括 $\phi 26.2 \times 10$ 长度），找正夹紧。

4）试切加工

开动机床使铣刀旋转，移动纵向工件台，使铣刀微微接触工件，然后退出工件，将工作台上升一个铣削深度 $e < (26.2-22.7)/2 = 1.75$ mm，然后开始加工，当铣好一个面以后，退出工件。将分度头主轴转 180 度，铣削第二刀，然后用游标卡尺测量工件的对边实际尺寸，再将工作台上升一个铣削深度 $e = (26.2-测量出的实际尺寸)/2 = $ 工作台的上升量；再次测量如符合图样要求则可正式开始加工。以后每次分度，手柄转数 $n = 40/6$ 转，即在 66 孔圈内摇 6 转零 44 个孔距（分度叉之间包括 45 个孔），用同样的方法依次切削其他各面。

5）铣削完毕，去毛刺，检查性线尺寸及角度尺寸

4．检查

（1）检查六角头尺寸是否正确。
（2）加工完毕，检查设备，工具归位。

5．加工质量评价与分析

（1）根据零件加工质量检查结果，对照表 2-16 逐一进行评分。
（2）对加工步骤和操作过程的合理性进行检查分析。

表 2-16　质量检测评价表

零件编号：		学生姓名：		成绩：	
序号	项目内容及要求	占分	记分标准	检查结果	得分
1	$3 \times 22.7_{-0.14}^{0}$	3×10	每边超差 0.01 扣 5 分		
2	3 对边平行度 0.04	3×10	超差 0.01 扣 4 分		
3	$Ra3.2\,\mu m$（六处）	6	Ra 大一级扣 2 分		
4	对称度 0.05	3×6	超差 0.005 扣 5 分		
5	去毛刺	6	不合格不得分		
6	安全文明生产： （1）无违章操作情况； （2）无撞刀及其他事故； （3）机床维护与环保	10	违章操作、出现撞刀或设备事故者，不得分； 机床不按要求维护保养倒扣 5～10 分		

（3）根据加工质量检查结果，分析产生问题的原因与预防措施。加工质量分析如表 2-17 所示。

表 2-17　出现质量问题的原因与预防措施

质 量 问 题	产 生 原 因	预 防 措 施
各对边距离超差	切削前没有认真试刀	采用试切确定对边尺寸
位置不正确	工件与分度头轴心线不一致	严格校正工件与分度头轴心线一致
各面间的相互位置不正确	1. 分度计算或调整有错误； 2. 铣削时工件装夹不牢而松动	1. 分度计算和调整必须认真细致； 2. 工件装夹应牢靠
表面粗糙度不够	1. 铣刀变钝或磨损进给量太大； 2. 工件装夹不牢固； 3. 铣刀心轴摆动、铣刀振动； 4. 冷却不够； 5. 在工件没有离开铣刀的情况下退回	1. 应当选用锋利的铣刀，重新刃磨铣刀； 2. 工件装夹应牢靠； 3. 选用适宜的铣削用量，减小每齿进给量； 4. 充分浇注冷却润滑液； 5. 工作台回程前应当降低高度

思考与练习题 15

1．在铣床中，除用分度头对正多边形零件分度外，还有什么方法可以应用？

2．对多边形零件铣削时，对刀具类型的选择有什么要求？

3．在机床上应用分度头对正四方形零件进行分度练习，加工如图 2.5.10 所示的方头螺栓。

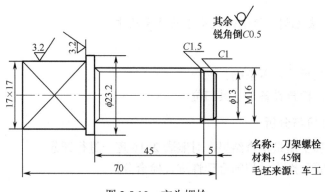

图 2.5.10　方头螺栓

任务 2.6　花键轴的铣削工艺与加工

任务描述

外花键是机械设备中广泛应用的零件。虽然在大量生产时外花键一般在专用设备上加工，但在单件修配及小批量生产时，通常会在卧式或立式铣床上利用分度头进行铣削加工。外花键属于典型的轴类零件，所以通过对外花键加工的技能训练，对进一步熟悉分度头的使用，掌握轴类零件的安装和加工特点有重要的意义。本任务完成如图 2.6.1 所示花键轴的加工，该零件为一个齿数为 6 的矩形齿花键轴。

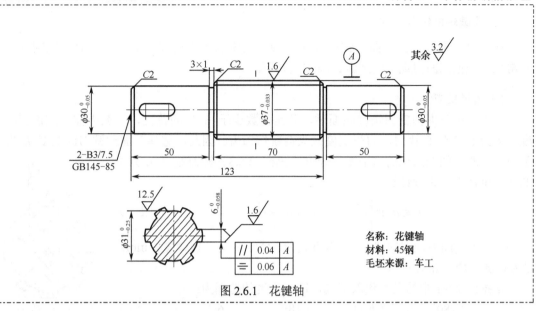

图 2.6.1 花键轴

（1）掌握矩形齿外花键的铣削加工方法。能熟悉使用分度头装夹工件并加工出符合要求的花键轴。

（2）能对外花键的尺寸精度进行检测。

2.6.1 铣花键的工艺准备

单件生产花键轴，通常在卧式铣床上采用三面刃铣刀和锯片铣刀进行加工。

1. 铣削矩形齿花键轴的要求

（1）注意控制花键的键宽 b、大径 D、小径 d 的尺寸，必须符合尺寸精度要求，否则影响与花键孔的配合。

（2）花键轴的各键齿应等分于工件圆周；各键齿的键面侧应平行且对称于工件轴线。

（3）各加工表面的表面粗糙度符合要求。

2. 工件的装夹与校正

花键的安装有一顶一夹和两顶一夹安装；为了保证以上要求，铣削花键前对工件进行的装夹找正过程非常重要。其方法是先校正好分度头及其尾座，然后采用"一夹一顶"方式装夹工件。先校正工件两端处的径向圆跳动，然后校正工件上素线与工作台面平行，并校正工件侧素线与工作台纵向进给方向平行，见图 2.6.2。

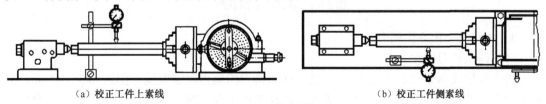

（a）校正工件上素线　　　　　　　　（b）校正工件侧素线

图 2.6.2 工件的校正

3．花键轴的铣削方法

铣削时主要分为键侧面的铣削和小径圆弧的铣削两步进行。单件加工时，铣削键侧面通常采用一把三面刃铣刀铣削。铣削方法如下。

1）选择铣刀

采用一把三面刃铣刀铣键侧面时，若是齿数少于 6 齿的花键，一般无需考虑铣刀的宽度。当齿数多于 6 齿时，刀齿宽度太大会铣伤邻齿。因此，选择三面刃铣刀的宽度 L 应小于小径上两齿间的弦长的水平投影长度，见图 2.6.3。铣刀宽度 L 尺寸的选择可按下式进行计算：

$$L \leqslant d \sin\left[\frac{180°}{z} - \arcsin\left(\frac{b}{d}\right)\right] \qquad (2\text{-}7)$$

式中，L 为三面刃铣刀的宽度；z 为花键键齿数；b 为花键键宽，mm；d 为花键小径，mm。

根据图 2.6.1 中的尺寸代入上式，铣刀宽度的选择为：

$$L \leqslant d \sin\left[\frac{180°}{z} - \arcsin\left(\frac{b}{d}\right)\right] = 31\sin\left(\frac{180°}{6} - \arcsin\frac{6}{31}\right) = 10.168 \text{ mm}$$

图 2.6.3

即应选用一把 80 mm×8 mm×27 mm 的三面刃铣刀。

2）在工件表面划线

单刀铣键侧面时，一般采用划线法对刀。先在工件表面涂色，将游标高度尺调至比工件中心高半个键宽，在工件圆周和端面上各划一条线；通过分度头将工件转过 180°，将游标高度尺移到工件的另一侧再各划一条线，检查两次所划线之间的宽度是否等于键宽，若划线宽度有误，应调整高度尺重划，直至宽度正确为止，见图 2.6.4。然后通过分度头将工件转过 90°，使划线部分外圆朝上，用游标高度尺在端面划出花键的深度线，即：$t = \frac{1}{2}(D-d) + 0.5 = \frac{1}{2}(37-31) + 0.5 = 3.5$ mm

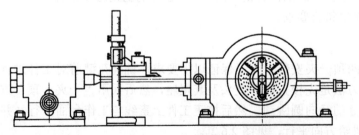
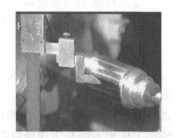

图 2.6.4　在工件表面划线

3）铣削同一侧各齿侧面

（1）调整铣刀位置

将工件划线部分向上转过 90°，使三面刃铣刀的侧刃距键宽线一侧约 0.3～0.5 mm 处粗略对刀。开动机床上升工作台，使铣刀轻轻接触工件，纵向退出工件，上升工作台调整

铣削宽度 t 进行试铣。再采用测量法来进一步精确调整铣削位置：用 90°角尺的尺座紧贴工作台面，尺苗侧面靠紧工件一侧。通过测量键侧面距尺苗的水平距离 S。在理论上，水平距离 S 与其大径 D 和键宽 b 的关系由图 2.6.5 可知：

$$S = \frac{1}{2}(D-b) = \frac{1}{2}(37-6) = 15.5 \text{ mm}$$

若实测尺寸与理论值不相符，则按差值重新调整横向工作台位置，再次试铣后重新测量，直至符合要求。

（2）依次铣削右侧各齿面

锁紧横向工作台，按图 2.6.6（a）中标出的 1、2、3、4、5、6 顺序，依次分度铣出各齿同一齿侧面至深度。

4）铣削另一侧的键侧面

通过分度完成键齿同一侧面的铣削后，降下工作台，再按图 2.6.6（b）所示方向移动横向工作台一个距离 A，铣削键齿的另一侧面。通过试铣，测量调整键宽尺寸，使之符合加工要求。然后，锁紧横向工作台，依次分度铣出各齿另一齿侧面。图 2.6.6（b）中（上工步中已铣到6面），按 12、11、10、9、8、7 顺序，依次分度铣六个左侧齿面。

由图 2.6.6（b）可计算出工作台移动距离：

$$A = L + b + (0.2 \sim 0.3) = 8 + 6 = 14 \text{ mm}$$

为保险起见，工作台实际横移时，可先多移动 0.1～0.3 mm，即可先移动 14.3 mm，试切后进行测量，再调整工作台控制尺寸 b 至图样要求。

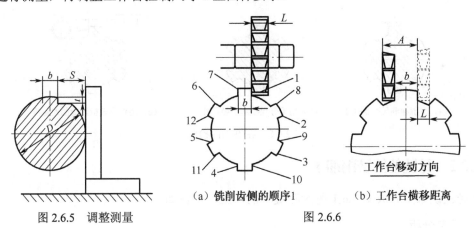

图 2.6.5　调整测量　　（a）铣削齿侧的顺序1　　（b）工作台横移距离

图 2.6.6

5）铣削小径圆弧

完成键齿两侧面的铣削后，还需对其小径圆弧进行铣削。由图 2.6.1 中的图上尺寸可知：小径的加工精度要求较低，一般只要不影响其装配和使用即可。这一类花键的小径圆弧完全可以在铣床上进行成形铣削。根据生产情况，其小径圆弧面可以采用锯片铣刀铣削，也可以采用成形刀头铣削。下面介绍锯片铣刀铣削小径圆弧的方法：

当键侧面铣好后，槽底的凸起余量可用装在同一刀杆上的厚度为 2～3 mm 的细齿锯片铣刀，修铣成接近圆弧的折线槽底面。

用锯片铣刀铣削小径圆弧时，应先将铣刀对准工件的中心图 2.6.7（a），然后将工件转过一个角度，使铣刀对准键槽底部位置后，移动工作台使工件离开刀具。再将工作台上升等于键槽深度的高度后，开始铣削槽底圆弧面，如图 2.6.7（b）所示。铣槽底面时，每进行一次纵向进给后退回，将工件转过一个角度后再次进给铣削，直至铣削至槽底宽，如图 2.6.7（c）所示。每次工件转过的角度越小，进给铣削的次数就越多，槽底就越接近圆弧面。

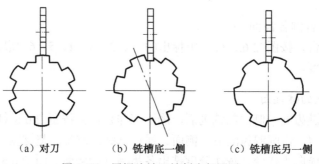

（a）对刀　　　　　　　（b）铣槽底一侧　　　　　　（c）铣槽底另一侧

图 2.6.7　用锯片铣刀铣削小径圆弧

铣好一个齿槽的小径圆弧后，转动分度手柄，使工件的下一齿槽对准铣刀进行铣削。同法依次铣出其余各齿槽上的小径圆弧。

完成铣削后，在铣床上对铣好的花键轴的键宽尺寸、小径尺寸及键齿的对称度进行检测，如图 2.6.8 所示，键齿的对称度用杠杆百分表检测。检测合格后再卸下工件。

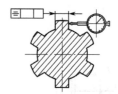

（a）用游标卡尺检测键宽　　（b）用千分尺检测小径尺寸　　（c）用百分表检测齿的对称度

图 2.6.8　花键轴的检测

2.6.2　花键轴的铣削加工

在卧式铣床上完成图 2.6.1 所示花键轴的加工，步骤如下。

1．工艺分析

如图 2.6.1 所示的花键轴，工件材料为 45 钢。

生产规模：单件生产。

技术要求：尺寸精度和形位公差要求较高，键宽至中心轴线对称度 0.06 mm、宽平行度 0.04 mm，表面粗糙度要求较高，若是成批生产，可采用磨削为最终加工，作为单件生产采用车削加工完成。外圆及花键对中心轴线均有位置公差要求，应从安装及加工工艺保证形位公差要求。为了保证外圆与花键齿的同轴度要求，应以两端面中心孔为定位基准来加工键，加工分粗、精铣工序。

2．确定加工与安装方案

（1）工件在卧式铣床上用三面刃铣刀完成加工。

（2）采用万能分度头一顶一夹安装工件。

3．刀具与切削用量选择

（1）确定使用的刀具：该零件为单件生产，所以选用三面刃铣刀和锯片铣刀完成加工。

（2）确定铣削用量：根据公式（2-7）选择铣刀宽度，再选用直径为$\phi 80$的高速钢三面刃铣刀铣削，根据工件材料为中碳钢，转速选择范围在 80～200 r/min；进给量取 20～40 mm/min。

4．实施加工

1）准备工作

（1）刀具准备：三面刃铣刀、锯片铣刀。

（2）准备分度头、尾座。

（3）量具准备：游标卡尺、千分尺、百分表、高度游标卡尺。

2）操作步骤

（1）安装分度头并进行分度计算。由简单分度公式得：

$$n = \frac{40}{z} = \frac{40}{6} = 6\frac{2}{3} = 6\frac{44}{66} \text{ r}$$

（2）安装并校正工件：采用一顶一夹安装工件，用百分表找正工件的圆跳动，使上素线与工作台平行，侧素线与进给方向平行，如图 2.6.2 所示。

（3）选择铣刀宽度并安装铣刀。

（4）划线：如图 2.6.4 所示，在花键轴的侧面划出键的宽度线段，然后转动分度头 90°，使线段朝上。

（5）对刀试切削：调整铣削位置使铣刀的一侧副切削刃对准划好的线段，然后少量进刀试切削，停机测量尺寸 S，如图 2.6.5 所示。调整铣刀直至尺寸 S 符合要求。

（6）铣花键一侧面：按照上一步骤铣至深度，然后依次铣完花键的 6 个同向侧面，如图 2.6.6（a）1～6 面。

（7）铣花键宽度：移动横向工作台（工件）的距离，距离=刀宽+键宽，如图 2.6.6（b），铣键的另一侧面，试铣一刀，测量后进行调整，合格后依次铣完其余的同侧 6 个同向侧面 7～12 面。

（8）铣槽底圆弧：安装锯片铣刀，先移动工作台使铣刀宽度的中心对准工件的轴心线，如图 2.6.7（a），然后转动工件，使铣刀对准键槽底部，调整主轴转数为 80 r/min，铣刀逆时针旋转，选择进给量为了 60 mm/min，沿轴向铣槽底，如图 2.6.7（b）所示。完成一次走刀后，把工件微量转过一个角度，再走刀铣削花键槽底（在键的两侧之间铣削槽底，通过多次转动工件、多次走刀铣削槽底，所分的次数越多，转过的角度越小，槽底越趋于一个圆）。直至铣削至槽底宽，如图 2.6.7（c）所示，依次铣完 6 个槽的圆弧槽底。

（9）去毛刺，检查加工尺寸。

3）安全与操作事项

（1）在开始铣削和结束铣削时应做好记号，以避免产生撞刀事故。

（2）在刚开始铣削时应慢慢切入一小段距离后再机动进给。

（3）测量工件前必须停机。

4）注意事项

（1）尾座顶尖的松紧要适当，夹紧后应再次找正工件的圆跳动。

（2）为了保证花键的尺寸与形位公差，键的两侧面应分粗、精铣工步完成加工。

5．检查

（1）加工完毕，对工件进行质量检查，确保尺寸公差、形位公差符合要求后再取下工件。

（2）对设备进行清扫维护，检查各手柄所处位置是否正确。

6．评价

（1）对加工尺寸精度、形位公差、表面粗糙度、加工过程进行评价，并对照表 2-18 逐项打分。

表 2-18　质量检测评价

零件编号：		学生姓名：		成绩：	
序号	项目内容及要求	占分	记分标准	检查结果	得分
1	$\phi 31^{0}_{-0.25}$	18	每边超差 0.01 扣 5 分		
2	各键平行度 0.04	6×5	超差 0.01 扣 4 分		
3	$Ra1.6\,\mu m$（十二处）	6	Ra 大一级扣 2 分		
4	对称度 0.06	6×5	超差 0.005 扣 5 分		
5	去毛刺	6	不合格不得分		
6	安全文明生产： （1）无违章操作情况； （2）无撞刀及其他事故； （3）机床维护与环保	10	违章操作、出现撞刀或设备事故者，不得分； 机床不按要求维护保养倒扣 5～10 分		

（2）对加工步骤和操作的合理性进行检查评价。

（3）对加工质量问题进行分析。可能出现的质量问题与预防措施见表 2-19。

表 2-19　质量问题与预防措施

质量问题	产生原因	预防措施
花键键宽尺寸超差	1．分度有误差。 2．铣刀磨损产生让刀。 3．机床间隙过大，控制尺寸不准。	1．分度时要细心。 2．检查铣刀是否磨损。 3．调整机床间隙。
花键键宽尺寸在两端不等	工件的圆柱度超差。	检查工件的圆柱度，校正工件的侧素线与进给方向工作台平行。
花键等分超差	1．分度有误差。 2．工件与分度头同轴度超差。	1．分度时要细心。 2．校正工件的上素线与工作台平行。

续表

质量问题	产生原因	预防措施
小径尺寸在两端不等。	工件上母线超差。	严格校正工件的上素线与工作台平行。
表面粗糙度不符合要求	1. 铣刀磨损。 2. 刀杆弯曲。 3. 挂架轴承松动。	1. 检查铣刀是否磨损。 2. 校直铣刀刀杆。 3. 轴承间隙太大时，应及时换掉。

思考与练习题 16

1. 试分析三面刃铣刀的结构特点？

2. 铣削花键轴时应掌握哪些加工要点？

3. 采用划线法对刀，如果高度尺高度出现偏差对花键轴有什么影响？

4. 铣削如图 2.6.9 所示花键套。

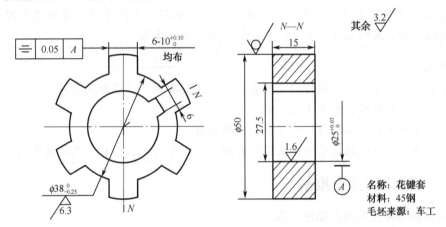

图 2.6.9　花键套

任务 2.7　箱体孔系的铣削工艺与加工

任务描述

　　箱体类零件通常作为箱体部件装配时的基准零件。它将一些轴、套、轴承和齿轮等零件装配起来，使其保持正确的相互位置关系，以传递转矩或改变转速来完成规定的运动。因此，箱体类零件的加工质量对机器的工作精度、使用性能和寿命都有直接的影响。

　　箱体类零件的结构特点：多为铸造件，结构复杂，壁薄且不均匀，加工部位多，加工难度大。

　　箱体类零件的主要技术要求：轴颈支承孔孔的径精度及相互之间的位置精度，定位销孔的精度与孔距精度；主要平面的精度；表面粗糙度等。

　　本任务的训练目标是完成含内孔的钻孔、钻扩孔或扩铣孔、镗孔、铰孔的切削加工任务，以图 2.7.1 所示工件的加工为实例。

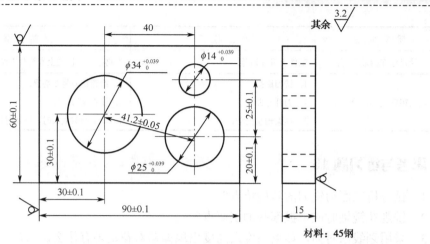

图 2.7.1 箱体平行孔结构

完成本任务要掌握的知识有：孔的加工工艺；切削加工简单孔类零件所用刀具要求与刃磨方法；划线及机床找正方法；孔距、孔径测量方法等。

技能目标

（1）会简单箱体孔结构零件的工艺分析，合理安排加工步骤和选择切削用量。

（2）能编制孔结构的加工工艺步骤。

（3）能正确选择加工孔结构的刀具并正确刃磨。

（4）掌握台阶轴的轴尺寸检测及精度控制方法，并能加工出符合图样要求的孔。

2.7.1 孔系加工工艺准备

1. 箱体类零件孔系种类和技术要求

1）箱体类零件的种类和结构

箱体上一系列相互位置有精度要求的孔的组合，称为孔系。孔系可分为：

（1）平行孔系，如图 2.7.2（a）所示；

（2）同轴孔系，如图 2.7.2（b）所示；

（3）交叉孔系，如图 2.7.2（c）所示。

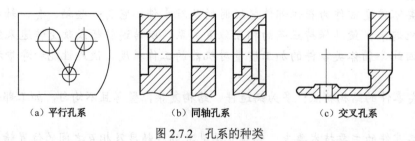

（a）平行孔系 （b）同轴孔系 （c）交叉孔系

图 2.7.2 孔系的种类

2）箱体类零件的技术要求

（1）尺寸精度：主要包括孔距和孔直径的尺寸精度。

（2）形状精度：包括圆度。

（3）表面粗糙度：钻削加工的表面粗糙度值为 $Ra50\sim12.5\ \mu m$；铰削加工的表面粗糙度值可达 $Ra3.2\sim0.2\ \mu m$；粗镗加工的表面粗糙度值为 $Ra6.3\sim3.2\ \mu m$；精镗的表面粗糙度值为 $Ra1.6\sim0.8\ \mu m$。

（4）热处理要求：箱体类零件一般在毛坯铸造之后安排一次人工时效即可；对一些高精度或形状特别复杂的箱体，应在粗加工之后再安排一次人工时效，以消除粗加工产生的内应力，保证箱体加工精度的稳定性。

2．箱体类零件孔系位置的找正方法

孔系的主要技术要求是各平行孔中心线之间及中心线与基准面之间的距离尺寸精度和相互位置精度，生产中常采用以下几种找正方法。

1）按划线使用校针找正法

加工前按照零件图在毛坯上划出各孔的位置轮廓线，然后按划线一一进行加工。划线和找正的时间较长，生产率低，而且加工出来的孔距精度也低，一般在±0.2 mm 左右。为提高划线找正的精度，往往结合试切法进行：即先按划线找正镗出一孔，再按线将主轴调至第二孔中心，试镗出一个比图样要小的孔，若不符合图样要求，则根据测量结果更新调整主轴的位置，再进行试镗、测量、调整，如此反复几次，直至达到要求的孔距尺寸。此法虽比单纯的按线找正所得到的孔距精度高，但孔距精度仍然较低，且操作的难度较大，生产效率低，适用于单件小批生产。

采用普通刻线尺与游标尺加放大镜测量装置找正，其位置精度为±0.1～0.2 mm。

2）心轴和块规找正法

镗第一排孔时将心轴插入主轴孔内（或直接利用铣床主轴），然后根据孔和定位基准的距离组合一定尺寸的块规来校正主轴位置，如图 2.7.3 所示，校正时用塞尺测量块规与心轴之间的间隙，以避免块规与心轴直接接触而损伤块规。镗第二排孔时，分别在机床主轴和加工孔中插入心轴，采用同样的方法来校正主轴的位置，以保证孔心距的精度。

采用这种找正法的孔心距精度可达±0.15 mm。

3．箱体类零件孔的加工方法

内孔表面的加工方法较多，常用的有钻孔、扩孔、铰孔、镗孔、磨孔、拉孔、研磨孔、珩磨孔、滚压孔等。适合在普通铣床上加工的通常有：钻孔、扩孔、铰孔、镗孔。

1）钻孔

用钻头在工件实体部位加工孔称为钻孔。钻孔属粗加工，加工精度一般可达到的尺寸公差等级为 IT13～T11，表面粗糙度值为 $Ra50\sim6.3\ \mu m$，也可用于精度要求不高的孔的最终加工。

（1）钻头

钻头根据形状的不同，可以分为扁钻、麻花钻、中心钻、锪孔钻、深孔钻等。钻头一般用高速钢制成。近几年来，由于高速切削的发展，镶硬质合金的钻头也得到了广泛的使用。在学习车工操作中已介绍高速钢麻花钻，有关麻花钻的参数及刃磨方法请参照任务 1.5

中 1.5.2 的内容。

（2）钻孔的方法

在立式铣床上钻孔时，钻头作旋转运动（主运动），位置固定不动，工件轴向向上移动（进给运动），如图 2.7.4 所示。

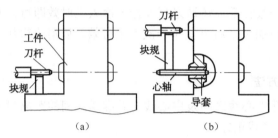

图 2.7.3　心轴和块规找正法

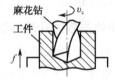

图 2.7.4　钻孔

钻孔时的注意事项：

① 钻孔前，在工件上划线，定好孔的中心位置，再用样冲打眼定位。起钻时使钻头对准样冲眼，试钻后看钻头是否有偏移，加以找正再正式钻孔。

② 因钻头较长，刚性差，起钻时钻头容易偏移，所以，钻孔前先用中心钻钻出定位孔，再用钻头钻孔，中心定位孔起导向作用，钻出的孔同轴度好，尺寸正确。对于钻小孔，尤其重要。

③ 初钻一段孔后，应把钻头退出，停机测量孔径，是否符合要求。

④ 钻较深的孔时，切屑不易排出，钻孔时要经常退出钻头排屑，以防切屑阻塞使钻头折断。

⑤ 当孔将钻穿时，因为钻头的横刃不再参加工作，阻力大大减小，进给时就会觉得手摇起来很轻松，这时进给量必须减小，否则会使钻头的切削刃"咬"在工件孔内而损坏钻头。

⑥ 钻孔时，为了防止钻头发热，应充分使用切削液降温，防止麻花钻退火。

（3）钻孔切削用量的选择

① 背吃刀量 a_p：$a_p = D_{钻}/2$（$D_{钻}$ 为钻头直径）。

② 切削速度 v_c：钻孔的切削速度一般指钻头主切削刃外缘处的线速度，由以下公式计算。

$$v_c = \pi D_z n / 1\,000 \text{ m/min} \tag{2-8}$$

式中：v_c 为切削速度（m/min）；n 为刀具转速（r/min）；D_z 为钻头直径（mm）。

用高速钢钻头钻钢料时，切削速度一般为 10～14 m/min，钻铸铁时应稍低些。根据切削速度计算公式可知，在相同的切削速度下，钻头直径越小，转速应越高。

实例 2-4　用 $\phi 8$ mm 的钻头钻钢料时，切削速度取 12 m/min，试计算钻床的主轴转速应取多少？

解　根据式（2-8），$v_c = \pi D_z n / 1\,000$ m/min，可得出：

$$n = 1\,000 v_c / \pi D_z = 1\,000 \times 12 / 3.142 \times 8 = 477 \text{（r/min）}$$

（4）进给量（f）的确定

钻孔时，钻头每转一转，钻头和工件间的轴向相对位移，称为每转进给量（mm/r）。在

台钻上钻孔时，一般是用手慢慢扳动台钻进给手柄，并施加一定的压力使钻头不断移进工件实现进给，进给量太大会使钻头折断；进给量太小，钻头容易磨损。

如用 ϕ8 mm 的钻头钻钢料时，进给量一般选取 f=0.1～0.15 mm/r 为宜，钻铸铁时进给量取 f=0.15～0.2 mm/r 为宜。

2）扩孔

扩孔是用扩孔钻对已钻出的孔做进一步加工，以扩大孔径并提高精度和减小表面粗糙度值，如图 2.7.5（a）所示。扩孔可达到的尺寸公差等级为 IT11～T10，表面粗糙度值为 Ra12.5～6.3 μm，属于孔的半精加工方法，常作铰削前的预加工，也可作为精度不高的孔的终加工。

扩孔钻的结构与麻花钻相比有以下特点：

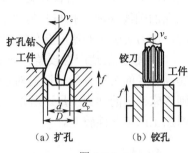

（a）扩孔　　　　（b）铰孔

图 2.7.5

（1）刚性较好。由于扩孔的背吃刀量小，切屑少，扩孔钻的容屑槽浅而窄，钻芯直径较大，增加了扩孔钻工作部分的刚性。

（2）导向性好。扩孔钻有 3～4 个刀齿，刀具周边的棱边数增多，导向作用相对增强。

（3）切屑条件较好。扩孔钻无横刃参加切削，切削较快，可采用较大的进给量，生产率较高；又因切屑少，排屑顺利，不易刮伤已加工表面。

因此扩孔与钻孔相比，加工精度高，表面粗糙度值较低，且可在一定程度上校正钻孔的轴线误差。

3）铰孔

铣床上的铰孔如图 2.7.5（b）所示，是在半精加工（扩孔或半精镗）的基础上对孔进行的一种精加工方法。铰孔的尺寸公差等级可达 IT9～IT6，表面粗糙度值可达 Ra3.2～0.2 μm。

（1）铰刀

铣床上所用铰刀为机铰刀，如图 2.7.6 所示为高速钢铰刀，当加工材料较硬（如铸铁、调整钢）或半精铰时，还常用硬质合金铰刀，硬质合金铰刀的耐用度较高。

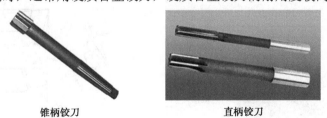

锥柄铰刀　　　　　　　　　　直柄铰刀

图 2.7.6　铰刀

（2）铰孔注意事项

① 铰削的余量很小，若余量过大，则切削温度高，会使铰刀直径膨胀导致孔径扩大，使切屑增多而擦伤孔的表面；若余量过小，则会留下原孔的刀痕而影响表面粗糙度。一般粗铰余量为 0.15～0.25 mm，精铰余量为 0.08～0.15 mm。铰削应采用低切削速度，以免产生积屑瘤和引起振动，一般粗铰时 v_c=4～10 m/min，精铰时 v_c=1.5～5 m/min。机铰的进给量可比钻孔时高

3～4 倍，一般 f 取值在 0.5～1.5 mm/r。为了散热以及冲排屑末、减小摩擦、抑制振动和减小表面粗糙度值，铰削时应选用合适的切削液。铰削钢件常用乳化液，铰削铸铁件可用煤油。

② 铰孔的精度和表面粗糙度主要不取决于机床的精度，而取决于铰刀的精度、铰刀的安装方式、加工余量、切削用量和切削液等条件。

③ 铰刀为定径的精加工刀具，铰孔比精镗孔容易保证尺寸精度和形状精度，生产率也较高，对于小孔和细长孔更是如此。但由于铰削余量小，铰刀常为浮动联接，故不能校正原孔的轴线偏斜，孔与其他表面的位置精度则需由前工序或后工序来保证。使用固定铰刀时，铰刀安装定心精度会使铰出的孔径大于铰刀直径，必须试铰无误才能加工零件。

④ 铰孔的适应性较差。一定直径的铰刀只能加工一种直径和尺寸公差等级的孔，如需提高孔径的公差等级，则需对铰刀进行研磨。铰削的孔径一般小于 $\phi 80$ mm，直径过大时，则铣床铣削的动力不足。所以，最常用的铰刀直径在 $\phi 40$ mm 以下。对于阶梯孔和盲孔，铰削加工的工艺性较差。

4）镗孔

镗孔是用镗刀对现有孔的进一步加工，可在车床、镗床或铣床上进行。镗孔是常用的孔加工方法之一，可分为粗镗、半精镗和精镗。孔径的尺寸和公差要由调整刀头伸出的长度来保证，需要进行对刀、试镗、测量，再调整至孔径合格后方能正式镗削，其操作技术要求较高。粗镗的尺寸公差等级为 IT13～IT12；半精镗的尺寸公差等级为 IT10～IT9；精镗的尺寸公差等级为 IT8～IT7。其应用范围一般从半粗加工到精加工。

镗削分单刃镗刀镗削和双刃镗刀镗削两种。铣床上常采用单刃镗刀镗削的方法。

（1）镗刀

① 镗杆：铣床上常用单刃镗刀，如图 2.7.7 所示为镗杆，镗杆端头有安装镗刀头用的方孔。

② 镗刀头：镗刀头的几何角度如图 2.7.8 所示。镗刀的主要几何角度也是影响孔加工质量的重要因素，要求：主偏角 $\kappa_r = 75° \sim 90°$，副偏角 $\kappa_r' = 8° \sim 10°$，主前角 $\gamma_o = 10° \sim 15°$，主后角 $\alpha_o = 6° \sim 8°$，副切削刃的副后角 $\alpha_o' = 6° \sim 8°$，刀尖的副后角磨出双重副后角，$\alpha_{o2}' = 12° \sim 14°$，避免后刀面与孔壁摩擦。

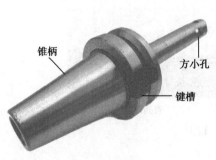

图 2.7.7　镗杆

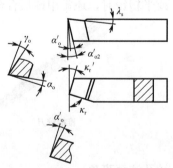

图 2.7.8　镗刀头角度

（2）单刃镗刀镗削具有的特点。

① 镗削的适应性强。镗削可在钻孔后，或铸造孔和锻造孔上进行，可达的尺寸公差等级和表面粗糙度值的范围较广；除直径很小且较深的孔以外，各种直径和各种结构类型的

孔几乎均可镗削。

② 镗削可有效地校正原孔的位置误差，但由于镗杆直径受孔径的限制，一般其刚性较差，易弯曲和振动，故对镗削质量的控制（特别是细长孔）不如铰削方便。

③ 镗削的生产率低。因为镗削需用较小的切深和进给量进行多次走刀以减小刀杆的弯曲变形，且在镗床和铣床上镗孔需调整镗刀在刀杆上的径向位置，故操作复杂、费时。

④ 镗削广泛应用于单件小批生产中各类零件的孔加工。

在大批量生产中，镗削支架和箱体的轴承孔时，需用镗模辅助加工。

2.7.2 多孔箱体零件的加工

1．读图：零件的工艺分析

由图 2.7.1 可知，零件的孔径尺寸公差≤0.039 mm，内孔表面粗糙度值 Ra≤3.2 μm，通过铰孔或镗孔可以获得尺寸精度。孔的中心距最小公差为±0.05 mm；孔的中心到基准面的距离公差为±0.1 mm。为了保证加工质量，满足零件的技术要求，必须采取合理的工艺措施与加工方法。

2．装备选用与工件安装方式的确定

为了保证加工质量，应在一次装夹中完成所有工序的加工。箱体零件上相互位置要求较高的孔系，一般尽量集中在同一工序中加工，从而减少安装误差的影响，有利于保证其相互位置精度要求。由于零件毛坯外型已加工成型，且尺寸较小，使用平口钳夹紧就能满足工艺要求。

3．确定加工方案

1）各表面加工方案确定

孔 $\phi 14^{+0.039}_{0}$ 的加工采用钻、铰完成，因为铰孔不能纠正钻孔产生的偏摆，所以为了使钻孔有准确的位置，应先用 A4 中心钻在 $\phi 14$ 的孔位钻出中心孔作导向。

孔 $\phi 34^{+0.039}_{0}$、孔 $\phi 25^{+0.039}_{0}$ 的加工采用钻、粗镗、精镗完成。

孔的位置由划线、中心孔定位、试切调整的方式来保证。

2）夹具确定

根据所提供的毛坯是已加工的 90 mm×60 mm×15 mm 方料，在加工过程中涉及零件孔的平行度加工要求，可选平口钳作为夹具，便于工件平行度校核。

3）量具选择

根椐各加工内容及尺寸精度要求，选用内径千分尺或内径量表、游标卡尺等。

4）刀具确定

（1）采用 A4 中心钻对三个孔预加工作为导向，为麻花钻准确定位做准备。

（2）选用 $\phi 13.7$ 麻花钻头，作为 $\phi 14$ 孔的粗加工；用 $\phi 14h7$ 的铰刀铰孔。

（3）选用 $\phi 24$ 麻花钻头作为 $\phi 25$ 孔的粗加工；选用略小于 $\phi 25$ 的粗镗刀对 $\phi 25$ 孔粗镗，再用 $\phi 25$ 的精镗刀进行精镗。

（4）选用ϕ33麻花钻头作为ϕ34孔的粗加工；选用略小于ϕ34的粗镗刀对ϕ34孔粗镗，再用ϕ34的精镗刀进行精镗。

5）加工顺序的划分

为了保证各孔的位置精度，应遵循基准统一原则来安排加工顺序。根据尺寸设计基准，先加工孔$\phi34^{+0.039}_{0}$，保证两个30 ± 0.1尺寸，其次加工孔$\phi25^{+0.039}_{0}$，保证20 ± 0.1和41.2 ± 0.05两个尺寸，最后加工孔$\phi14^{+0.039}_{0}$，保证25 ± 0.1和40两个尺寸。

6）确定切削用量

（1）钻中心孔的切削用量：A4中心钻，选择转速S=800～900 r/min，进给量f=20～30 mm/min（0.02～0.03 mm/r）。

（2）钻孔的切削用量：ϕ13.7麻花钻，选择转速S=350～400 r/min，进给量f=20～30 mm/min（0.02～0.03 mm/r）。ϕ24.6麻花钻头：转速S=250～300 r/min，进给量f=20～30 mm/min（0.02～0.03 mm/r）

（3）粗镗的切削用量：镗削在通常情况下切削速度v_c的选择，按高速钢为10～15 m/min，硬质合金为30～40 m/min。进给量f_z=0.08～0.12 mm/z。

转速根据不同直径代入公式（2-2）计算。

（4）精镗的切削用量：切削速度v_c的选择，按高速钢为5～10 m/min，硬质合金为40～50 m/min。进给量f选取0.08～0.12 mm/z。

4．实施加工

1）工件准备

领取半成品零件，检验相应加工位置是否符合后续加工要求。

2）准备所需的工、夹、量具及劳保用品

准备中心钻、钻头、粗镗刀、精镗刀、钻夹头，平口钳、平行垫块，内径千分尺、游标卡尺；毛巾（或纱头）、手套、平光眼镜等。

3）工作场地的准备工作

（1）检查工作场地的附属设施，如工具台等。

（2）检查选用机器设备的使用记录。

（3）检查机器设备是否运转良好。

4）操作步骤

（1）在零件上划线，标出孔的位置。

（2）找正平口钳，保证固定钳口与机床的X轴平行，装夹工件，并校平。

（3）加工ϕ34孔：用ϕ33的钻头钻孔，选用粗镗刀对ϕ33.5孔试镗2 mm的深度，检查孔的位置尺寸两个30 ± 0.1尺寸是否合格，应用纵向、横向工作台刻度加以调整至要求范围后，扩镗至ϕ33.9，再用精镗刀精镗至尺寸$\phi34^{+0.039}_{0}$。

（4）加工ϕ25孔：以$\phi34^{+0.039}_{0}$孔位为基准，移动工作台至ϕ25孔位置上，用ϕ24麻花钻头钻孔，再用粗镗刀对ϕ24.5孔试镗2 mm的深度，检查孔的位置尺寸20 ± 0.1和41.2 ± 0.05

两个尺寸是否合格，加以调整至要求范围后，扩镗至 $\phi 24.9$，再用精镗刀精镗至尺寸 $\phi 25_0^{+0.039}$。

（5）加工 $\phi 14$ 孔：以 $\phi 25_0^{+0.039}$ 孔位为基准，移动工作台至 $\phi 14$ 孔位置上，先用 A4 中心钻钻出定位孔，检查位置尺寸 25 ± 0.1 和 40 两个尺寸是否正确，若有误差，调整后再钻定位孔加以矫正，再用 $\phi 13.7$ 钻头钻孔，接着用 $\phi 14h7$ 的铰刀铰孔至尺寸要求。

5）安全操作与注意事项

（1）安装平口钳时，要注意保护铣床工作台面和平口钳底面，避免砸伤，并注意贴合面清洁。

（2）钻孔镗孔前应使铣床主轴轴心线与工作台面垂直；安装镗刀时应注意刀尖到轴心线的距离应大于刀尾部到轴心线的距离。

（3）工件校正后夹紧要牢靠，若工件不平行，应加垫铜皮再夹紧，防止加工过程产生松动。

（4）钻孔、镗孔应加注切削液进行冷却润滑；加工中出现长切屑，不得用手去清理，应用专用的铁钩清理。

（5）主轴未停稳时不得进行测量。

（6）工具、量具不得放置于铣床工作台上。

（7）加工完毕各进给手柄要回空挡位置。

5．检查

（1）加工完毕，对工件进行质量检查。

（2）对设备进行清扫维护，检查各手柄所处位置是否正确。

6．评价

（1）对零件的加工质量按表 2-20 进行检查与评价。

（2）对加工步骤和操作的合理性进行检查分析。

（3）根据加工质量检查结果，分析问题产生的原因与预防措施，见表 2-21。

表 2-20　质量检测评价

序号	项目内容及要求	占分	记 分 标 准	检查结果	得　分
1	$\phi 34_0^{+0.039}$；$Ra3.2$	10；4	超 0.01 扣 3 分/Ra 大一级扣 2 分		
2	$\phi 25_0^{+0.039}$；$Ra3.2$	10；4	超 0.01 扣 3 分/Ra 大一级扣 2 分		
3	$\phi 14_0^{+0.039}$；$Ra3.2$	10；4	超 0.01 扣 3 分/Ra 大一级扣 2 分		
4	$\phi 34$ 孔位 2- 30 ± 0.1	2×8	每超 0.01 扣 3 分		
5	$\phi 25$ 孔位 20 ± 0.1、41.2 ± 0.05	2×8	每超 0.01 扣 3 分		
6	$\phi 14$ 孔位 25 ± 0.1、40	2×8	每超 0.01 扣 3 分		
7	1．安全文明生产 （1）无违章操作情况； （2）无碰撞机床及其他事故； 2．机床维护与环保	5 5	违章操作、撞刀、出现事故者、机床不按要求维护保养，扣 5～10 分		

表 2-21 加工质量问题的原因与预防措施

质量问题	产生原因	预防措施
孔径超差	1. 镗刀回转直径调整不当。 2. 测量不准。 3. 镗刀伸得过长，产生弹性变形引起让刀。 4. 镗刀刀尖磨损。	1. 试切准确调整镗刀回转直径。 2. 测量姿势准确、细心。 3. 在不影响加工情况下，镗刀尽量伸得短一些。 4. 充分浇注冷却液，及时刃磨刀具。
孔圆度超差	1. 主轴与进给方向垂直度误差。 2. 工件在装夹时变形。 3. 主轴轴承径向跳动。 4. 镗杆和镗刀产生弹性变形。 5. 在立式铣床镗削时，未紧固工作台纵向、横向位置。	1. 调整主轴与进给方向的垂直度。 2. 夹紧力要适当。 3. 检查主轴轴承径向跳动，调整或更换轴承。 4. 根据孔径尺寸采用尽可能大的刀杆。 5. 镗削前紧固工作台纵向、横向手柄。
孔呈锥度	1. 切削过程中刀具磨损。 2. 镗刀紧固螺钉松动，加工时走动。	1. 充分浇注冷却液；进给量不易过大；增大刀具后角。 2. 检查紧固螺钉螺纹是否完好，及时更换。
同轴度垂直度超差	1. 工件定位基准选择不当。 2. 装夹工件时，清洁工作未做好。 3. 采用主轴移动手轮进给时，立铣头"0"位不准。	1. 工件定位基准选择正确。 2. 工件安装前应擦拭干净基准面。 3. 加工前检查调试主轴对准"0"位。
孔中心距超差	1. 工作台移动距离不准。 2. 未紧固工作台纵向、横向位置，镗削时位移。	1. 认真调整机床各部分间隙，控制机床位移误差。 2. 镗削前纵向、横向工作台应锁紧。
孔壁划痕	1. 退刀时，刀尖碰刮孔壁。 2. 主轴未停稳，快速退刀。	1. 退刀前使刀头对准操作者。 2. 主轴停稳后才退刀。
表面粗糙度值过大	1. 刀尖角或刀尖圆弧半径太小。 2. 进给量过大。 3. 刀具磨损。	1. 增大刀尖角或刀尖圆弧半径。 2. 采用合理的切削速度，加注切削液。 3. 及时修磨刀具。

思考与练习题 17

1. 箱体零件的主要技术要求有哪些？

2. 钻孔与铰孔有什么区别？

3. 铰孔与镗孔哪种加工能找正孔的轴线？

4. 钻头刃磨练习：取 $\phi10\sim\phi20$ 钻头之一，按标准麻花钻要求，刃磨切削部分的几何角度。

5. 结合零件加工生产，进行如图 2.7.9 所示发动机盖板中的三个孔的加工。

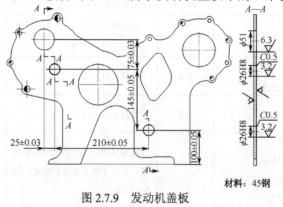

图 2.7.9　发动机盖板

任务 2.8   直齿圆柱齿轮的铣削工艺与加工

任务描述

　　齿轮是用来传递运动和动力的重要零件，它在各种机械、汽车、仪器仪表中广泛应用。在铣床上铣齿轮是齿轮加工常用的方法之一。本任务以直齿圆柱齿轮加工为训练载体，通过学习，掌握齿轮加工的基本方法与测量方法。

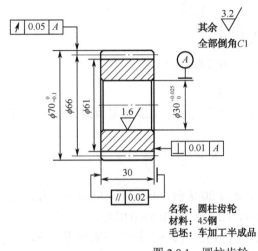

模数 m	2
齿数 z	33
精度等级	9FJ
公法线长度 L_n	21.59
基圆齿距公差	0.03
齿形公差	0.06
跨齿数 k	4
公法线长度公差	0.09

名称：圆柱齿轮
材料：45钢
毛坯：车加工半成品

图 2.8.1   圆柱齿轮

技能目标

　　（1）会直齿圆柱齿轮加工的相关计算。
　　（2）能合理安排加工步骤和选择切削用量。
　　（3）能正确选择加工齿轮的刀具。
　　（4）掌握圆柱齿轮尺寸检测及精度控制方法，并能加工出符合图样要求的孔齿轮。

2.8.1   齿轮齿形加工工艺准备

1. 齿形加工计算与方法

常用的齿轮有直齿圆柱齿轮、圆锥齿轮，这里以直齿圆柱齿轮加工为例进行介绍。

1）渐开线直齿圆柱齿轮的主要参数及相关尺寸计算

标准直齿圆柱齿轮的相关尺寸代号如图 2.8.2 所示。

　　（1）模数 m：模数 m 是设计时给定的参数，它等于分度圆上的周节 p 与π的比值，单位为 mm。

　　（2）分度圆 d：分度圆是用做齿形计算与测量的基准，是一个假想圆，见图 2.8.2 中的点划线圆。

　　（3）周节 p：指分度圆上相邻两齿对应点的弧长。

　　（4）齿顶圆 d_a：指齿轮各齿顶所连成的圆。

　　（5）齿根圆 d_f：指齿轮各齿的底部所连成的圆。

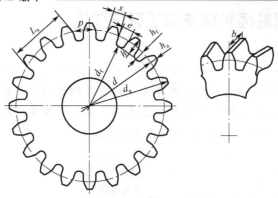

图 2.8.2　标准直齿圆柱齿轮

（6）全齿高 h：齿顶圆到齿根圆的距离。

（7）公法线长度 L_n：渐开线齿轮的公法线长度是指规定齿数分度圆上测得的长度，见图 2.8.2 所示，其计算方法如下。

① 确定跨测齿数 k：

$$k=0.111z+0.5 \tag{2-9}$$

其中：z 为所加工的齿轮齿数。

计算结果按逢五进一，取整。如：z 为 20 齿时，$k=0.111\times20+0.5=2.72$，应取 $k=3$。

② 计算公法线长度公式：

$$L_n=m〔2.952\,1(k-0.5)+0.014z〕 \tag{2-10}$$

如加工 $m=3$ mm、z 为 20 齿的齿轮，由式（2-9）计算并取整得 $k=3$，再由式（2-10）计算公法线长度如下：

$$
\begin{aligned}
L_n&=m〔2.9521(k-0.5)+0.014z〕\\
&=3\times〔2.9521(3-0.5)+0.014\times20〕=22.98（mm）
\end{aligned}
$$

在实际工作中，除用上述公式计算外，还可以根据被测齿轮的模数、齿数和齿形角，从相关手册中查表得到跨测齿数 k 和公法线长度 L_n。如表 2-22，可根据齿轮齿数查出跨测齿数 k 和 $m=1$ mm 时不同齿数的公法线长度。由于表 2-22 中的数值是根据齿形角 $\alpha=20°$、模数 $m=1$ mm 来计算的，所以查出的数值 L_n 要乘以被测齿轮的模数以后，才是被测齿轮的 L_n' 值。

表 2-22　标准直齿圆柱齿轮公法线长度（$m=1$ mm、$\alpha=20°$ 时）

被测齿轮总齿数 z	跨测齿数 k	公法线长度 L_n/mm	被测齿轮总齿数 z	跨测齿数 k	公法线长度 L_n/mm	被测齿轮总齿数 z	跨测齿数 k	公法线长度 L_n/mm
10		4.568 3	37		13.802 8	64		23.037 3
11		4.582 3	38		13.816 8	65		23.051 3
12		4.596 3	39		13.830 8	66		23.065 3
13		4.610 3	40		13.844 8	67		23.079 3
14	2	4.624 3	41	5	13.858 8	68	8	23.093 3
15		4.638 3	42		13.872 8	69		23.107 4
16		4.652 3	43		13.886 8	70		23.121 4
17		4.666 3	44		13.900 8	71		23.135 4
18		4.680 3	45		13.914 8	72		23.149 4

续表

被测齿轮总齿数 z	跨测齿数 k	公法线长度 L_n/mm	被测齿轮总齿数 z	跨测齿数 k	公法线长度 L_n/mm	被测齿轮总齿数 z	跨测齿数 k	公法线长度 L_n/mm
19		7.646 4	46		16.881 0	73		26.115 5
20		7.660 4	47		16.895 0	74		26.129 5
21		7.674 4	48		16.909 0	75		26.143 5
22		7.688 4	49		16.923 0	76		26.157 5
23	3	7.702 5	50	6	16.937 0	77	9	26.171 5
24		7.716 5	51		16.951 0	78		26.185 5
25		7.730 5	52		16.965 0	79		26.199 5
26		7.744 5	53		16.979 0	80		26.213 5
27		7.758 5	54		16.993 0	81		26.227 5
28		10.724 6	55		19.959 1	82		29.193 7
29		10.738 6	56		19.973 2	83		29.207 7
30		10.752 6	57		19.987 2	84		29.221 7
31		10.766 6	58		20.001 2	85		29.235 7
32	4	10.780 6	59	7	20.015 2	86	10	29.249 7
33		10.794 6	60		20.029 2	87		29.263 7
34		10.808 6	61		20.043 2	88		29.277 7
35		10.822 6	62		20.057 2	89		29.291 7
36		10.836 7	63		20.071 2	90		29.305 7
91		32.271 9	118		41.506 4	145		50.741 0
92		32.285 9	119		41.520 5	146		50.755 0
93		32.299 9	120		41.534 4	147		50.769 0
94		32.313 9	121		41.548 4	148		50.783 0
95	11	32.327 9	122	14	41.562 5	149	17	50.797 0
96		32.341 9	123		41.576 5	150		50.811 0
97		32.355 9	124		41.590 5	151		50.825 0
98		32.369 9	125		41.604 5	152		50.839 0
99		32.383 9	126		41.618 5	153		50.853 0
100		35.350 0	127		44.584 6	154		53.819 2
101		35.364 1	128		44.598 6	155		53.833 2
102		35.378 1	129		44.612 6	156		53.847 2
103	12	35.392 1	130		44.626 6	157		53.861 2
104		35.406 1	131	15	44.640 6	158	18	53.875 2
105		35.420 1	132		44.654 6	159		53.889 2
106		35.434 1	133		44.668 6	160		53.903 2
107		35.448 1	134		44.682 6	161		53.917 2

续表

被测齿轮总齿数 z	跨测齿数 k	公法线长度 L_n/mm	被测齿轮总齿数 z	跨测齿数 k	公法线长度 L_n/mm	被测齿轮总齿数 z	跨测齿数 k	公法线长度 L_n/mm
108		38.414 2	135	15	44.69 66	162	18	53.931 2
109		38.428 2	136		47.662 8	163		56.897 3
110		38.442 2	137		47.676 8	164		56.911 3
111		38.456 3	138		47.690 8	165		56.925 1
112		38.470 3	139		47.704 8	166		56.939 4
113	13	38.484 3	140	16	47.718 8	167	19	56.955 4
114		38.498 3	141		47.732 8	168		56.967 4
115		38.512 3	142		47.746 8	169		56.981 2
116		38.526 3	143		47.760 8	170		56.995 4
117		38.540 3	144		47.774 8	171		57.009 4
172		59.975 5	181		63.053 7	190		66.131 9
173		59.989 5	182		63.067 7	191		66.14 59
174		60.003 5	183		63.08 17	192		66.159 9
175		60.017 5	184		63.095 7	193		66.173 9
176	20	60.031 5	185	21	63.109 7	194	22	66.187 9
177		60.045 6	186		63.123 7	195		66.201 9
178		60.059 6	187		63.137 7	196		66.215 9
179		60.073 6	188		63.151 7	197		66.22 99
180		60.087 6	189		63.165 7	198		66.243 9
						199		69.210 1
						200	23	69.224 1

实例 2-5 已知齿轮的模数 m=3 mm，齿形角 α=20°，齿数 z=38，试用查表法求公法线长度 L_n。

解 通过查表 2-22，找到齿数 z=38，与其相对应的跨测齿数 k=5，L_n=13.816 8。被测齿轮的公法线长度为：

L_n=L_n m=13.816 8×3 mm=41.450 4 mm。

标准圆柱齿轮的主要参数及各部分尺寸计算见表 2-23。

表 2-23 标准圆柱齿轮主要参数及各部分尺寸计算

名 称	代号	计 算 公 式	名 称	代号	计 算 公 式
模数	m	设计时选定 $m=p/\pi$	全齿高	h	$h=2.25\,m$
压力角	α	$\alpha=20°$	齿顶圆直径	d_a	$d_a=d+2\,h_a=m(z+2)$
齿数	z	设计时选定	齿根圆直径	d_f	$d_f=d-2\,h_f=m(z-2.5)$
分度圆直径	d	$d=mz$	齿厚	s	$s=p/2=m\pi/2$

续表

名　称	代号	计算公式	名　称	代号	计算公式
周节	p	$p=m\pi$	齿间宽	e	$e=p/2=m\pi/2=s$
齿顶高	h_a	$h_a=m$	齿宽	b	$b=(6\sim10)m$ 设计时选定
齿根高	h_f	$h_f=1.25m$	公法线长度	L_n	$L_n=m\left[2.9521(k-0.5)+0.014z\right]$

2）齿轮齿形的加工方法

齿轮齿形的加工，按加工原理不同可分为两种类型：一种是成型法（也称仿形法），也就是在铣床上铣齿的方法，这种方法所用的刀具齿形完全与被加工齿轮齿间形状相同。另一种方法是展成法，是利用齿轮刀具与被切削齿轮的啮合运动而切出齿轮齿形的方法，如滚齿、插齿、磨齿等。

（1）铣齿的方式

铣齿是利用成型齿轮铣刀在铣床上直接切削出轮齿的方法，齿轮铣刀的形状有盘状齿轮铣刀（称模数盘状铣刀）和指状齿轮铣刀，如图 2.8.3 所示。盘状齿轮铣刀用于卧式铣床的齿形加工，指状齿轮铣刀用于立式铣床的齿形加工，如图 2.8.4 所示。在万能铣床上用盘状模数铣刀铣齿，可加工模数<8 mm 的齿轮，用指状模数铣刀可加工模数>8 mm 的齿轮。

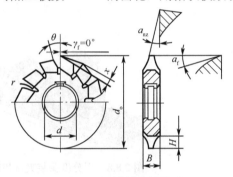

图 2.8.3　模数盘状铣刀

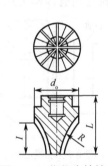

图 2.8.4　指状齿轮铣刀

（2）铣齿的特点

铣齿设备与工艺简单，刀具成本低，生产效率低，加工出的齿轮精度较低，一般在11～9 级之间，表面粗糙度值可达到 $Ra3.2\ \mu m$。铣齿多用于修配或单件小批量生产中对转速低、精度要求不高的齿轮。

（3）齿轮铣刀刀号的选择

齿轮铣刀根据齿轮的模数选择相应模数的铣刀，而加工相同模数、不同齿数的齿轮，所用的刀号不同。一般分 8 个刀号，每个刀号的铣刀加工一定齿数范围的齿轮，见表 2-24。

表 2-24　齿轮铣刀刀号与加工齿数范围

刀号	1	2	3	4	5	6	7	8
加工齿数范围	12～13	14～16	17～20	21～25	26～34	35～54	55～134	135 以上及齿条

实例 2-6　铣削模数为 3 mm，齿数为 32 的齿轮，应选择几号铣刀？

解　查表 2-24 可知，应选择模数为 3 mm 的 5 号齿轮铣刀。

（4）齿轮坯的安装

铣齿轮时，工件的安装要考虑齿轮分度圆对工件轴心线的同轴度误差，一般采用心轴安装，如图 2.8.5 所示是采用短圆柱螺纹紧固心轴单件安装；为了提高加工效率，可采用如图 2.8.6 所示长圆柱螺纹紧固心轴多件安装。加工同轴度要求较高的齿轮如图 2.8.7 所示是采用涨紧心轴安装。

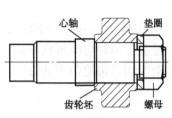

图 2.8.5　短圆柱心轴安装

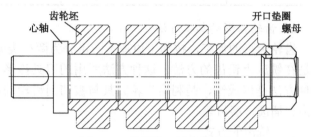

图 2.8.6　长圆柱心轴多件安装

（5）分度头装夹心轴

铣齿轮时，采用分度头装夹心轴，齿轮坯安装在心轴上，如图 2.8.8 所示为卧式铣床上铣齿轮的方法。当铣完一个齿槽后，移动工作台使工件离开铣刀，进行分度，再铣下一个齿槽，直到铣完所有齿槽为止。

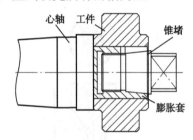

图 2.8.7　涨紧心轴安装

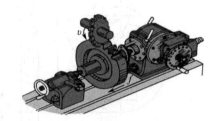

图 2.8.8　用分度头装夹铣齿轮

（6）齿轮齿槽的铣削

铣削齿轮齿槽时，为了保证加工精度和加工质量，最好分粗精铣。先分度分别粗铣各个齿槽，齿厚留少量的精铣余量，再分别精铣各齿槽至尺寸要求。

2．齿轮齿形的测量

铣齿轮时，根据表 2-23 的齿形尺寸计算，确定各参数值，铣削加工时主要控制齿高和公法线长度。

1）全齿高 h 的测量

全齿高 h 的尺寸要求不高，一般用游标卡尺测量。

2）公法线长度 L_n 的测量

公法线长度 L_n 的尺寸，影响两个互相啮合的齿轮的啮合松紧，要求较高。测量时，采用公法线千分尺测量，如图 2.8.9 所示。

图 2.8.9　齿轮公法线长度的测量

2.8.2 直齿圆柱齿轮齿形的铣削加工

1．零件的工艺分析

零件的技术要求：零件的毛坯为半成品，内外圆、长度及形位公差均已按要求加工，铣工要完成齿数为 33 齿，模数为 2 mm 的齿轮齿形铣削，铣齿主要保证齿形尺寸公差与位置精度。齿轮分度圆对轴线的跳动度要求较高，应采用心轴安装来保证其要求，齿形公差 ≤0.06 mm、公法线长度公差≤0.09 mm，由加工过程中控制，基圆齿距公差则由分度保证；齿面表面粗糙度值 Ra≤ 3.2 μm。为了保证加工质量，满足零件的技术要求，必须采取合理的工艺措施与加工方法。

2．装备选用与工件安装方式的确定

（1）设备的确定：选择卧式铣床加工。

（2）安装方法的确定：为了保证加工质量，应采用分度头装夹圆柱心轴并用百分表找正跳动度，再把齿轮坯安装在心轴上，心轴另一端用尾座顶尖支承。分度头与尾座支承后，要校正心轴轴线与工作台移动方向平行，才能保证铣出的齿槽与轴线平行。

3．确定加工方案

1）选择心轴

以 φ30 内孔为定位基准，选用短圆柱心轴作定位元件，以螺母垫圈轴向夹紧，如图 2.8.10 所示。为了保证定位准确，心轴定位处的直径公差要小些，定位轴径定为 $\phi30_{-0.01}^{-0.003}$，使配合间隙尽可能小。心轴一端用分度头卡盘夹持，另一端利用中心孔使用尾座顶尖定位支承。

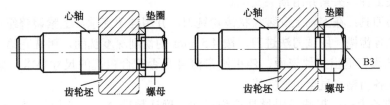

图 2.8.10 心轴定位

2）量具选择

根据各加工内容及尺寸精度要求，须使用公法线千分尺测量公法线长度，使用游标卡尺测量齿槽深度。

3）刀具选择

加工齿轮模数为 2 mm，齿数为 33 齿，根据表 2-24，选择模为 2 mm 的 5 号盘状齿轮铣刀。

4）确定切削用量

（1）切削深度的选择：按粗铣、精铣选择切削深度。因为铣齿是成型刀加工，所以粗铣时的切削深度就是齿槽深度 h 减去精铣余量，留精铣余量 0.5 mm，则粗铣时的切削深度

为 2.5*m*-0.5（*m* 为齿轮模数），即 4.5 mm，精铣的切削深度为 0.5 mm。

（2）进给量的选择：因为齿轮铣刀是成型刀，加工过程是多刃切削，已选定的切削深度较大，所以，进给量选择小些，选取 *f*=20～30 mm/min。

（3）铣床转速的选择：根据高速钢成型铣刀所许用的切削速度 $v \leqslant 30$ m/min，铣床转速 *n*，根据公式 $n=1\,000\,v/\pi d$ 计算。

粗铣时，取 v=15 m/min，铣刀直径 70 mm，铣床转速为：

$$n=1\,000×15/70\pi≈68 \text{ r/min}$$

精铣时，取 v=10 m/min，铣床转速为：

$$n=1\,000×10/70\pi≈45 \text{ r/min}$$

4．实施加工

1）工件准备

领取半成品零件，检验尺寸是否符合图样要求。

2）准备所需的刀具、工具、夹具、量具及劳保用品

3）工作场地的准备工作

（1）检查工作场地的附属设施，如工具台等。

（2）检查选用机器设备的使用记录，是否有故障记录。

（3）检查机器设备运转是否良好。

4）操作步骤

（1）安装分度头、尾座、心轴，并校验找正。

（2）装夹工件，夹紧并用顶尖支承。

（3）安装刀具：在刀轴上安装盘状齿轮铣刀，并用挂架支承，上紧调整螺母。

（4）粗铣各齿槽：用试刀法进刀，按 4.5 mm 的切削深度铣削，粗铣完第一个齿槽，移动工作台使铣齿刀退出工件表面，停机测量深度是否符合粗铣的尺寸要求，确认正确无误后，逐一粗铣各齿槽，直至粗铣完毕。

（5）精铣各齿槽：粗铣后用量具检测尺寸，确认精铣余量，变换转速与进给量，再进刀精铣（进刀时，略比精铣余量少几个道），铣出 4 个齿后停机，测量公法线长度是否符合公差要求。若还有余量，再进刀至尺寸要求后铣完各齿槽。

（6）检验：精铣完毕，先检测工件，确认合格后再取下工件。

（7）手工去毛刺：取下工件，用锉刀手工去掉齿廓毛刺。

5）安全操作与注意事项

（1）在安装分度头与尾座时，必须注意把底部擦拭干净，以确保定位良好。

（2）安装分度头与尾座时，注意安全，以免砸伤手。

（3）安装刀盘、挂架时，注意隔套与刀盘贴合良好，避免铣削过程铣刀松动。

（4）粗铣开始时，要密切注意铣削情况，发现有异常声响或工件有跳动情况时立即停机检查或调整切削进给量。

（5）主轴未停止转动时不得进行测量。

（6）铣削过程中不得离开操作现场，随时关注切削状况。

（7）铣削时应浇注切削液，进行冷却润滑，保证铣刀正常的使用寿命与加工质量。

（8）工件未经检验合格，不要松动或取下工件，否则可能因错位无法继续加工而造成工件报废。

5．检查与整理

（1）加工过程及加工完毕，对工件进行质量检查。

（2）对设备进行清扫维护，检查各手柄所处位置是否正确。

（3）加工完毕，对分度头、尾座进行清理、加油，放回原来摆放位置。

（4）检查清理工量具，整理加工现场。

6．评价

（1）对齿形加工质量进行评价。

（2）对加工出现的质量问题进行分析。加工质量问题产生的原因与预防措施如表 2-25 所示。

表 2-25 加工质量问题产生的原因与预防措施

质 量 问 题	产 生 原 因	预 防 措 施
齿形周节不正确	1．齿形铣刀选用不正确。 2．分度头使用不正确，分度误差造成。	1．按加工齿轮的模数与齿数，正确选用齿形铣刀刀号。 2．正确使用分度头分度。
分度圆齿厚超差	1．铣削深度控制不当，且没有及时测量。 2．测量不正确造成误差。	1．按齿形尺寸合理选择切削深度，及时测量齿厚。 2．正确使用量具，确保测量无误。
公法线长度超差	1．计算错误。 2．测量误差或切削量控制不当造成。	1．按有关表格指导的参数确定公法线长度，或按公式正确计算公法线长度。 2．精铣前正确测量公法线长度，按尺寸控制切削量。
表面粗糙度值过大	1．进给量过大。 2．切削速度选择不当。 3．刀具磨损。	1．精铣时进给量不宜选择过大。 2．采用合理的切削速度，并加注切削液。 3．及时修磨刀具。

思考与练习题 18

1．铣削模数为 3 mm、齿数为 28 齿的圆柱齿轮，试计算周节、分度圆直径、齿顶圆直径、齿根圆直径、跨测齿数、公法线长度等参数，应选择的刀号是几号？

2．铣齿轮齿形槽时，若齿根圆已铣到基本偏差尺寸，但公法线长度值还偏大，此时如何处理？

3．铣削如图 2.8.11 所示齿轮，模数为 2 mm，齿数 24 齿，计算其参数并完成齿部的铣削（齿轮坯为任务 1.5 中的训练零件，车工完成车加工后，磨工磨内孔及端面）。

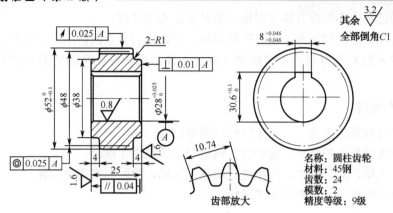

图 2.8.11　齿轮

任务 3.1 磨床与砂轮基础训练

任务描述

　　学习磨床操作，必须从基本功开始，磨床的入门训练内容主要有磨床基本操作与安全技术，磨床的日常维护保养知识，砂轮的选用，量具的使用与保养，平面零件、外圆零件、内孔零件的磨削技术等。本任务的磨削训练以平口钳夹板、台阶轴、齿轮为载体，通过本任务掌握最基本的磨床操作技术，为后面进一步学好磨床操作技能奠定基础。

技能目标

　　（1）能安全操作磨床，能根据加工要求选择磨床及砂轮，能对磨床进行日常维护保养。
　　（2）懂得砂轮的安装及修整方法。
　　（3）了解用钢尺、游标卡尺、千分尺测量零件。
　　（4）了解平面度、圆度、圆跳动度的检测方法。
　　（5）懂得磨削加工时切削用量的选择。

3.1.1 磨床的分类与运动方式

　　磨削是切削加工方法之一，是用高硬度的磨料或磨具对工件进行加工，磨削加工不仅广泛用于精加工，零件经过磨削加工可获得高精度（IT6～IT4）和很小的表面粗糙度（$Ra0.8～0.02\ \mu m$），甚至更高；也可用于粗加工和毛皮去皮加工，并获得高的生产率和经济性。可加工各种材料，包括一些高硬、超硬的金属材料和非金属材料，如淬火钢、高硬度合金、陶瓷材料、宝石等。

　　磨削加工的应用范围很广，可以磨削外圆、内孔、圆锥、平面、齿轮、花键、螺纹，还可以磨削导轨面及其复杂的成型表面，如图 3.1.1 所示是常见的磨削加工内容。

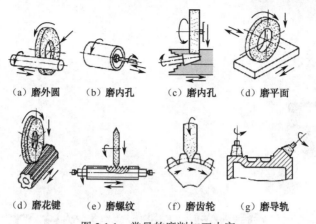

（a）磨外圆　　（b）磨内孔　　（c）磨内孔　　（d）磨平面

（d）磨花键　　（e）磨螺纹　　（f）磨齿轮　　（g）磨导轨

图 3.1.1　常见的磨削加工内容

1．磨床的分类

现代机械零件的磨削加工，按自动化程度划分磨床可分普通磨床和数控磨床两大类。

普通磨床按加工表面和工件类型分：平面磨床、外圆磨床、内圆磨床等，此外还有无心磨床、螺纹磨床、齿轮磨床、工具磨床、花键磨床及曲线磨床等，如图 3.1.2 所示是几种普通型磨床外形。

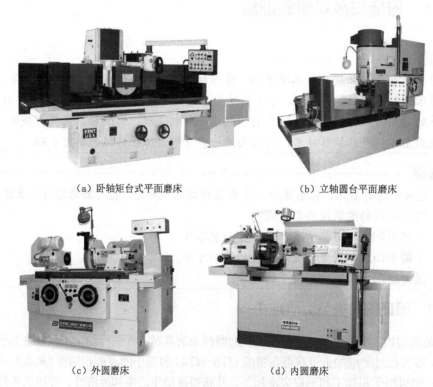

（a）卧轴矩台式平面磨床　　　　　　　　　　　　（b）立轴圆台平面磨床

（c）外圆磨床　　　　　　　　　　　　　　　　　（d）内圆磨床

图 3.1.2　几种常见的普通磨床

2．磨床的运动方式

磨床的运动方式主要有以下三种。

1）主运动

砂轮的旋转运动是磨床的主运动，是磨床磨下切屑所必须的切削运动，磨削速度单位为 r/min。主运动通常是由电动机通过 V 带直接带动砂轮主轴旋转实现的。由于采用不同砂轮磨削不同材料的工件时，磨削速度的变化范围不大，故主运动一般不变速。但砂轮直径因修整而减小较多时，为获得所需的磨削速度，可采用更换带轮变速。目前，有些外圆磨床的砂轮主轴采用直流电动机驱动，可实现无级调速，以保证砂轮直径变小时始终保持合理的磨削速度，以实现恒速磨削。

2）磨床的进给运动

这里先以平面磨床做介绍。

平面磨床的进给运动是工作台往复运动。有三个方向的运动：纵向进给运动、砂轮架横向进给运动和滑座带动砂轮架一起沿立柱导轨的垂直进给运动，这三个运动都是直线运动。它们通常采用液压传动，以确保运动的平稳性。

3）辅助运动

辅助运动的作用是实现磨床加工过程中所必需的各种辅助动作，例如砂轮架横向快速进退和尾座套筒缩回运动等。

3.1.2 砂轮的选择与磨削

砂轮是磨削加工中使用的切削刀具，它是由磨料和结合剂适当混合并经压缩后烧结而成。磨料是构成砂轮的基本要素，结合剂把磨料粘结在一起，但它并没有填满磨料之间的所有空隙，所以砂轮是由磨料、结合剂和空隙三个要素组成。决定砂轮特性的有磨料、粒度、结合剂、硬度和组织等五个参数。

1. 砂轮的特性及其选择

1）磨料

磨料是砂轮的主要成分，它直接担负切削工作。因此，要求磨料必须有很高的硬度、耐磨性、耐热性和一定的韧性，且磨粒破碎时还应能形成尖锐的棱角。

磨料分天然磨料和人造磨料两种。天然磨料多指金刚石，其硬度高，但价格昂贵，因此主要用人造磨料来制造砂轮。

常用的磨料有氧化物系、碳化物系、高硬磨料系三类。氧化物系磨料的主要成分是 Al_2O_3，由于其纯度不同和加入不同的化合物而分成不同的品种，目前常用的有棕刚玉、白刚玉两种。碳化物系磨料主要以碳化硅、碳化硼等为机体，也是因为材料的纯度不同而分为不同的品种。高硬磨料系主要有人造金刚石和立方氮化硼。常用磨料的代号、特性及应用范围见表 3-1。

2）粒度

粒度表示磨料颗粒尺寸的大小。磨粒直径大于 40 μm 时，称为砂粒，其粒度号见表 3-1；磨粒直径小于 40 μm 时，称为微粉，如尺寸为 20 μm 的微粉，其粒度号标为 w20。

粒度对磨削生产率及加工表面的粗糙度有很大的影响，选择时可参考以下原则：

（1）粗磨时，切削厚度较大，可选用号数小的粗磨粒砂轮；磨削软金属及砂轮与工件接触面积较大时，为避免堵塞砂轮，也应采用粗粒度的砂轮。

（2）精加工及磨削脆性材料时，应采用细粒度的砂轮。

（3）中等粒度（30粒度～70粒度）的砂轮应用比较广泛。

加工时应根据具体情况加以选择，可参考表3-1进行选择。

表3-1　常见的砂轮粒度及其应用范围

磨料	种类	系列	磨料名称	代号	特性	适用磨削范围
		氧化物系	棕刚玉	A	棕褐色，硬度高，韧性大，价格便宜	碳刚、合金钢、可锻铸铁、硬青铜
			白刚玉	WA	白色，硬度比A高，韧性比A差	淬火刚，高速钢及薄壁零件
		碳化物系	黑碳化硅	C	黑色，硬度比WA高，性脆而锋利，导热性较好	铸铁、黄铜、铝、耐火材料及非金属材料
			绿碳化硅	GC	绿色，硬度及脆性比C高，有良好的导热性	硬质合金、宝石、陶瓷、玻璃等
		高硬磨料系	人造金刚石	D	无色透明或淡黄色、黄色、黑色、硬度高	硬质合金、宝石、光学玻璃、等
			立方氮化硼	CBN	黑色或淡白色、硬度仅次于D、耐磨性高、发热量小	高温合金、高钼、高钒、高钴钢、不锈钢等
	粒度	粒度号	颗粒尺寸（μm）		使用范围	
		12#、14#、16#	2 000～1 000		粗磨、荒磨、打磨毛刺	
		20#、24#、30#、36#	1 000～400		磨钢锭，打磨锻铸件毛刺，切断钢坯等	
		46#、60#	400～250		内圆、外圆、平面、无心磨、工具磨等	
		70#、80#	250～160		内圆、外圆、平面、无心磨、工具磨等的半精磨与精磨	
		100#、120#、150#、180#、200#	160～50		半精磨、精磨、研磨或成型、工具刃具磨等	
		W40W28W20	50～14		精磨、超精磨、研磨、螺纹磨、镜面磨等	
		W14～更细	14～2.5		精磨、超精磨、镜面磨、研磨抛光等	
结合剂	种类	名称	代号	性能		应用范围
		陶瓷结合剂	V	耐热、耐水、耐油、耐酸碱、气孔率大、强度高，但韧性、弹性差		应用范围最广，除切断砂轮外，大多数都采用它
		树脂结合剂	B	强度高，弹性差、耐冲击、有抛光作用，但耐热性差、抗腐蚀性差		制造高速砂轮、薄砂轮
		橡胶结合剂	R	强度和弹性更好，有极好的抛光作用，但耐热性更差，不耐酸、易堵塞		无心磨床导轮、薄砂轮、抛光砂轮等
		金属结合剂	J	强度高、成型性好，有一定韧性，但自脱性差		制造各种金刚石砂轮

续表

	名称	超软	软1	软2	软3	中软1	中软2	中1	中2	中硬1	中硬2
硬度	代号	DEF	G	H	J	K	L	M	N	P	Q
	名称	中硬3	硬1		硬2		超硬				
	代号	R	S		T		Y				

		类别	紧密		中等		疏松						
空隙	组织	组织号	0	1	2	3	4	5	6	7	8	9	10	11	12
		磨粒占砂轮的体积（%）	62	60	58	56	54	52	50	48	46	44	42	40	38

3）硬度

砂轮的硬度是指砂轮表面在磨削力的作用下脱落的难易程度，砂轮的硬度主要取决于结合剂的粘结能力，并与其在砂轮中所占的比例大小有关，而与磨料本身的硬度无关。也就是说同一种磨料可以做出硬度不同的砂轮。磨粒容易脱落的砂轮，其硬度就低，一般称为软砂轮；磨粒难脱落的砂轮，其硬度就高，一般称为硬砂轮。

砂轮硬度的选择是一项很重要的工作，因砂轮的硬度对磨削生产率和加工质量都有很大的影响。如果砂轮硬度选择得过硬，磨粒磨钝后仍不脱落，就会增加摩擦力和摩擦热，大大降低切削效率及工件的表面质量，甚至会使工件表面产生烧伤和裂纹；如果砂轮硬度选择得太软，磨粒尚未磨钝就从砂轮上脱落，增加砂轮的消耗，且砂轮的形状也不易保持，降低工件的加工精度。如果砂轮硬度选择得合适，磨钝的磨粒适时地自动脱落，使新的锋利的磨粒露出来继续担负磨削工作，这种现象称为砂轮的自锐性，这样不但磨削效率高，而且砂轮的消耗小，工件表面质量也好。

选择砂轮硬度的原则如下：

（1）从工件材料的硬度考虑。磨削硬度较高的金属时，磨粒容易被磨钝，应选择软砂轮，以便使变钝的磨粒因切削力增大而自行脱落，使具有锋利棱角的新磨粒露出表面参加磨削；磨软金属时，磨粒不易被磨钝，应选择硬砂轮，以免磨粒过早脱落。

（2）从工件材料的导热性考虑。导热性差的材料，如硬质合金，因不易散热，工件的被加工表面经常被烧蚀，因此选用较软的砂轮。

（3）从其他因素考虑。砂轮与工件的接触面积越大，磨粒参加切削的时间就越长，磨粒越容易磨损，因此应选择较软的砂轮。

成型磨削时，为了能长时间地保持砂轮的轮廓形状，应选择较硬的砂轮。

4）砂轮的组织

砂轮的组织是指磨粒和结合剂结构的疏密程度，它反映了磨粒、结合剂、空隙三者之间的比例关系。磨粒在砂轮总体积中所占的比例越大，则组织越紧密，空隙越小；反之，磨粒在砂轮总体积中所占的比例越小，则组织越疏松，空隙越大。

砂轮组织的级别可分为紧密、中等、疏松三大类别，细分为13级，见表3-1。

组织号越大，砂轮中的空隙越大，不易堵塞，磨削效率高，工件表面也不易烧蚀。组织号越小，砂轮单位面积表面上的磨刃就越多，砂轮形状就越容易保持。因此，磨削韧性材料、软金属以及大面积磨削时，应选用组织疏松的砂轮，精磨、成型磨削时应选取组织紧密的砂轮。

5）砂轮的形状和尺寸

根据磨床结构及磨削的加工需要，砂轮有各种形状和不同的尺寸规格，为了便于区别，用代号做标记，如表 3-2 所列为常用砂轮的名称、形状、代号及用途。砂轮的各种特性以及代号标注在砂轮的端面上，其顺序是：磨料－粒度－硬度－结合剂－组织－形状－尺寸。

例如，代号 GC80NVP400×50×75 的含义为：GC—绿色碳化硅；80——粒度号为 80号；N—硬度为中 2；V—陶瓷结合剂；P—形状为平形；400×50×75—砂轮尺寸，外径为400 mm，厚度为 50 mm，孔径为 75 mm。

表 3-2　常用砂轮形状代号及其用途

砂轮名称	代号	形　状	基本用途
平行砂轮	P		根据不同尺寸，分别用于外圆磨、内圆磨、平面磨、无心磨、工具磨、螺纹磨和砂轮机上
双斜边一号砂轮	PSX1		主要用于磨齿轮齿面和单线螺纹
双面凹砂轮	PSA		主要用于外圆磨削和刃磨刀具，还用做无心磨的磨轮和导轮
薄片砂轮	PB		主要用于切断和车槽
筒形砂轮	N		用于立式平面磨床上
杯形砂轮	B		主要用其端面刃磨刀具，亦可用其圆周磨平面和内孔
碗形砂轮	BW		常用于刃磨刀具，也可用于导轨磨床上磨机床导轨
碟形一号砂轮	D1		适用于铣刀、绞刀等，大尺寸的砂轮一般用于磨齿轮的齿面

2. 砂轮的磨削过程

砂轮的磨削过程，实际上是无数磨粒对工件表面进行错综复杂的切削、刻划、滑擦的综合过程。砂轮磨削时各个磨粒表现出来的磨削作用各不相同。

1）磨削过程

磨削过程中，砂轮上凸出较高的和比较锋利的磨粒起切削作用，当砂轮在靠近工件表面时，凸出的磨粒先接触工件表面，由于切入深度极小，磨粒棱尖圆弧的负前角很大，在工件表面上仅产生弹性变形；随着切入深度增大，磨粒与工件表层之间的压力加大，工件表层产生塑性变形并被刻划出沟纹；当切深进一步加大，被切的金属层才产生明显的滑移而形成切屑。这是磨粒的典型切削过程，其本质与刀具切削金属的过程相同。

2）刻划过程

磨削过程中，砂轮上凸出高度较小或较钝的磨粒几乎起不到切削作用，当凸出较高的磨粒对工件表面切削后，凸出高度较小的磨粒与工件接触的是弹性变形恢复时的厚度很薄的切削层，磨粒不是切削，而是在工件表面上刻划出细小的沟纹，即起刻划作用，工件材料被挤向磨粒的两旁而隆起。

3）滑擦过程

磨削过程中，砂轮上磨钝的或比较凹下的磨粒既不切削也不刻划工件，而只是把刻划过程中工件材料被挤向磨粒两旁而隆起的微小凸痕发生滑擦挤压，起摩擦抛光作用。

一般地说，粗磨时以切削作用为主；精磨时既有切削作用，也有摩擦抛光作用；超精磨和镜面磨削时摩擦抛光作用更为明显。

3．磨削用量要素

1）磨削速度 v_0

磨削速度是指砂轮旋转的线速度，即砂轮外圆表面上某一磨粒在 1 s 时间内所通过的路程：

即
$$v_0 = \frac{\pi D_0 n_0}{1\,000 \times 60} \quad (\text{m/s})$$

式中，D_0 为砂轮直径，单位为 mm；n_0 为砂轮转速，单位为 r/min。

一般磨床的砂轮主轴只有一种转速（称恒转速），但是，由于砂轮的直径大小不同，实际磨削速度也就不同。例如，M1432A 型万能外圆磨床砂轮主轴转速是 1 670 r/min，当砂轮直径为 400 mm 时，按上述公式计算得磨削速度 v_0=35 m/s，当砂轮磨损至直径为 300 mm 时，v_0=25 m/s。磨外圆和磨平面时，砂轮不易太小，因此，磨削速度 v_0 一般为 25～35m/s，且随着砂轮直径变小而减小。磨内圆时由于砂轮直径较小，如：当砂轮直径为 30 mm，而主轴转速还是 1 670 r/min，则磨削速度 v_0=2.6 m/s，显然速度过低，所以内圆磨床主轴有几组转速，如 MD215 型内圆磨床转速有 16 000～24 000 r/min。当转速为 24 000 r/min，砂轮直径为 30 mm 时，磨削速度 v_0 为 37 m/s。

2）背吃刀量 a_p

对于外圆磨削、内圆磨削、无心磨削而言，背吃刀量又称横向进给量，即工作台每次纵向往复行程终了时，砂轮在横向移动的距离。背吃刀量大时，生产率高，但对磨削精度和表面粗糙度不利。通常，磨外圆时，粗磨选择 a_p=0.01～0.025 mm，精磨选择 a_p=0.005～0.015 mm；磨内圆时，粗磨选择 a_p=0.005～0.03 mm，精磨选择 a_p=0.002～0.01 mm；磨平面时，粗磨选择 a_p=0.015～0.15 mm，精磨选择 a_p=0.005～0.015 mm。

3）纵向进给量 f

外圆磨削时，纵向进给量是指工件每回转一周砂轮移动的距离，沿自身轴线方向相对砂轮移动的距离，f 的单位是 mm/r。粗磨时，选择进给量 $f=(0.3\sim0.85)T$；精磨时，选择 $f=(0.2\sim0.3)T$（T 是砂轮的宽度）。

4）工件圆周速度 v_ω

工件圆周速度 v_ω 是指圆柱面磨削时待加工表面的线速度，又称为工件圆周进给速度，即：

$$v_\omega=\frac{\pi D_\omega n_\omega}{1\,000}\ \text{（m/min）}$$

式中：D_ω 为工件直径，mm；n_ω 为工件转速，r/min。

粗磨时，取 $v_\omega=20\sim85$ m/min，精磨时，取 $v_\omega=15\sim50$ m/min。

3.1.3 磨床基础操作

1．磨床各部位用途与操作

根据车间现有磨床，在老师的指导下学习各操作系统的操作方法，包括控制面板操作，各功能按钮、手柄的用途与操作顺序，学习安全操作规程与日常维护手册等。

2．砂轮的安装、平衡与修整

1）砂轮的安装

砂轮工作时的转速很高，安装前应仔细检查是否有裂纹。检查时，可将砂轮用绳索穿过内孔，吊起悬空，用木锤轻轻敲击其侧面，若声音清脆，说明砂轮无裂纹；若声音嘶哑，说明砂轮有裂纹，有裂纹的砂轮不允许使用。直径较大的砂轮均用法兰盘装夹，法兰盘的底盘和压盘直径必须相同，且不小于砂轮直径的 1/3。砂轮与法兰盘间应放置弹性材料（如橡胶、毛毡等）制成的衬垫，紧固时螺母不能拧得过紧，以保证砂轮受力均匀，不致压裂。直径较小的砂轮则用粘结剂紧固。

2）砂轮的平衡

改变安装砂轮的法兰盘环槽内若干个平衡块的位置，使砂轮的重心与其回转中心重合的过程，称为砂轮的平衡。

砂轮的重心与其回转中心不重合时会造成砂轮不平衡，产生的原因主要是砂轮制造的误差和在法兰盘上安装时所产生的安装误差。砂轮高速旋转时因不平衡而产生很大的惯性力，会使工艺系统产生振动，降低磨削质量，损坏主轴及轴承，严重时会导致砂轮破裂而发生事故。因此，砂轮安装后必须进行平衡试验。

安装新砂轮时，通常要进行两次平衡。第一次平衡要求低一些，称为粗平衡。粗平衡的目的是保护磨床，减少砂轮对修整工具的撞击。粗平衡后，把砂轮装上磨床，用金刚石笔把砂轮外圆修整圆，并将两端面修平。由于砂轮的几何形状不正确以及安装偏心等原因，在砂轮各部位修去的重量是不均匀的，因此还会出现不平衡的现象。此时需要将砂轮从磨床上拆下，放在平衡架上再进行精平衡一次。第二次平衡的要求很高，必须仔细进行。

砂轮修好后，应空运转 10 分钟左右，以检查砂轮运转的平稳性和装夹的可靠性。

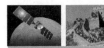

3）砂轮的修整

砂轮在磨削过程中，工作表面上的磨粒将逐渐变钝，磨粒所受的切削力也随之增大，因此将急剧且不均匀地脱落。部分磨粒脱落后，新露出的磨粒以锋利的棱角继续切削，而未脱落的磨粒继续变钝，使砂轮的磨削能力降低，外形也会产生变化，同时，砂轮与工件间的摩擦加剧，使工件表面产生烧蚀和振动波纹，并产生刺耳的噪声。因此，磨钝的砂轮必须及时修整。

用砂轮修整工具将砂轮工作表面已磨钝的表层修去，以恢复砂轮的切削性能和正确几何形状的过程，称为砂轮的修整。修整一般用金刚石笔固定在磨床工作台上，工作台往复进给，这样，金刚石笔即可将砂轮表面薄薄（约 0.1 mm 左右）地切去一层。

修整后的砂轮磨削工件时，如发出清脆的"嚓、嚓"声，并伴随着均匀的火花，则说明磨粒已经锋利，砂轮已恢复切削能力。

3. 操作要领与注意事项

（1）每次起动砂轮前，应将液压开停阀放在停止位置，调整手柄放在最低速位置，砂轮座快速进给手柄放在后退位置，以免发生意外。

（2）每次起动砂轮前，应先启动润滑泵或静压供油系统油泵，待砂轮主轴润滑正常、静压压力达到设计规定值后，才能启动砂轮回转。

（3）刚开始磨削时，进给量要小，切削速度要慢些，防止砂轮冷脆破裂，特别是冬天气温低时更要注意。

（4）砂轮快速引进工件时，不准机动进给，不许进大刀，注意工件突出棱角部位，防止碰撞。

（5）砂轮主轴温度超过 60 ℃时必须停车，待温度恢复正常后再工作。

（6）不准用磨床的砂轮当作普通的砂轮机一样磨东西。

（7）在使用冷却液的机床，工作后应将冷却泵关掉，砂轮空转几分钟甩净冷却液后再停止砂轮回转。

思考与练习题 19

1. 什么是磨削，磨削过程如何？
2. 磨床的安全操作规程有些？
3. 砂轮由什么组成？选择砂轮根据哪些因素？
4. 怎样调整砂轮的平衡？
5. 为什么要修整砂轮？

任务 3.2　零件平面的磨削工艺与加工

任务描述

平面的磨削加工是磨工最常见且工作比重最大的磨削加工类型。平口钳钳口护板是简单的平面类零件，用来加紧被加工零件和保障被加工零件的几何形状时使用。平口钳钳口护板要求耐磨所以是经过淬火热处理的零件，两个大平面有形位公差要求。

本任务以图 3.2.1 所示平口钳钳口护板的平面磨削加工为例，介绍平面零件的磨削方法及保证加工精度的工艺措施，按工作过程的六步法来完成平口钳钳口护板的磨削加工任务。

完成本任务要掌握的知识有：平面磨削的加工工艺知识，平面磨削的方法与测量方法，保证平口钳钳口护板平面加工精度的方法等。

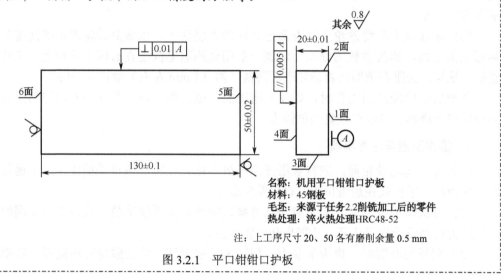

名称：机用平口钳钳口护板
材料：45钢板
毛坯：来源于任务2.2削铣加工后的零件
热处理：淬火热处理HRC48-52

注：上工序尺寸 20、50 各有磨削余量 0.5 mm

图 3.2.1　平口钳钳口护板

技能目标

（1）了解平面磨削的加工工艺知识。

（2）能正确选择砂轮和安装。

（3）能正确调整切削用量。

（4）能在平面磨床上正确安装零件。

（5）能正确操作平面磨床。

（6）能在平面磨床上正确测量零件。

（7）能够对平面磨床进行日常维护与保养。

3.2.1　平面零件磨削加工的工艺准备

1．平面磨床的工作范围及其结构

平面磨床用于磨削各种工件的平面。根据砂轮工作面的不同，平面磨床可分为圆周磨削和端面磨削两种类型；根据工作台形状不同，平面磨床又可分为矩形工作台和圆形工作台两类，常用的平面磨床按其砂轮轴线的位置和工作台的结构特点，可分为卧轴矩台平面磨床、卧轴圆台平面磨床、立轴矩台平面磨床、立轴圆台平面磨床等几种，其中卧轴矩台式和立轴圆台式平面磨床应用最广泛。如图 3.2.2（a）所示为立轴圆台式平面磨床，图 3.2.2（b）所示为卧轴矩台平面磨床。这里以 M7120A 型平面磨床为例进行介绍。

M7120A 型平面磨床的结构如图 3.2.2（b）所示，它由十大主要部件组成。磨头由电机带动砂轮旋转，利用砂轮圆周面作为工作面，磨削工件平面。磨头固定在滑架上，滑架可沿立柱的导轨做间歇的切入运动，上下移动可调整磨削不同高度的平面和磨削深度。矩

形工作台装在床身的水平纵向导轨上，由液压传动做纵向直线往复运动，移动的极限位置可通过调整挡块的位置来控制，从而实现磨削行程的控制。工作台装有电磁盘，以便吸紧工件。

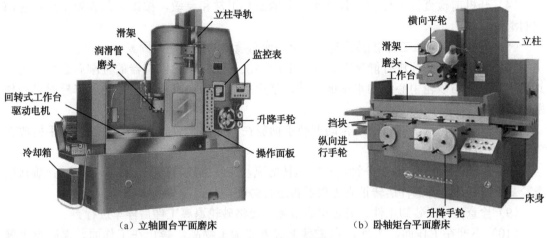

(a) 立轴圆台平面磨床　　　　　　(b) 卧轴矩台平面磨床

图 3.2.2　平面磨床

这种平面磨床的加工精度高，应用最广泛，但生产效率不如立轴圆台式平面磨床高。

2．平面磨床的运动机构与操作

1）M7120A 型平面磨床的运动机构

M7120A 型平面磨床矩形工作台安装在床身的水平纵向导轨上，由液压传动系统实现纵向直线往复移动，利用撞块控制换向。此外，工作台也可以用纵向手轮通过机械传动系统手动操纵往复移动或进行调整工作。工作台上装有电磁吸盘，通过电磁开关旋钮控制吸紧或松开工件及夹具。

装有砂轮主轴的磨头可沿滑架上的水平燕尾导轨移动，磨削时的横向步进进给和调整时的横向移动，由液压传动系统实现，也可以用横向手轮手动操纵。

磨头的高低位置调整或垂直进给运动，由升降手轮操纵，通过滑架沿立柱的垂直导轨移动来实现。

M 7120A 型平面磨床的切削运动主要有如下两种。

（1）主运动

磨头主轴上砂轮的回转运动。

（2）进给运动

① 工作台的纵向进给运动。由液压传动系统实现，移动速度范围 1～18 mm/min。

② 砂轮的横向进给运动。在工作台每一个往复行程终了时，由磨头沿滑架的水平导轨横向步进实现。

③ 砂轮的垂直进给运动。手动使滑架沿立柱垂直导轨上下移动，用以调整磨头的高低位置和控制磨削深度。

2）平面磨床的操作步骤

（1）开机前必须穿好工作服，扣好衣、袖，留长发者，必须将长发盘入工作帽内；不

得系围巾、戴手套操作机床。

（2）开机前将工具、卡具、工件摆放整齐，清除任何妨碍设备运行和作业活动的杂物。

（3）开机前，应检查传动部分安全护罩是否完整、固定，发现异常应及时处理。

（4）开机前检查机床传动部分及操作手柄是否正常和灵敏，按维护保养要求加足各部位润滑油。

（5）开机前，应按工件磨削长度，调整好换向撞块的位置，并固紧。

（6）安装砂轮必须进行静平衡，修正后应再次平衡，砂轮修整器的金刚石必须尖锐，其尖点高度应与砂轮中心线的水平面一致，禁止用磨钝的金刚石修整砂轮，修整时必须使用冷却液。

（7）开动砂轮前，应将液压传动调整手柄放在"低速"位置，砂轮快速移动手柄放在"后退"位置，以防碰撞。

（8）起动磨床空转3～5分钟，观察运转情况，应注意砂轮离开工件3～5 mm；确认润滑冷却系统畅通，各部件运转正常无误后再进行磨削作业。

（9）检查工件、装卸工件、处理机床故障，要将砂轮退离工件后停车进行。

（10）不准在工作面、工件、电磁盘上放置非加工物品，禁止在工作面、电磁盘上敲击、校准工件。

（11）电磁卡盘和整流器应在通电5分钟后使用，卡盘吸附上工件后，必须检查其牢固后再磨削，吸附较高或较小的工件时，应另加适当高度的靠板，防止工件歪倒，造成事故。

（12）砂轮接近工件时，不准机动进给，砂轮未离开工件时，不准停止运转。

（13）磨削进给量应由小渐大，不得突然增大，以防砂轮破裂。

（14）磨削过程中，应注意观察各运动部位温度、声响等是否正常。滤油器、排油管等应侵入油内，防止油压系统内有空气进入，油缸内进入空气时应立即排除；砂轮主轴箱内温度不应超过60 ℃。发现异常情况应停车检查或检修，查明原因、恢复正常后才能继续作业。

（15）操作时，必须集中精力，不得做与加工无关的事，不得离开磨床。

（16）不得允许他人擅自操作磨床或容留闲杂人员在机床周围。

（17）作业完毕，应先关闭冷却液，将砂轮空转2分钟以上后，将各手柄放于非工作位置，并切断电源停止设备。

（18）下班前，应清理工具、工件并摆放整齐，做好机台及周边清洁工作。连续工作一周后，应清除冷却液箱内的磨屑。

3）维护保养方法

（1）按机器的润滑要求进行润滑保养。

（2）磨床每工作3～4个月后，应将油液从床身油箱中放出后清洗油箱，重新注入的油液必须经过过滤。

（3）油管上的滤油器网，必须定期加以清理或洗涤，冷却液泵每工作2000工作小时，应用煤油进行清洗。

（4）冷却液箱视工作情况，每星期至少清理一次，工作台油盘、床身排水管、床身导轨的接油斗，都应定期清除污垢。

（5）电动机必须保持清洁，磨头电动机的进风口网罩需经常保持良好的通风状态，不可堵塞。

（6）定期检查手柄、旋扭、按键是否损坏。

（7）每天下班前 10 分钟，对机床加油润滑及擦洗清洁机床。

（8）禁非操作人员操作该设备，平时必须做到人离机停。

3．平面磨床的磨削方法

在平面磨床上磨削平面有圆周磨削和端面磨削两种形式。卧轴矩台或圆台平面磨床的磨削属圆周磨削，砂轮与工件的接触面积小，生产效率低，但磨削区散热、排屑条件好，因此磨削精度高。

卧轴矩台平面磨床磨削平面的主要方法是采用横向磨削法，即：每当工作台纵向行程终了时，砂轮主轴做一次横向进给，待工件表面上第一层金属磨去后，砂轮再按预选磨削深度做一次垂直进给，以后按上述过程逐层磨削，直至切除全部磨削余量。

横向磨削法是最常用的平面磨削方法，适用于长而宽的平面，也适用于相同小件按序排列，作集中磨削，见图 3.2.3。

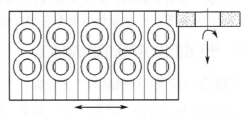

图 3.2.3

4．磨削加工零件的测量

1）平面度的测量方法

平面度是将被测实际表面与理想平面进行比较，两者之间的线值距离即为平面度误差值；或通过测量实际表面上若干点的相对高度差，再换算以线值表示的平面度误差值。

（1）平晶干涉法：用光学平晶的工作面体现理想平面，直接以干涉条纹的弯曲程度确定被测表面的平面度误差值。主要用于测量小平面，如量规的工作面和千分尺测头测量面的平面度误差。

（2）打表测量法：打表测量法是将被测零件和测微计放在标准平板上，以标准平板作为测量基准面，用测微计沿实际表面逐点或沿几条直线方向进行测量。打表测量法按评定基准面分为三点法和对角线法：三点法是用被测实际表面上相距最远的三点所决定的理想平面作为评定基准面，实测时先将被测实际表面上相距最远的三点调整到与标准平板等高；对角线法实测时先将实际表面上的四个角点按对角线调整到两两等高。然后用测微计进行测量，测微计在整个实际表面上测得的最大变动量即为该实际表面的平面度误差。

（3）液平面法：液平面法是用液平面作为测量基准面，液平面由"连通罐"内的液面构成，然后用传感器进行测量。此法主要用于测量大平面的平面度误差。

2）平行度的测量方法

平面之间的平行度误差，是测量面相对于基准平面的平行度误差。基准平面用标准平板支承，用百分表或千分表垂直对准被测平面，如图 3.2.4 所示。测量时，双手推拉表架在平板上缓慢地作前后滑动，找到指示表读数的最大值和最小值，就是两平面的平行度误差。

平行度误差也可采用偏摆仪、数据采集仪、影像测量仪、三坐标测量机等新型方法仪器进行测量。

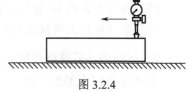

图 3.2.4

应用数据采集仪的测量原理：数据采集仪会从百分表中自动读取测量数据的最大值与最小值，然后由数据采集仪软件自动计算出平面度、平行度误差，最后数据采集仪会自动判断所测零件的平面度、平行度误差是否在平行度公差范围内，如果所测平面度、平行度误差大于平面度、平行度公差值，采集仪会自动发出报警功能，提醒相关操作人员该产品不合格。

应用数据采集仪的优势：

（1）无需人工用肉眼去读数，可以减少由于人工读数产生的误差；

（2）无需人工去处理数据，数据采集仪会自动计算出平面度、平行度误差值。

（3）测量结果报警，一旦测量结果不在平行度公差带时，数据采集仪就会自动报警。

3.2.2　平口钳钳口护板的磨削加工

1. 平口钳钳口护板平面磨削的工艺分析

平口钳钳口护板的使用要求有较高的硬度，以防止变形，铣工铣削加工后留余量，需要经过淬火热处理 HRC48-52 再进行磨削两个大平面和两个导向平面，保证四个面的平面度和平行度。本任务的加工是磨削平面。

读图：分析如图 3.2.1 所示零件图，明确加工内容及要求。平口钳钳口护板零件，有两大平面和导向平面的表面粗糙度值为 $Ra0.8$，且尺寸精度≤0.02 mm，由于工件加工热处理，略有变形，需采用粗磨→精磨来保证加工精度。四个平面有位置公差要求，应从安装及加工工艺保证形位公差要求。为了保证平行度要求，先以平面 1 为定位基准安装在电磁工作台上粗磨平面 4，符合基准统一原则；然后翻转零件 180°粗磨并精磨削平面 1，符合基准优先原则；再翻转零件 180°精磨平面 4，完成两大平面的加工。平面 2 和平面 3 需要用平口钳装夹进行磨削。

2. 加工方案的确定

（1）确定使用设备：M7120A 型平面磨床。M7120A 型平面磨床主要用于磨削平面、台阶面等。它属于普通精度级机床，磨削加工精度可达 IT6～IT7 级，表面粗糙度为 Ra 1.25～0.08 mm 之间。其主参数为最大磨削平面 1 000×200（mm）。

（2）确定平口钳钳口护板磨削加工的安装方法及加工方案：为了满足零件平行度误差要求，采用电磁铁工作台安装，用纵向磨削法磨削平面，一次安装磨削一个平面至标注尺寸。

3. 工具、量具准备

（1）选用砂轮：根据表 3-1 和表 3-2 选择，粗磨选择 WA46MVP400×50×75，精磨选择

WA80MVP400×50×75。

（2）选用量具：0.02 mm/（0～150）mm 的游标卡尺，25～50 mm 的千分尺，钢直尺。

4．实施加工

（1）选择砂轮的磨削速度 v_0 =30 m/s，并修整砂轮；调整走刀量，根据 f=（0.3～0.85）T（T 是砂轮的宽度），粗磨取 f=0.6×50=30 mm。

（2）安装工件，并校正工件（使工件基准面彻底贴合电磁铁工作台面）。

（3）调整背吃刀量 a_p=0.02 mm，采用纵向磨削法，先粗磨平面 4，见平为止，表面粗糙度 Ra1.6 μm。

（4）以平面 4 为定位基准，采用纵向磨削法，粗磨平面 1，见平为止。调整走刀量 f=0.3 T=15 mm，背吃刀量 a_p=0.01 mm，精磨平面 1，控制厚度 20±0.01 mm 至 $20.2^{+0.05}$，表面粗糙度 Ra0.8 μm。

（5）换面以平面 1 为精基准，精磨平面 4，控制厚度 20±0.01 mm 至图样要求。

（6）用机用平口钳装夹（多块装夹），粗、精磨平面 2 至表面粗糙度 Ra0.8 μm，控制宽度尺寸 50±0.02 mm 至 $50.2^{+0.05}$。

（7）以平面 2 为定位基准用机用平口钳装夹，粗、精磨平面 3，控制长度 50±0.02 mm 至图样要求。

（8）手工倒钝去毛刺，检查各处尺寸（完毕）。

5．操作注意事项

（1）干磨或修整砂轮时要戴防护眼镜。

（2）磨削时，禁止清洗工件，以免刷子等被磨床卷进从而造成砂轮爆破。

（3）平面磨床两侧不准站人，操作者应站在砂轮的正面。

（4）在调整平面磨床进给行程时，不可戴手套，并应在停机状态下进行。

（5）测量零件时，应停机后进行。

（6）磨床工作台面上严禁放置工件或其他物品，不得用铁锤敲打磨床附件与已装在磨床上的工件。

（7）工作结束后，用专门工具及时清理磨下的粉尘时，并关掉磨床的总电源，再把机床表面擦拭干净，清理机床周围环境后再离开。

6．检查与评价

按要求检查平口钳钳口护板的加工质量、机床使用和维护状态、文明产生与安全操作操作情况等。

（1）按图样逐项检查平口钳钳口护板的加工质量，参照评分表 3-3 进行质量评价，零件加工质量占 80 分，安全文明生产、机床维护与环保占 20 分。

表 3-3 质量检测评价表

零件编号：		学生姓名：			成绩：	
序号	项目内容及要求	占　分	记分标准	检查结果	得　分
1	20±0.01	20	超差 0.01 扣 4 分		

续表

零件编号：		学生姓名：		成绩：	
序号	项目内容及要求	占　分	记分标准	检查结果	得　分
2	50±0.02	20	超差 0.01 扣 4 分		
3	Ra0.8 μm（四处）	16	Ra 大一级扣 2 分		
4	平行度 0.005	14	超差 0.005 扣 5 分		
3	垂直度 0.01	10	超差 0.001 扣 5 分		
4	机床维护与环保、安全文明生产： （1）无违章操作情况； （2）无撞砂轮及其他事故	20	机床不按要求维护保养、违章操作、出现撞砂轮或设备事故者，倒扣 20 分		

（2）加工质量分析见表 3-4。

表 3-4　加工质量问题产生的原因与预防措施

质量问题	产生原因	预防措施
厚度尺寸超差	1. 尺寸控制不准。 2. 测量不准。 3. 砂轮导轨间隙过大。	1. 考虑砂轮的磨损量。 2. 不能单一测量一点，应多点测量。 3. 调整砂轮导轨间隙。
平面度超差	1. 间歇量过快，工件变形。 2. 吃刀深度过大。 3. 砂轮磨损或不锋利。 4. 未充分浇注冷却液。	1. 间歇量调整适当。 2. 吃刀深度适当。 3. 重新修磨平整砂轮。 4. 充分浇注冷却液。
平行度超差	1. 工件毛刺锉得不干净。 2. 工作台擦不干净。 3. 砂轮不锋利。 4. 砂轮导轨间隙过大。	1. 检查锉干净毛刺。 2. 检查擦干净工作台。 3. 重新修磨平整砂轮。 4. 调整砂轮导轨间隙。

技能训练 13

加工如图 3.2.5 所示的发动机盖板，毛坯选用厚度为 7.0 mm 的 Q235 板材切割成型。机械加工工序分：校平、粗磨平面、钻孔定位、绞定位孔、钻孔、镗孔、压孔、校平、精磨平面等，最后在三坐标测量仪上进行精度检测。本训练项目的加工任务是粗磨、精磨平面。

1. 读图

分析图 3.2.5 所示零件图，明确加工内容及要求。

零件技术要求：零件的厚度尺寸公差为 6.5±0.2；平面的平面度误差为 0.06 mm，且 100 mm 误差≤0.025 mm；平面的平行度为 0.10 mm；平面的表面粗糙度值 Ra≤1.6 μm。为了保证加工质量，满足零件的技术要求，必须采取合理的工艺措施与加工方法。

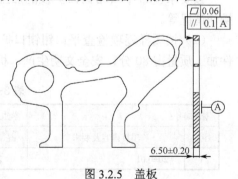

图 3.2.5　盖板

2．加工方案的确定

确定使用设备、零件装夹定位方式及加工方案。

（1）设备选用：根据现有设备选择，如选用 M7150 卧轴矩台平面磨床。

（2）分粗磨、精磨工序加工。

（3）磨削加工前对工件进行平面校平。

3．加工准备

计划选用砂轮、量具、工具，初步选定切削用量，拟定加工步骤。

（1）用一台磨床粗加工，根据零件的材料选用 60 粒白色的氧化铝砂轮。转速已定，吃刀深度每次≤0.05 mm；间歇量每次≤10～20 mm。

（2）用一台磨床精加工，根据零件的材料选用 80 粒白色的氧化铝砂轮。转速已定，吃刀深度每次≤0.03 mm；间歇量每次≤5～10 mm。

（3）工具准备：准备平板、装砂轮专用扳手、木锤（或橡胶锤）、砂轮笔及笔座、清洗剂、棉纱、擦布、橡胶块等。

（4）量具准备：准备 0～25 mm 千分尺、直角尺、框式水平仪各一把。

4．实施加工

1）砂轮安装及检查

（1）安装砂轮之前检查砂轮是否有裂缝：用木棒轻轻四处敲打悬在空中的砂轮，听声音，清脆声音为好；沉闷声音有问题，再用眼睛仔细查找；如有裂缝不要用，否则砂轮使用过程中容易爆裂，造成机床或人身事故。

（2）砂轮安装后要经过两次重力平衡砂轮笔的修整；否则砂轮的各处重力不平衡，因旋转的砂轮离心力的因素，会导致切削不平稳。

（3）砂轮笔修整好砂轮后，如有工作台刮伤、碰伤痕迹，必须修整工作台面，磨平即可。

2）选择切削用量及机床手柄挡位调整

3）粗磨

（1）工件安装：先用橡胶块刮掉集水，然后用棉纱或抹布把工作台擦拭干净；检查工件是否有毛刺，用锉刀锉掉工件毛刺，再把工件定位面擦干净后放到工作台合适的位置，如图 3.2.6 所示。

（2）按粗磨工序要求磨至尺寸（留余量）。

4）精磨

（1）精磨前的工件平面校平，如图 3.2.7 所示。

（2）工件安装：注意工件基准面与工作台面的清洁。

（3）按精磨要求磨削至尺寸。

5）磨削过程注意事项

（1）磨削时注意工作台摆动是否有爬行，应及时消除液压油油路的空气。

（2）磨削时注意砂轮如不锋利，应及时修整砂轮。

（3）粗磨完毕，零件要用清洗剂冲洗干净，工作台应用橡胶块刮干净。

（4）精磨前应进行平面度校平，确保平面度与平行度。

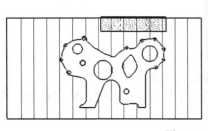

图 3.2.6　　　　　　　　　　　　　　图 3.2.7　工件平面校平

5．检查与评价

（1）加工完毕，对工件进行质量检查。厚度尺寸检查，平面度、平行度等检查，并进行最终精度检测。图 3.2.8 所示是用三坐标测量仪检测零件的厚度、平面度与平行度；图 3.2.9 所示是用三坐标测量仪检测零件的侧面精度；图 3.2.10 所示是三坐标测量仪检测零件的孔位置精度。

图 3.2.8　三坐标测量仪检测厚度、平面度与平行度　　　图 3.2.9　三坐标测量仪检测零件侧面精度

（2）对设备进行清扫维护，检查各手柄所处位置是否正确。

（3）关闭机床电源。

（4）质量评价：根据加工质量、加工过程操作规范程度、对使用设备的保养、工作环境整理状况参照表 3-5 逐项评分。

（5）加工质量分析：根据加工过程出现的各种质量问题提出预防措施，参考表 3-6 所示。

图 3.2.10　三坐标测量仪检测孔的位置精度

表 3-5　质量检测评价

零件编号：		学生姓名：			成绩：	
序号	项目内容及要求	占分	记 分 标 准		检查结果	得　分
1	6.5±0.2/ Ra1.6	20	超 0.01 扣 4 分；Ra 大一级扣 2 分			
2	平面度 0.06	20	超 0.01 扣 4 分			

零件编号:		学生姓名:		成绩:		
序号	项目内容及要求	占分	记 分 标 准	检查结果	得 分	
3	平行度 0.1	25	超 0.01 扣 4 分			
4	倒钝去毛刺	15	不合格不得分			
5	机床维护与环保,安全文明生产: (1)无违章操作情况; (2)无撞砂轮及其它事故	20	机床不按要求维护保养、违章操作、撞砂轮、出现事故者,倒扣 20 分			

表 3-6　加工质量问题产生的原因与预防措施

质量问题	产 生 原 因	预防措施
厚度尺寸超差	1. 尺寸控制不准。 2. 测量不准。 3. 砂轮导轨间隙过大。	
平面度超差	1. 间歇量过快工件变形。 2. 吃刀深度过大。 3. 砂轮磨损或不锋利。 4. 未充分充分浇注冷却液。	
平行度超差	1. 工件毛刺锉得不干净。 2. 工作台擦不干净。 3. 砂轮不锋利。 4. 砂轮导轨间隙过大。	

思考与练习题 20

1. 在平面磨床上磨削平行平面应注意哪些问题?
2. 在粗磨与精磨发动机盖板前,为什么要对工件进行校平?
3. 影响磨削平面度与平行度的因素有哪些?
4. 磨削切削用量有哪几个要素?

任务 3.3　零件外圆的磨削加工

任务描述

外圆的磨削加工是零件磨削加工的主要内容之一,如轴类零件的外圆或锥体磨削、套类零件的外圆或外锥面磨削等。机械传动中常见的轴类零件,用来支承轴上零件与传递运动,承受弯矩和传递扭矩。其两端的轴颈(轴承位)、中间支承齿轮的圆柱等表面,尺寸精度、表面粗糙度的要求较高,需要通过磨削加工来保证其质量。尤其一些重要零件的表面经过淬火处理,硬度很高,必须通过磨削加工来实现最终切削加工。

本任务以万能磨床的操作为代表,以任务 1.3 中的传动轴(见图 1.3.1)的轴承位外圆磨削加工为案例,介绍轴类零件在外圆磨床上的磨削方法,以及保证加工精度的工艺措施。

完成本任务要掌握的知识有：外圆磨削的加工工艺知识，螺纹刀具要求与刃磨方法，车削螺纹的方法与测量方法，保证减速器传动轴加工精度的方法等。

技能目标

（1）了解外圆磨削的加工工艺。

（2）能正确选择砂轮和安装。

（3）能在外圆磨床上正确安装零件。

（4）能正确调整切削用量。

（5）正确操作外圆磨床，并按图样要求加工合格的零件。

3.3.1 零件外圆磨削工艺准备

1. 外圆磨床的工作范围与结构

用于外圆磨削加工的磨床有无心磨床、外圆磨床和万能磨床三种。

无心外圆磨削需在无心外圆磨床上进行。磨削时，工件不需要顶尖或卡盘装夹，而是将工件放在磨床上的砂轮和导轮之间，由托板支持着。工件的待加工表面就是定位基准，砂轮磨削产生的磨削力将工件推向导轮，导轮是橡胶结合剂的胶轮，它的轴线略向后倾斜一些，靠导轮和工件之间的摩擦力，带动工件旋转并向前推进，完成圆周进给运动和纵向进给运动。无心外圆磨削有贯穿法和切入法两种磨削方法。由于无心磨床只能加工光轴，且加工直径较小，利用率不高，这里不详细介绍，以下以外圆磨床为例。

外圆磨床可以磨削外圆柱面和外圆锥面。万能磨床的砂轮架、主轴箱可以在水平面内分别转动一定的角度，并带有内圆磨头等附件，所以不仅可以磨削外圆柱面和外圆锥面，还可以磨削内圆柱面及内圆锥面和端平面。

图3.3.1所示为M1432A型万能磨床的外观图，它由七大主要部件组成。

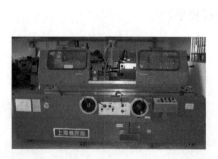

图3.3.1 M1432A型万能磨床

1）床身

它是磨床的基础件，用来安装各个部件。

2）主轴箱

主轴箱上装有专用电动机，经变速机构可以使主轴获得不同的转速。主轴上安装卡盘或顶尖用来夹持工件，并带动工件旋转。主轴箱在水平面内可以转动一定的角度，以适应

磨削圆锥面的需要。

3）工作台

工作台由上下两部分组成，上部相对下部可以在水平面内转动一定角度，以适应磨削锥度不大的长圆锥面的需要。工作台的顶面向着砂轮架方向向下倾斜 10°，使主轴箱及尾座能因自重而贴紧工作台外侧的定位基准面。另外，倾斜的顶面还便于切削液带着磨屑和磨粒流走。

机床的液压传动装置分别驱动工作台和砂轮架的纵向、横向直线往返及尾座套筒的退回等运动。这种万能外圆磨床适用于工具车间、机修车间及单件生产车间的生产。

4）砂轮架

用来安装砂轮，并由单独的电动机带动砂轮高速旋转。砂轮架可以沿着床身后部的横向导轨前后移动，调整砂轮相对于工件的径向位置，完成横向进给运动。

砂轮架可以在水平面内转动一定角度，以适应磨削圆锥面的需要。砂轮架上装有内圆磨具，当磨削内孔时，将内圆磨具翻下，用内圆砂轮进行磨削。

5）砂轮支撑架

用来安装砂轮轴，支撑砂轮及电动机。

6）尾座

尾座上装有顶尖，用以支承工件。尾座可以沿工作台导轨左右移动，调整位置以适应不同长度工件的需要。

7）控制箱

用于控制工作台移动。

2．外圆磨床的运动

1）主运动

外圆磨床的主运动是磨头主轴上砂轮的回转运动。

2）进给运动

外圆磨削和内圆磨削的进给运动有三个运动：一是工件的旋转运动，叫圆周进给运动（单位为 r/min），其转速较低，通常是由单速或多速异步电动机经塔形齿轮变速机构传动实现的，也有采用电气或机械无级调速装置传动实现的；二是工件相对于砂轮的轴向直线往复运动，叫纵向进给运动（单位为 mm/min）；三是砂轮架的周期性横向直线运动，叫横向进给运动。它们通常采用液压传动，以保证运动的平稳性，并实现无级调速和往复运动循环的自动化。

3）辅助运动

辅助运动的作用是实现磨床加工过程中所必需的各种辅助动作，例如砂轮架横向快速进退和尾座套筒缩回运动等。

3．砂轮的修整

砂轮的回转平稳性及表面平直度直接影响零件磨削的表面质量。所以，新安装的砂轮都要进行平衡与修整，使用了一定时间的砂轮磨钝后也要进行修整。修整时，用金刚石砂轮笔进行修整，方法如下。

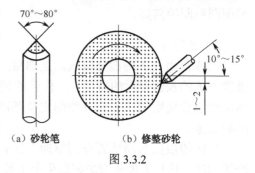

图 3.3.2

1）安装砂轮笔

首先把单颗粒金刚石砂轮笔，如图 3.3.2（a）所示，安装在修砂轮专用架上，调整角度如图 3.3.3（a）所示。

2）调整切削用量

修整砂轮应以微小而均匀的进给量进行修磨。首先启动主轴使砂轮正常运转，再调整每次切削深度 a_p=0.01 mm，走刀量 f=0.02 mm/r。

3）修磨

缓慢移动工作台使砂轮笔轻轻接触砂轮外圆表面，开启冷却液进行充分冷却，并冲走浮砂，防止磨削时砂轮上残留的浮砂拉毛工件表面。采用自动走刀进行来回修磨，直至修磨平整为止。在精修过程中，应注意修整发出声音的变化。若发出均匀的沙沙声，说明修整状况正常；若发出的声音忽高忽低或渐高渐低，甚至发出不正常的嘟嘟声，则应立即检查工作台是否出现爬行、冷却是否充分、砂轮笔是否锋利等，然后进行适当调整。修整完毕停机，用剪去 2/3 刷毛的漆刷轻轻刷去砂轮表面浮砂，用手指顺着砂轮旋转方向轻轻靠近砂轮工作表面并作纵向移动，若手感平整光滑，说明砂轮修整良好。再用磨削长度与工件基本一致的芯轴进行锥度调整，然后再重复一次砂轮的精修。

4．在外圆磨床上磨削圆柱体

在外圆磨床上磨削轴类零件圆柱体的方法如下。

1）工件的装夹

在磨床上时，工件装夹是否迅速和方便，将直接影响生产率和劳动强度；工件装夹是否正确和牢固，将直接影响工件的加工精度和表面粗糙度，甚至发生事故。常用的装夹方法有以下几种。

（1）用前、后顶尖装夹

这种装夹方式装夹迅速、方便，定位精度高，但工件两端必须有中心孔。

中心孔是定位基准，它直接影响工件的加工精度，中心孔在磨削工件前，一般先要研磨。

为了避免顶尖转动时带来的误差，一般采用固定顶尖。目前最常用的固定顶尖是镶嵌有硬质合金的固定顶尖。带动工件旋转的夹头，常用的有三种：装夹直径较小的工件，一般用圆环夹头或鸡心爪，装夹直径较大的工件常用对开夹板。装夹已加工表面时，要在夹具与工件的接触处装上铜皮，以防夹伤工件表面。

使用前、后顶尖装夹工件时，必须将工件的中心孔及顶尖擦干净，并在中心孔内加注润滑脂。顶尖对工件的支顶松紧要合适，以免工件变形、中心孔损坏或出现形位精度超差。采用两顶尖装夹工件磨削的装夹方法，定位精度较高，装夹工件方便，因此，目前应用最为普遍。

（2）用芯轴安装

磨削套类零件的外圆时，常以内孔为定位基准，先把零件套在芯轴上，再将芯轴装到磨床的前、后顶尖上。常用的芯轴有下面几种。

① 带台阶芯轴：这种芯轴的直径设计加工成零件孔的最小极限尺寸，一端有比工件外径小的台阶，另一端有螺纹，其长度比工件长度稍短。

用这种方式装夹，由于工件的孔与芯轴的配合属于间隙配合，必定会产生同轴度误差，因此这种芯轴只适用于工件内孔与外圆同轴度要求不太高的工件磨削。

② 锥形芯轴：这种芯轴的锥度一般为 1：5 000～1：8 000，将工件从小端套上芯轴，用铜锤轻轻敲紧，再将芯轴装夹在磨床的前、后顶尖上。用这种方法装夹工件，可以将工件孔和外圆的同轴度误差控制在 0.005 mm 以内，但由于工件孔有公差，工件有可能在锥形芯轴上的轴向位置产生窜动，因此在磨削时不易控制轴向尺寸。

③ 带台阶的可胀芯轴：为了既要控制套类零件安装在磨床上的轴向位置，又要保证内孔与外圆精确的同轴度要求，可采用带台阶的可胀芯轴。

（3）用三爪自定心卡盘或四爪单动卡盘装夹

磨削端面不允许打中心孔的工件，可以用三爪自定心卡盘或四爪单动卡盘装夹。用三爪自定心卡盘装夹工件时，因卡盘安装精度的原因，主轴的回转中心与卡盘的中心会产生同轴度误差，卡盘本身的精度等各种误差，都将在被磨的工件上反映出来。因此，采用三爪自定心卡盘装夹工件磨削时，其磨削精度要比两顶尖装夹工件磨削的加工精度低。采用四爪单动卡盘装夹工件时，其因卡盘的四个卡爪是单动的，因此工件的回转精度可以调整，工件的磨削精度也比较高，但必须用百分表来找正，操作时比较费时。

2）外圆的磨削方法

（1）纵向磨削法

磨削时，砂轮的高速回转为主运动，工件的低速回转作为圆周进给运动，工作台做纵向往复进给运动，实现对工件整个外表的磨削。每当完成一次纵向往复行程，砂轮做周期性的横向进给运动，直至达到所需的磨削深度，如图 3.3.3 所示。

纵向磨削时，只有处于纵向进给方向一侧的磨粒担负主要切削工作，其余磨粒只起到修光作用。因此，砂轮的每次横向进给量（背吃刀量）很小，生产效率低。纵向磨削的磨削力小，磨削热少，散热较快。最后几次往复行程采用无进给磨削，可获得较高的加工精度和较小的表面粗糙度值，但加工效率低。因此，在生产中广泛应用于单件、小批量生产及精磨等，特别适用于磨削细长轴等刚性差的工件。

（2）横向磨削法

横向磨削法也称为切入磨削法。磨削时，由于砂轮厚度大于工件被磨削外圆的长度，工件无纵向进给运动。砂轮高速旋转作为主运动，同时，砂轮以很慢的速度连续或间断地向工件横向进给切入磨削，直至磨去全部余量，如图 3.3.4 所示。

横向磨削时，砂轮与工件接触长度内的工作情况相同，均起切削作用，因此，生产效率较高，但磨削力和磨削热大，工件容易产生变形，甚至会发生烧伤现象。此外，由于无纵向进给运动，砂轮表面修整的形态会反映到工件的表面上，使工件精度降低，表面粗糙度值增大；当磨削一段时间后，由于砂轮工作部分的磨损而出现凹槽，将使工件母线产生

直线度误差，所示必须频繁修磨砂轮工作面以保持直线度。

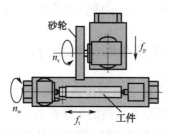

图 3.3.3　外圆的纵向磨削法

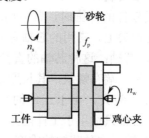

图 3.3.4　外圆的横向磨削法

受砂轮的厚度限制，横向磨削法只适合于磨削长度较短的外圆表面及不能采用纵向进给的场合，如磨削长度较短且有台阶的轴颈和成型磨削等。

（3）综合磨削法

这是横向磨削与纵向磨削的综合。磨削时，先采用横向磨削法分段粗磨外圆，并留 0.03～0.04 mm 的精磨余量，然后再用纵向磨削法精磨至符合尺寸要求。综合磨削法利用了横向磨削生产率高的特点对工件进行粗磨，又利用了纵向磨削精度高、表面粗糙度值小的特点对工件精磨，因此适用于磨削余量大、刚度大的工件，但磨削长度不宜太长，通常以分成 2～4 段进行横向磨削为宜。

5．在外圆磨床上磨削圆锥体

在外圆磨床上磨削外圆锥面，根据工件的形状和锥度的大小，有下面两种方法。

1）转动工作台磨削圆锥体的方法

将工件装夹在前、后两顶尖之间，圆锥大端在前顶尖侧，小端在后顶尖侧，将上工作台相对下工作台逆时针转动一个角度（等于圆锥半角 $\alpha/2$）。磨削时，采用纵向磨削法或综合磨削法，从圆锥小端开始试磨。转动工作台法适用于锥度不大的长工件，如图 3.3.5 所示。

2）转动头架磨削圆锥体的方法

适用于磨削锥度较大且长度较短的工件。将工件装夹在头架的卡盘中，头架逆时针转动圆锥半角 $\alpha/2$ 角度，磨削方法与转动工作台法相同，如图 3.3.6 所示。

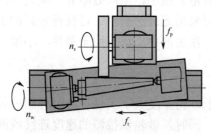

图 3.3.5　转动工作台法磨削外圆锥

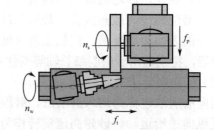

图 3.3.6　转动头架法磨削外圆锥

6．台阶轴零件的测量

1）圆度的测量方法

（1）回转轴法

利用精密轴系中的轴回转一周所形成的圆轨迹（理想圆）与被测圆比较，两圆半径上回转轴法的差值经电路处理和电子计算机计算后由显示仪表指示出圆度误差，或由记录器记录出被测圆轮廓图形。回转轴法有传感器回转和工作台回转两种形式。前者适用于高精度圆度测量，后者常用于测量小型工件。按回转轴法设计的圆度测量工具称为圆度仪。

（2）三点法

常将被测工件置于 V 形块中进行测量。测量时，使被测工件在 V 形块中回转一周，从微测仪读出最大示值和最小示值，两示值差的一半即为被测工件外圆的圆度误差。此法适用于测量具有奇数棱边形状误差的外圆或内圆，常用 2α 角为 90°、120° 或 72°、108° 的两块 V 形块分别测量。

（3）两点法

常用千分尺、比较仪等测量，以被测圆某一截面上各直径间最大差值的一半作为此截面的圆度误差。此法适于测量具有偶数棱边形状误差的外圆或内圆。

（4）投影法

常在投影仪上测量，将被测圆的轮廓影像与绘制在投影屏上的两极限同心圆比较，从投影得到被测件的圆度误差。此法适用于测量具有刃口形边缘的小型工件。

（5）坐标法

一般在带有电子计算机的三坐标测量机上测量。按预先选择的直角坐标系测量出被测圆上若干点的坐标值 x、y，通过电子计算机按所选择的圆度误差评定方法计算出被测圆的圆度误差。

2）同轴度的测量方法

（1）V 形块检测法

用两个相同的刃口状 V 形块支承基准部位，将工件置于 V 形槽中，安装好百分表、表座、表架，调节百分表，使测头垂直后与工件被测外表面接触，并有 1～2 圈的压缩量，如图 3.3.7（a）所示。然后缓慢而均匀地转动工件一周，并观察百分表指针的波动，最大读数 M_{max} 与最小读数 M_{min} 差值的一半，即：$\Delta = (M_{max} - M_{min})/2$，就是该截面的同轴度误差。按上述方法测量四个不同截面（截面 A、B、C、D），取各截面测得的最大误差作为该零件的同轴度误差。

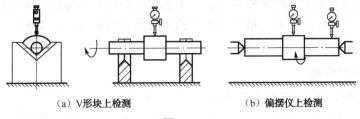

（a）V 形块上检测　　　　　　　（b）偏摆仪上检测

图 3.3.7

（2）偏摆仪检测法

利用工件两端的中心孔，安装在偏摆仪上，用百分表检测，如图 3.3.7（b）所示，打表和计算方法与 V 形块检测法相同。

（3）利用数据采集仪连接百分表测量法

① 测量仪器：偏摆仪、百分表、数据采集仪。

② 测量原理：数据采集仪会从百分表中自动读取测量数据的最大值与最小值，然后由

数据采集仪的计算软件自动计算出所测产品的圆度误差，最后数据采集仪会自动判断所测零件的同轴度误差是否在同轴度范围内，如果所测同轴度误差大于同轴度公差值，采集仪会自动发出报警功能，提醒相关操作人员该产品不合格。

优势：

① 无需人工用肉眼去读数，可以减小由于人工读数产生的误差；

② 无需人工去处理数据，数据采集仪会自动计算出同轴度误差值。

③ 测量结果报警，一旦测量结果不在同轴度公差带时，数据采集仪就会自动报警。

3）圆跳动度的测量方法

圆跳动度检测可在零件加工时在机床上同时进行，测量方法简单易行，加工完毕也可在偏摆仪上检测。圆跳动公差带综合控制同轴和圆度误差。

4）外圆尺寸的测量方法

外圆尺寸的测量方法与车床上的测量方法相同。

思考与练习题 21

1．外圆磨床有哪几种类型？

2．在外圆磨床上磨削外圆的方法有哪几种？各有什么特点？如何选用？

3．在万能外圆磨床上磨外圆锥面有哪几种方法？各适用于什么场合？

3.3.2　传动轴的外圆磨削加工

1．读图

分析如图 1.3.1 所示零件图，明确加工内容及要求：传动轴零件左右两端的两处 $\phi 25$ 的外圆尺寸精度和形位公差要求较高，公差为 $^{+0.005}_{-0.018}$，表面粗糙度值为 $Ra0.8$，需采用磨削加工为最终精加工。前工序车削加工中已将两处 $\phi 25$ 外圆加工至 $\phi 25.3$，并已完成其余各部分精加工，本任务是将两端 $\phi 25$ 外圆磨削加工至图样给定公差范围。$\phi 28$ 外圆和外锥对 A、B 基准轴线均有位置公差要求，应从安装及加工工艺保证形位公差要求。为了保证外圆的跳动度要求，磨削加工时应重复采用精车加工时的中心孔完成两顶一夹安装的装夹方式，才能保证跳动度精度要求。

2．加工方案的确定

确定传动轴磨削加工的安装方法及加工方案如下。

为了满足零件跳动度误差要求，采用两顶一夹法装夹、切入法磨外圆柱面、一次安装磨削左右两端 $\phi 25$ mm 外圆至标注尺寸。

安装：采用两顶一夹装夹，鸡心夹夹持 $M20×2$ 外圆处，但不能直接夹持，应用螺母装上后再夹持螺母，再用前、后顶尖支顶工件（如图 3.3.8 所示）。首先完成磨削左端 $\phi 25$ mm 外圆，然后完成磨削右端 $\phi 25$ mm 外圆。

3．工量具准备

（1）选用砂轮：粗磨选择 46#或 60#氧化铝砂轮，精磨选择 70#或 80#氧化铝砂轮。

（2）选用量具：0.02 mm/（0～150）mm 的游标卡尺，25～50 mm 的千分尺，钢直尺。

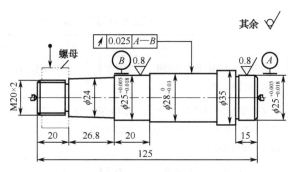

图 3.3.8　磨削安装

4．实施加工

采用两顶尖一次安装工件，鸡心夹夹持已用铜片包裹好的 M20×2 外圆处，前、后顶尖支顶工件。切削用量的选择：粗磨时，工件圆周速度 v_ω=50～55 m/min，切削深度 a_p=0.01～0.025 mm，走刀量 f=（0.3～0.85）T（T 是砂轮的宽度）；精磨时，v_0=35 m/s，v_ω=30～35 m/min，a_p=0.005～0.015 mm，f=（0.2～0.3）T。

（1）完成磨削左端 ϕ25 mm 外圆至标注尺寸，表面粗糙度 Ra0.8 μm。

（2）完成磨削右端 ϕ25 mm 外圆至标注尺寸，表面粗糙度 Ra0.8 μm。

（3）倒钝去毛刺。

（4）检查各处尺寸（完毕）。

5．检查与评价

按图样逐项检查传动轴的加工质量，检查机床是否处于正常状态。

（1）按图样逐项检查传动轴的加工质量，参照评分表 3-7 进行质量评价，加工质量占 80 分，机床维护与环保 20 分。

表 3-7　质量检测评价

零件编号：		学生姓名：			成绩：
序号	项目内容及要求	占分	记 分 标 准	检查结果	得分
1	$\phi25^{+0.005}_{-0.018}$（两处）	30	超差 0.01 扣 4 分； Ra 大一级扣 2 分		
2	Ra1.6（两处）	10	Ra 大一级扣 2 分		
3	两处跳动度 0.025	30	不合格不得分		
4	15、20	10	（按 IT14）不合格不得分		
5	机床维护与环保、安全文明生产： （1）无违章操作情况； （2）无撞砂轮及其他事故	20	机床不按要求维护保养、违章操作、撞砂轮、出现事故者，倒扣 20 分		

（2）加工质量分析：轴类零件外圆磨削的加工质量分析参考表 3-8。

表 3-8　外圆磨削加工时产生废品的原因及预防方法

废品种类	产生原因	预防方法
圆度超差	磨床头架主轴轴承产生磨损，磨削时使主轴的径向跳动超差。	调整轴承游隙或换新轴承。
	尾架套筒磨损使配合间隙增大，磨削时在磨削力的作用下，使顶尖位移，工件回转时造成不理想的圆形。	修复或更换尾架套筒。
圆柱度超差	头架主轴中心与尾架套筒中心不等高或套筒中心在水平面内偏斜，由于尾架经常沿上工作台表面移动造成磨损所致	修复或更换尾架座，使其与头架主轴中心线等高和同轴
	纵向导轨的不均匀磨损，造成工作台直线度超差。	可修复导轨面，重新校正导轨的精
磨削时工件表面产生无规律性波纹或振痕	所选砂轮硬度、粒度不恰当。	选择适当的砂轮。
	砂轮修整不正确、不及时。	及时地、正确地修整砂轮。
	工件装夹不正确，顶尖与顶尖孔接触不良。	正确装夹工件，磨削工件前先研磨中心孔。
	切削液中混有磨粒和切屑。	清洗滤油器，改善过滤效果。
	切削液浑浊。	去除切削液中的杂质。
系统爬行	空气进入系统	由于液压泵吸空或系统中密封不严而进入空气，可查明原因排除。
	油液不洁净	应清洗油路、油箱，更换液压油。

技能训练 14

如图 3.3.9 所示零件，按以下步骤完成零件的磨削加工任务（材料 45 钢，毛坯：车削加工后的螺纹轴）。

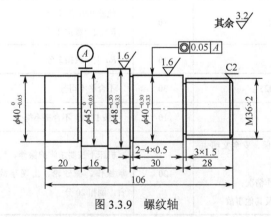

图 3.3.9　螺纹轴

1）读图

分析零件图，明确加工内容及要求

2）加工方案的确定

确定使用设备、零件装夹定位方式及加工方案。

3）选定切削用量，拟定加工步骤

计划选用砂轮、量具、工具，初步选定切削用量，拟定加工步骤。

4）实施加工

（1）加工准备工作。

（2）加工过程，加工步骤记录。

5）检查与评估

（1）检查零件各处尺寸是否符合图样要求。

（2）加工过程中的机床运行、维护情况。

（3）加工质量评价，参考表 3-9 进行。

（4）对自己零件的加工结果进行加工质量分析。

表 3-9 质量检测评价

零件编号:		学生姓名:		成绩:	
序号	项目内容及要求	占分	记 分 标 准	检查结果	得分
1	$\phi 48^{-0.30}_{-0.33}$；$Ra1.6$	20	超 0.01 扣 4 分；Ra 大一级扣 2 分		
2	$\phi 40^{-0.30}_{-0.33}$；$Ra1.6$	20	超 0.01 扣 4 分；Ra 大一级扣 2 分		
3	同轴度 0.05	25	不合不得分		
4	16、30	10	不合不得分		
5	倒钝去毛刺	5	不合不得分		
6	机床维护与环保、安全文明生产：（1）无违章操作情况；（2）无撞砂轮及其他事故	20	机床不按要求维护保养、违章操作、撞砂轮、出现事故者，倒扣 20 分		

思考与练习题 22

1．磨削外圆时，切削用量如何选择？

2．如何保证传动轴的各外圆的同轴度？

3．外圆同轴度或跳动度如何检测？

4．影响外圆磨削质量的因素有哪些？

任务 3.4　零件内孔的磨削工艺与加工

任务描述

内孔磨削是常见的磨削加工方法之一，是对套类零件内孔的精加工，以磨削作为内孔的精加工，容易获得较高的尺寸精度（达到 IT6，甚至更高）、较小的表面粗糙度（一般达到 $Ra0.8$ μm，精细磨达到 $Ra0.04$ μm），尤其是经过淬火处理后的零件硬度很高，一般的机械切削加工难以实现，所以常用于内孔的最终切削加工。

本任务以齿轮内孔磨削加工为案例，如图 3.4.1 所示，介绍内圆磨床的操作方法，为后续提高打好基础。

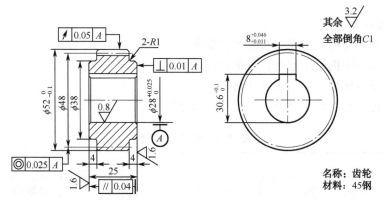

注：零件已由车工完成车削加工，插键槽已由铣工完成，本工序主要完成内孔的磨削加工

图 3.4.1　齿轮内孔

技能目标

（1）能安全操作内磨床并进行日常维护与保养。

（2）能正确选择砂轮和安装。

（3）能正确调整切削用量。

（4）能按图样尺寸要求完成内孔的磨削加工。

3.4.1　内圆磨床的组成与磨削方法

内圆的磨削加工机床有万能磨床和内圆磨床，3.3.1 节中已介绍了万能磨床，这里以 M2120 型内圆磨床为例进行介绍。

1．内圆磨床的组成

图 3.4.2 所示为 M2120 型内圆磨床，它由床身、主轴箱、砂轮架、工作台及砂轮修整器等部件组成。主轴箱主轴前端装有卡盘或其他夹具，用以夹持工件并带动工件旋转，完成圆周进给运动。主轴箱在水平面内还可以转动一定的角度，以便磨圆锥孔。砂轮架主轴上装有磨内孔的砂轮，电动机带动其高速旋转。砂轮架安装在工作台上，由液压传动机构控制其做往复直线运动，或通过手动操纵手柄完成进给运动。每当工作台纵向往复运动一个

来回，砂轮架就横向进给一次。

图 3.4.2　M2120 型内圆磨床

内圆磨床的工作范围：内圆磨床用于磨削圆柱孔、圆锥孔及孔的端面。

2．磨床的运动方式

1）主运动

内圆磨床和外圆磨床一样，砂轮的旋转运动是磨床的主运动，单位为 r/min，由电动机通过 V 带直接带动砂轮主轴旋转实现。主运动一般不变速，但有些磨床的砂轮主轴采用直流电动机驱动，可实现无级调速，以保证砂轮直径变小时始终保持合理的磨削速度，以实现恒速磨削。

2）内圆磨削的进给运动

内圆磨削和外圆磨削同样有三个进给运动：一是工件的旋转运动，即圆周进给运动（单位为 r/min），一般是由单速或多速异步电动机经塔形齿轮变速机构传动实现，转速较低；二是工件相对于砂轮的轴向直线往复运动，即纵向进给运动（单位为 mm/min）；三是砂轮架的周期性横向直线运动，即横向进给运动。纵向进给运动和横向进给运动采用液压传动，以保证运动的平稳性，并实现无级调速和往复运动循环的自动化。

3）辅助运动

辅助运动的作用是实现磨床加工过程中所必需的各种辅助动作，例如砂轮架横向快速进退和尾座套筒缩回运动等。

3．内圆的磨削方法

1）内圆柱表面的磨削

内圆磨削在万能磨床和内圆磨床上的加工方法相似。在万能磨床上用内圆磨头磨削内圆主要用于单件、小批量生产，在大批量生产时，一般采用内圆磨床磨削。内圆磨削是常用的内孔精加工方法，可以在工件上加工通孔、不通孔、台阶孔及端面等。常用的内圆磨削方法有纵向磨削法和横向磨削法两种。

（1）纵向磨削法

与外圆的纵向磨削法相同，砂轮的高速旋转为主运动，工件与砂轮旋转方向相反的低速旋转为圆周进给运动，工作台沿被加工孔的轴线方向作往复移动为的纵向进给运动，在每个往复行程终了时，砂轮沿工件径向圆周横向进给，直至达到所需的直径，如图 3.4.3 (a) 所示。

纵向磨削台阶孔（或不通孔）时，注意砂轮行程要调整好，避免砂轮与台阶产生碰撞。如果孔的台阶面需要磨削，应先调整磨削长度采用横向磨削法磨削台阶面，再按纵向磨削法磨削孔径。

（2）横向磨削法

磨削时，工件只做圆周进给运动，砂轮回转为主运动，同时以很慢的速度连续或断续地向工件做横向进给运动，直至孔径磨到规定尺寸，如图 3.4.3 (b) 所示。该方法由于径向力较大，且

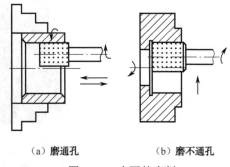

（a）磨通孔　　　　（b）磨不通孔

图 3.4.3　内圆的磨削

砂轮磨损时与工件接触部分属局部磨损，形成砂轮圆周素线不直，会影响磨削表面的直线度误差，对批量加工必须频繁修磨砂轮，因此尽量少用或只用于单件零星生产。

2）内圆锥面的磨削方法

在万能磨床或内圆磨床上均可磨削加工内圆锥面。

（1）在万能磨床上磨削内圆锥面

在万能磨床上磨削内圆锥面有以下两种方法。

① 转动工作台磨削内圆锥面：转动工作台磨削内圆锥面时，工作台偏转圆锥半角 $\alpha/2$ 角度，工作台带动工件做纵向往复运动，砂轮做横向进给，如图 3.4.4 所示。适用于磨削锥度不大的内圆锥面。

② 转动头架磨削内圆锥面：转动头架磨削内圆锥面时，将头架偏转圆锥半角 $\alpha/2$ 角度，磨削时工作台做纵向往复运动，砂轮做横向进给，这种方法也可以在内圆磨床上磨削各种锥度的内圆锥面，见图 3.4.5。适用于磨削锥度较大的内圆锥面。

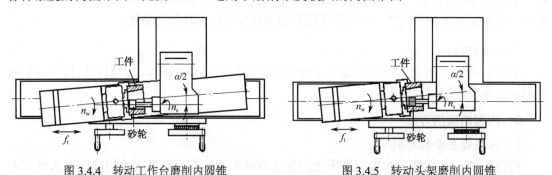

图 3.4.4　转动工作台磨削内圆锥　　　　图 3.4.5　转动头架磨削内圆锥

（2）在内圆磨床上磨削内圆锥面

在内圆磨床上磨削内圆锥面，采用偏转头架的方法，使工件轴线与砂轮轴线成圆锥半角 $\alpha/2$ 的角度，磨削时工作台纵向往返移动加上横向间歇进给运动实现锥面磨削加工。

（3）加工特点

与磨外圆相比，磨内圆有以下特点：

① 砂轮轴比较细，而悬伸出较长，刚性较差，容易产生弯曲变形和振动，加工精度及表面质量较低，磨削用量较低，因而磨削生产率也比较低。

② 内圆磨削的砂轮直径受到工件孔径的限制，尺寸较小，为了使砂轮达到一定的线速度，砂轮的转速要求比较高，砂轮硬度要选择低一些，而砂轮上每颗磨粒在单位时间内的切削次数增多，导致砂轮的磨粒容易变钝。此外，因磨屑的排除比较困难，磨屑常聚集在孔中而使砂轮容易堵塞，所以，内圆磨削砂轮需要经常修整和更换。这样，就增加了辅助时间，降低生产率。

③ 因砂轮直径小，内圆磨削的线速度低，要获得较小的表面粗糙度值是比较困难的。

④ 内圆磨削时，砂轮与工件之间的接触面积大，磨削力和磨削热增大，而切削液很难直接浇注到磨削区域，因此，磨削温度较高。

由于内圆磨削的生产效率和加工精度都比外圆磨削差，所以内圆磨削的应用远比外圆磨削少。目前，内圆磨削主要用于用镗削、铰削、滚压等加工方法无法加工或难以加工及有特殊要求的零件。

3.4.2 齿轮内孔的磨削加工

1．零件工艺分析

图样上要求外圆对内孔轴线的跳动度误差≤0.05 mm，右端面对内孔轴线的垂直度误差≤0.01 mm，齿轮分度圆对内孔轴线的同轴度误差≤0.025 mm，两端面的平行度误差≤0.04 mm，这些形位公差均由工艺过程保证。车工工序加工时已保证外圆与其中一个端面垂直，此端面和外圆即为后续工序的定位基准，才符合基准统一原则，保证满足形位公差要求。所以本工序应采用软卡爪装夹的形式以外圆和基准平面为定位面进行安装，如图 3.4.6 所示，磨内孔，并磨端面，保证内孔和外圆的跳动度及内孔和端面的垂直度要求。

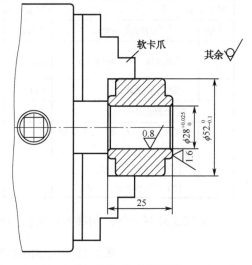

图 3.4.6 软卡爪装夹

2．确定加工方案

（1）设备选用：根据零件大小选择设备。因磨削的孔径较小故可选择 M2120 型内圆磨床。

（2）砂轮选用：零件为 45 钢，选用氧化铝砂轮，内孔直径 ϕ28 mm，砂轮直径选择 ϕ≤24 mm 为好。

（3）根据加工余量，分粗磨、精磨工序加工。先粗磨内孔，再磨平端面，接着精磨内孔。

（4）量具选用：18～35 mm 内径量表一个，用于检查内孔尺寸；ϕ28 mm IT7 级极限塞规一个，用于检查内孔圆度和圆柱度误差是否合格；0～125 mm 游标卡尺一把，用于检查长度。

3．切削参数选择

（1）主轴转速选择 16 000 r/min。

（2）背吃刀量 a_p 的选择：粗磨选择 a_p=0.015 mm，精磨选择 a_p=0.005 mm。

（3）纵向进给速度 v_f 的选择：粗磨时，取 v_f=2.5 m/min，精磨取 v_f=1.5 m/min。

（4）工件圆周速度 v_ω 的选择：粗磨时，取 v_ω=30 m/min，精磨取 v_ω=20 m/min。

4．实施加工

（1）检查设备状况，做好安全劳保准备工作，调整手柄位置；安装砂轮，检查卡盘圆跳动，必要时进行修整。用一个直径接近 ϕ28 mm 的废零件试磨，修整砂轮并检查加工精度。一切无误后才能正式加工。

（2）按计划步骤粗磨，检查尺寸是否与预定加工尺寸一致。若有误差，查找原因及时调整。

（3）精磨至图样尺寸要求，检查合格后方可卸下工件。

（4）加工完毕，及时清理机床，做好维护保养工作。

5．检查评价

按图样逐项检查齿轮的加工质量，检查机床是否处于正常状态。

（1）按图样逐项检查齿轮内孔的加工质量，参照评分表 3-10 进行质量评价，加工质量占 80 分，机床维护与环保占 20 分。

表 3-10　质量检测评价

零件编号：		学生姓名：		成绩：	
序号	项目内容及要求	占分	记分标准	检查结果	得分
1	内孔 $\phi28_{0}^{+0.025}$；Ra0.8	30；10	超差 0.005 扣 3 分； Ra 大一级扣 5 分		
2	长度 25；Ra1.6	10；6	按 IT14 检查，不合格不得分		
3	三处形位公差	24	每处超差 0.01 扣 4 分		
4	机床维护与环保、安全文明生产： （1）无违章操作情况； （2）无撞砂轮及其他事故	20	机床不按要求维护保养、违章操作、撞砂轮、出现事故者，扣 20 分		

（2）加工质量分析：轴类零件内孔磨削的加工质量分析参考表 3-11。

表 3-11　内孔磨削加工时产生废品的原因及预防方法

废品种类	产 生 原 因	预 防 方 法
圆度超差	1．磨床床头主轴轴承产生磨损，磨削时使主轴的径向跳动超差； 2．砂轮主轴轴承产生磨损，砂轮产生径向跳动； 3．卡盘卡爪磨损，加工过程出现跳动	1．调整轴承游隙或换新轴承； 2．重新修磨卡爪
圆柱度超差	1．主轴中心与砂轮架中心不等高或在水平面内偏斜； 2．纵向导轨的不均匀磨损，造成工作台直线度超差； 3．砂轮母线不直而接触面过长	1．修复主轴中心与砂轮中心等高，调整轴线重合； 2．修复导轨直线度误差； 3．修整砂轮

续表

废品种类	产生原因	预防方法
磨削时工件表面产生无规律性波纹或振痕	1．所选砂轮硬度、粒度不恰当。 2．砂轮修整不正确、不及时； 3．切削液中混有磨粒和切屑； 4．空气进入系统或油液不洁净而产生爬行	1．选择适当的砂轮； 2．及时地、正确地修整砂轮； 3．清洗滤油器，改善过滤效果，去除切削液中的杂质； 4．检查液压泵是否吸空或系统中密封不严，检查清洗油路，是否需要更换液压油

思考与练习题 23

1．内孔磨削与外圆磨削有什么不同？

2．内圆磨削用砂轮与外圆磨削用砂轮有什么区别？

3．在内圆磨床上磨削图 3.4.7 所示台阶孔。

4．在内圆磨床上磨削图 3.4.8 所示圆锥孔，用标准莫氏 4#锥度量规着色检测，要求接触面大于 75%，且大端接触。

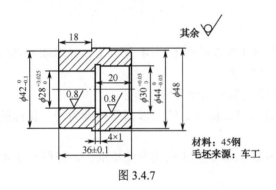

图 3.4.7

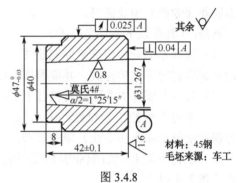

图 3.4.8

附录 A　普通车工国家职业标准

1. 鉴定要求

1）适用对象

从事或准备从事本职业的人员。

2）申报条件

中级：（具备以下条件之一者）

（1）取得本职业初级职业资格证书后，连续从事本职业工作 3 年以上，经本职业中级正规培训达规定标准学时数，并取得毕（结）业证书。

（2）取得本职业初级职业资格证书后，连续从事本职业工作 5 年以上。

（3）连续从事本职业工作 7 年以上。

（4）取得经劳动保障行政部门审核认定的、以中级技能为培养目标的中等以上职业学校本职业（专业）毕业证书。

高级：（具备以下条件之一者）

（1）取得本职业中级职业资格证书后，连续从事本职业工作 4 年以上，经本职业高级正规培训达规定标准学时数，并取得毕（结）业证书。

（2）取得本职业中级职业资格证书后，连续从事本职业工作 7 年以上。

（3）取得高级技工学校或经劳动保障行政部门审核认定的、以高级技能为培养目标的高等职业学校本职业（专业）毕业证书。

（4）取得本职业中级职业资格证书的大专以上本专业或相关专业毕业生，连续从事本职业工作 2 年以上。

技师：（具备以下条件之一者）

（1）取得本职业高级职业资格证书后，连续从事本职业工作 5 年以上，经本职业技师正规培训达规定标准学时数，并取得毕（结）业证书。

（2）取得本职业高级职业资格证书后，连续从事本职业工作 8 年以上。

（3）取得本职业高级职业资格证书的高级技工学校本职业（专业）毕业生和大专以上本专业或相关专业毕业生，连续从事本职业工作满 2 年。

高级技师：（具备以下条件之一者）

（1）取得本职业技师职业资格证书后，连续从事本职业工作 3 年以上，经本职业高级技师正规培训达规定标准学时数，并取得毕（结）业证书。

（2）取得本职业技师职业资格证书后，连续从事本职业工作 5 年以上。

3）鉴定方式

分为理论知识考试和技能操作考核。理论知识考试采用闭卷笔试方式，技能操作考核采用现场实际操作方式。理论知识考试和技能操作考核均实行百分制，成绩皆达 60 分以上者为合格。技师、高级技师鉴定还须进行综合评审。

（1）考评人员与考生配比

理论知识考试考评人员与考生配比为 1：15，每个标准教室不少于 2 名考评人员；技能操作考核考评员与考生配比为 1：5，且不少于 3 名考评员。

（2）鉴定时间

理论知识考试时间不少于 120 min；技能操作考核时间为：初级不少于 240 minn；中级不少于 300 min；高级不少于 360 min；技师不少于 420 min；高级技师不少于 240 min；论文答辩时间不少于 45 min。

（3）鉴定场所设备

理论知识考试在标准教室里进行；技能操作考核在配备必要的车床、工具、夹具、刀具、量具、量仪以及机床附件的场所进行。

2．基本要求

1）职业道德

（1）职业道德基本知识

（2）职业守则

① 遵守法律、法规和有关规定。

② 爱岗敬业，具有高度的责任心。

③ 严格执行工作程序、工作规范、工艺文件和安全操作规程。

④ 工作认真负责，团结合作。

⑤ 爱护设备及工具、夹具、刀具、量具。

⑥ 着装整洁，符合规定；保持工作环境清洁有序，文明生产。

2）基础知识

（1）基础理论知识

① 识图知识。

② 公差与配合。

③ 常用金属材料及热处理知识。

④ 常用非金属材料知识。

（2）机械加工基础知识

① 机械传动知识。

② 机械加工常用设备知识（分类、用途）。

③ 金属切削常用刀具知识。

④ 典型零件（主轴、箱体、齿轮等）的加II艺。

⑤ 设备润滑及切削液的使用知识。

⑥ 工具、夹具、量具使用与维护知识。

（3）钳工基础知识

① 划线知识。

② 钳工操作知识（錾、锉、锯、钻、铰孔、攻螺纹、套螺纹）。

（4）电工知识

① 通用设备常用电器的种类及用途。

② 电力拖动及控制原理基础知识。

③ 安全用电知识。

（5）安全文明生产与环境保护知识

① 现场文明生产要求。

② 安全操作与劳动保护知识。

③ 环境保护知识。

（6）质量管理知识

① 企业的质量方针。

② 岗位的质量要求。

③ 岗位的质量保证措施与责任。

（7）相关法律、法规知识

① 劳动法相关知识。

② 合同法相关知识。

3．工作要求

普通车工职业技能鉴定工作要求详见表 A-1～表 A-3。

表 A-1　普通车工中级操作工技能鉴定要求

职业功能	工作内容	技能要求	相关知识
一、工艺准备	（一）读图与绘图	1．能读懂主轴、蜗杆、丝杠、偏心轴、两拐曲轴、齿轮等中等复杂程度的零件工作图； 2．能绘制轴、套、螺钉、圆锥体等简单零件的工作图； 3．能读懂车床主轴、刀架、尾座等简单机构的装配图	1．复杂零件的表达方法； 2．简单零件工作图的画法； 3．简单机构装配图的画法
	（二）制订加工工艺	1．能读懂蜗杆、双线螺纹、偏心件、两拐曲轴、薄壁工件、细长轴、深孔件及大型回转体工件等较复杂零件的加工工艺规程； 2．能制订使用四爪单动卡盘装夹的较复杂零件、双线螺纹、偏心件、两拐曲轴、细长轴、薄壁件、深孔件及大型回转体零件等的加工顺序	使用四爪单动卡盘加工较复杂零件、双线螺纹、偏心件、两拐曲轴、细长轴、薄壁件、深孔件及大型回转体零件等的加工顺序
	（三）工件定位与夹紧	1．能正确装夹薄壁、细长、偏心类工件； 2．能合理使用四爪单动卡盘、花盘及弯板装夹外形较复杂的简单箱体工件	1．定位夹紧的原理及方法； 2．车削时防止工件变形的方法； 3．复杂外形工件的装夹方法
	（四）刀具准备	1．能根据工件材料、加工精度和工作效率的要求，正确选择刀具的型式、材料及几何参数； 2．能刃磨梯形螺纹车刀、圆弧车刀等较复杂的车削刀具	1．车削刀具的种类、材料及几何参数的选择原则； 2．普通螺纹车刀、成型车刀的种类及刃磨知识

职业功能	工作内容	技能要求	相关知识
一、工艺准备	（五）设备维护保养	1. 能根据加工需要对机床进行调整； 2. 能在加工前对普通车床进行常规检查； 3. 能及时发现普通车床的一般故障	1. 普通车床的结构、传动原理及加工前的调整； 2. 普通车床常见的故障现象
二、工件加工	（一）轴类零件的加工	能车削细长轴并达到以下要求： 1. 长径比：$L/D \geqslant 25 \sim 60$； 2. 表面粗糙度：$Ra3.2\,\mu m$； 3. 公差等级：IT9； 4. 直线度公差等级：IT9～IT12	细长轴的加工方法
	（二）偏心件、曲轴的加工	能车削两个偏心的偏心件、两拐曲轴、非整圆孔工件，并达到以下要求： 1. 偏心距公差等级：IT9； 2. 轴颈公差等级：IT6； 3. 孔径公差等级：IT7； 4. 孔距公差等级：IT8； 5. 轴心线平行度：0.02/100 mm； 6. 轴颈圆柱度：0.013 mm； 7. 表面粗糙度：$Ra1.6\,\mu m$	1. 偏心件的车削方法； 2. 两拐曲轴的车削方法； 3. 非整圆孔工件的车削方法
	（三）螺纹、蜗杆的加工	1. 能车削梯形螺纹、矩形螺纹、锯齿形螺纹等； 2. 能车削双头蜗杆	1. 梯形螺纹、矩形螺纹及锯齿形螺纹的用途及加工方法； 2. 蜗杆的种类、用途及加工方法
	（四）大型回转表面的加工	能使用立车或大型卧式车床车削大型回转表面的内外圆锥面、球面及其他曲面工件	在立车或大型卧式车床上加工内外圆锥面、球面及其他曲面的方法
三、精度检验及误差分析	（一）高精度轴向尺寸、理论交点尺寸及偏心件的测量	1. 能用量块和百分表测量公差等级 IT9 的轴向尺寸； 2. 能间接测量一般理论交点尺寸； 3. 能测量偏心距及两平行非整圆孔的孔距	1. 量块的用途及使用方法； 2. 理论交点尺寸的测量与计算方法； 3. 偏心距的检测方法； 4. 两平行非整圆孔孔距的检测方法
	（二）内外圆锥检验	1. 能用正弦规检验锥度； 2. 能用量棒、钢球间接测量内、外锥体	1. 正弦规的使用方法及测量计算方法； 2. 利用量棒、钢球间接测量内、外锥体的方法与计算方法
	（三）多线螺纹与蜗杆的检验	1. 能进行多线螺纹的检验； 2. 能进行蜗杆的检验	1. 多线螺纹的检验方法； 2. 蜗杆的检验方法

表A-2　普通车工高级操作工技能鉴定要求

职业功能	工作内容	技能要求	相关知识
一、工艺准备	（一）读图与绘图	1. 能读懂多线蜗杆、减速器壳体、三拐以上曲轴等复杂畸形零件的工作图； 2. 能绘制偏心轴、蜗杆、丝杠、两拐曲轴的零件工作图； 3. 能绘制简单零件的轴测图； 4. 能读懂车床主轴箱、进给箱的装配图	1. 复杂畸形零件图的画法； 2. 简单零件轴测图的画法； 3. 读车床主轴箱、进给箱装配图的方法
	（二）制订加工工艺	1. 能制订简单零件的加工工艺规程； 2. 能制订三拐以上曲轴、有立体交叉孔的箱体等畸形、精密零件的车削加工顺序； 3. 能制订在立车或落地车床上加工大型、复杂零件的车削加工顺序	1. 简单零件加工工艺规程的制订方法； 2. 畸形、精密零件的车削加工顺序的制订方法； 3. 大型、复杂零件的车削加工顺序的制订方法
	（三）工件定位与夹紧	1. 能合理选择车床通用夹具、组合夹具和调整专用夹具； 2. 能分析计算车床夹具的定位误差； 3. 能确定立体交错两孔及多孔工件的装夹与调整方法	1. 组合夹具和调整专用夹具的种类、结构、用途和特点以及调整方法； 2. 夹具定位误差的分析与计算方法； 3. 立体交错两孔及多孔工件在车床上的装夹与调整方法
	（四）刀具准备	1. 能正确选用及刃磨群钻、机夹车刀等常用先进车削刀具； 2. 能正确选用深孔加工刀具，并能安装和调整； 3. 能在保证工件质量及生产效率的前提下延长车刀寿命	1. 常用先进车削刀具的用途、特点及刃磨方法； 2. 深孔加工刀具的种类及选择、安装、调整方法； 3. 延长车刀寿命的方法
	（五）设备维护保养	能判断车床的一般机械故障	车床常见机械故障及排除办法
二、工件加工	（一）套、深孔、偏心件、曲轴的加工	1. 能加工深孔并达到以下要求： (1) 长径比：$L/D \geqslant 10$； (2) 公差等级：IT8； (3) 表面粗糙度：$Ra3.2\ \mu m$； (4) 圆柱度公差等级：$\geqslant IT9$； 2. 能车削轴线在同一轴向平面内的三偏心外圆和三偏心孔，并达到以下要求： (1) 偏心距公差等级：IT9； (2) 轴径公差等级：IT6； (3) 孔径公差等级：IT8； (4) 对称度：0.15 mm； (5) 表面粗糙度：$Ra1.6\ \mu m$	1. 深孔加工的特点及深孔工件的车削方法、测量方法； 2. 偏心件加工的特点及三偏心工件的车削方法、测量方法
	（二）螺纹、蜗杆的加工	能车削三线以上蜗杆，并达到以下要求： (1) 精度：9级； (2) 节圆跳动：0.015 mm； (3) 齿面粗糙度：$Ra1.6\ \mu m$	多线蜗杆的加工方法

续表

职业功能	工作内容	技能要求	相关知识
二、工件加工	（三）箱体孔的加工	1. 能车削立体交错的两孔或三孔； 2. 能车削与轴线垂直且偏心的孔； 3. 能车削同内球面垂直且相交的孔； 4. 能车削两半箱体的同心孔； 以上4项均达到以下要求： （1）孔距公差等级：IT9； （2）偏心距公差等级：IT9； （3）孔径公差等级：IT9； （4）孔中心线相互垂直：0.05 mm/100 mm； （5）位置度：0.1 mm； （6）表面粗糙度：$Ra1.6\ \mu m$	1. 车削及测量立体交错孔的方法； 2. 车削与回转轴垂直且偏心的孔的方法； 3. 车削与内球面垂直且相交的孔的方法； 4. 车削两半箱体的同心孔的方法
三、精度检验及误差分析	复杂、畸形机械零件的精度检验及误差分析	1. 能对复杂、畸形机械零件进行精度检验； 2. 能根据测量结果分析产生车削误差的原因	1. 复杂、畸形机械零件精度的检验方法； 2. 车削误差的种类及产生原因

表A-3 普通车工技师操作工技能鉴定要求

职业功能	工作内容	技能要求	相关知识
一、工艺准备	（一）读图与绘图	1. 能根据实物或装配图绘制或拆画零件图； 2. 能绘制车床常用工装的装配图及零件图	1. 零件的测绘方法； 2. 根据装配图拆画零件图的方法； 3. 车床工装装配图的画法
	（二）制订加工工艺	1. 能编制典型零件的加工工艺规程； 2. 能对零件的车削工艺进行合理性分析，并提出改进建议	1. 典型零件加工工艺规程的编制方法； 2. 车削工艺方案合理性的分析方法及改进措施
	（三）工件定位与夹紧	1. 能设计、制作装夹薄壁、偏心工件的专用夹具； 2. 能对现有的车床夹具进行误差分析并提出改进建议	1. 薄壁、偏心工件专用夹具的设计与制造方法； 2. 车床夹具的误差分析及消减方法
	（四）刀具准备	能推广使用镀层刀具、机夹刀具、特殊形状及特殊材料刀具等新型刀具	新型刀具的种类、特点及应用
	（五）设备维护保养	1. 能进行车床几何精度及工作精度的检验； 2. 能分析并排除普通车床常见的气路、液路、机械故障	1. 车床几何精度及工作精度检验的内容和方法； 2. 排除普通车床液（气）路机械故障的方法
二、工件加工	（一）大型、精密轴类工件的加工	能车削精密机床主轴等大型、精密轴类工件	大型、精密轴类工件的特点及加工方法

职业功能	工作内容	技能要求	相关知识
二、工件加工	（二）偏心件、曲轴的加工	1．能车削三个偏心距相等且呈 120°分布的高难度偏心工件； 2．能车削六拐以上的曲轴 以上两项均达以下要求： （1）偏心距公差等级：IT9； （2）直径公差等级：IT6； （3）表面粗糙度：$Ra1.6\ \mu m$	1．高难度偏心工件的车削方法； 2．六拐曲轴的车削方法
	（三）复杂螺纹的加工	能在普通车床上车削渐厚蜗杆及不等距蜗杆	渐厚蜗杆及不等距蜗杆的加工方法
	（四）复杂套件的加工	能对 5 件以上的复杂套件进行零件加工和组装，并保证装配图上的技术要求	复杂套件的加工方法
三、精度检验及误差分析	误差分析	能根据测量结果分析产生误差的原因，并提出改进措施	车削加工中消除或减小加工误差的知识
四、培训指导	（一）指导操作	能指导本职业初、中、高级工进行实际操作	培训教学的基本方法
	（二）理论培训	能讲授本专业技术理论知识	
五、管理	（一）质量管理	1．能在本职工作中认真贯彻各项质量标准； 2．能应用全面质量管理知识，实现操作过程的质量分析与控制	1．相关质量标准 2．质量分析与控制方法
	（二）生产管理	1．能组织有关人员协同作业； 2．能协助部门领导进行生产计划、调度及人员的管理	生产管理基本知识

附录 B 常用公差表

表 B-1 常用标准公差数值表

基本尺寸		公 差 等 级													
尺寸范围 mm		IT5	IT6	IT7	IT8	IT9	IT10	IT11	IT12	IT13	IT14	IT15	IT16	IT17	IT18
>	≤	μm							mm						
3	6	5	8	12	18	30	48	75	0.12	0.18	0.30	0.48	0.75	1.2	1.8
6	10	6	9	15	22	36	58	90	0.15	0.22	0.36	0.58	0.90	1.5	2.2
10	18	8	11	18	27	43	70	110	0.18	0.27	0.43	0.70	1.10	1.8	2.7
18	30	9	13	21	33	52	84	130	0.21	0.33	0.52	0.84	1.30	2.1	3.3
30	50	11	16	25	39	62	100	160	0.25	0.39	0.62	1.00	1.60	2.5	3.9
50	80	13	19	30	46	74	120	190	0.30	0.46	0.74	1.20	1.90	3.0	4.6
80	120	15	22	35	54	87	140	220	0.35	0.54	0.87	1.40	2.20	3.5	5.4
120	180	18	25	40	63	100	160	250	0.40	0.63	1.00	1.60	2.50	4.0	6.3
180	250	20	29	46	72	115	185	290	0.46	0.72	1.15	1.85	2.90	4.6	7.2
250	315	23	32	52	81	130	210	320	0.52	0.81	1.30	2.10	3.20	5.2	8.1
315	400	25	36	57	89	140	230	360	0.57	0.89	1.40	2.30	3.60	5.7	8.9

表 B-2 轴的常用基本偏差（GB/1800.1—2009）（上偏差/下偏差 μm）

公称尺寸 /mm		公 差 带												
		f					g				h			
		公 差 等 级												
>	≤	5	6	7	8	9	4	5	6	7	5	6	7	8	9
10	14	−16	−16	−16	−16	−16	−6	−6	−6	−6	0	0	0	0	0
14	18	−24	−27	−34	−43	−59	−11	−14	−17	−24	−8	−11	−18	−27	−43
18	24	−20	−20	−20	−20	−20	−7	−7	−7	−7	0	0	0	0	0
24	30	−29	−33	−41	−53	−72	−13	−16	−20	−28	−9	−13	−21	−33	−52
30	40	−25	−25	−25	−25	−25	−9	−9	−9	−9	0	0	0	0	0
40	50	−36	−41	−50	−64	−87	−16	−20	−25	−34	−11	−16	−25	−39	−62
50	65	−30	−30	−30	−30	−30	−10	−10	−10	−10	0	0	0	0	0
65	80	−43	−49	−60	−76	−104	−18	−23	−29	−40	−13	−19	−30	−46	−74
80	100	−36	−36	−36	−36	−36	−12	−12	−12	−12	0	0	0	0	0
100	120	−51	−58	−71	−90	−123	−22	−27	−34	−47	−15	−22	−35	−54	87

续表

公称尺寸/mm		公差带													
		h			js								k		
		公差等级													
>	≤	10	11	12	5	6	7	8	9	10	11	12	4	5	6
10	14	0 / −70	0 / −110	0 / −180	±4	±5.5	±9	±13	±21	±35	±55	±90	+6 / +1	+9 / +1	+12 / +1
14	18	0 / −70	0 / −110	0 / −180	±4	±5.5	±9	±13	±21	±35	±55	±90	+6 / +1	+9 / +1	+12 / +1
18	24	0 / −84	0 / −130	0 / −210	±4.5	±6.5	±10	±16	±26	±42	±65	±105	+8 / +2	+11 / +2	+15 / +2
24	30	0 / −84	0 / −130	0 / −210	±4.5	±6.5	±10	±16	±26	±42	±65	±105	+8 / +2	+11 / +2	+15 / +2
30	40	0 / −100	0 / −160	0 / −250	±5.5	±8	±12	±19	±31	±50	±80	±125	+9 / +2	+13 / +2	+18 / +2
40	50	0 / −100	0 / −160	0 / −250	±5.5	±8	±12	±19	±31	±50	±80	±125	+9 / +2	+13 / +2	+18 / +2
50	65	0 / −120	0 / −190	0 / −300	±6.5	±9.5	±15	±23	±37	±60	±95	±150	+10 / +2	+15 / +2	+21 / +2
65	80	0 / −120	0 / −190	0 / −300	±6.5	±9.5	±15	±23	±37	±60	±95	±150	+10 / +2	+15 / +2	+21 / +2
80	100	0 / −140	0 / −220	0 / −350	±7.5	±11	±17	±27	±43	±70	±110	±175	+13 / +3	+18 / +3	+25 / +3
100	120	0 / −140	0 / −220	0 / −350	±7.5	±11	±17	±27	±43	±70	±110	±175	+13 / +3	+18 / +3	+25 / +3

表 B-3　孔的常用基本偏差（GB/1800.1-2009）（上偏差/下偏差　μm）

公称尺寸/mm		公差带													
		F				G			H						
		公差等级													
>	≤	6	7	8	9	5	6	7	5	6	7	8	9	10	11	12
10	14	+27 / +16	+34 / +16	+43 / +16	+59 / +16	+14 / +6	+17 / +6	+24 / +6	+8 / 0	+11 / 0	+18 / 0	+27 / 0	+43 / 0	+70 / 0	+110 / 0	+180 / 0
14	18	+27 / +16	+34 / +16	+43 / +16	+59 / +16	+14 / +6	+17 / +6	+24 / +6	+8 / 0	+11 / 0	+18 / 0	+27 / 0	+43 / 0	+70 / 0	+110 / 0	+180 / 0
18	24	+33 / +20	+41 / +20	+53 / +20	+72 / +20	+16 / +7	+20 / +7	+28 / +7	+9 / 0	+13 / 0	+21 / 0	+33 / 0	+52 / 0	+84 / 0	+130 / 0	+210 / 0
24	30	+33 / +20	+41 / +20	+53 / +20	+72 / +20	+16 / +7	+20 / +7	+28 / +7	+9 / 0	+13 / 0	+21 / 0	+33 / 0	+52 / 0	+84 / 0	+130 / 0	+210 / 0
30	40	+41 / +25	+51 / +25	+64 / +25	+87 / +25	+20 / +9	+25 / +9	+34 / +9	+11 / 0	+16 / 0	+25 / 0	+39 / 0	+62 / 0	+100 / 0	+160 / 0	+250 / 0
40	50	+41 / +25	+51 / +25	+64 / +25	+87 / +25	+20 / +9	+25 / +9	+34 / +9	+11 / 0	+16 / 0	+25 / 0	+39 / 0	+62 / 0	+100 / 0	+160 / 0	+250 / 0
50	65	+49 / +30	+60 / +30	+76 / +30	+104 / +30	+23 / +10	+29 / +10	+40 / +10	+13 / 0	+19 / 0	+30 / 0	+46 / 0	+74 / 0	+120 / 0	+190 / 0	+300 / 0
65	80	+49 / +30	+60 / +30	+76 / +30	+104 / +30	+23 / +10	+29 / +10	+40 / +10	+13 / 0	+19 / 0	+30 / 0	+46 / 0	+74 / 0	+120 / 0	+190 / 0	+300 / 0
80	100	+58 / +36	+71 / +36	+90 / +36	+123 / +36	+27 / +12	+34 / +12	+47 / +12	+15 / 0	+22 / 0	+35 / 0	+54 / 0	+87 / 0	+140 / 0	+220 / 0	+305 / 0
100	120	+58 / +36	+71 / +36	+90 / +36	+123 / +36	+27 / +12	+34 / +12	+47 / +12	+15 / 0	+22 / 0	+35 / 0	+54 / 0	+87 / 0	+140 / 0	+220 / 0	+305 / 0

公称尺寸 /mm		公差带											
		JS								K			
		公差等级											
>	≤	5	6	7	8	9	10	11	12	4	5	6	7	8
10	14	±4	±5.5	±9	±13	±21	±35	±55	±90	+1 −4	+2 −6	+2 −9	+6 −12	+8 −19
14	18													
18	24	±4.5	±6.5	±10	±16	±26	±42	±65	±105	+0 −6	+1 −8	+2 −11	+6 −15	+10 −23
24	30													
30	40	±5.5	±8	±12	±19	±31	±50	±80	±125	+1 −6	+2 −9	+3 −13	+7 −18	+12 −27
40	50													
50	65	±6.5	±9.5	±15	±23	±37	±60	±95	±150	+1 −7	+3 −10	+4 −15	+9 −21	+14 −32
65	80													
80	100	±7.5	±11	±17	±27	±43	±70	±110	±175	+1 −9	+2 −13	+4 −18	+10 −25	+16 −38
100	120													

附录 C　常用丝杆的大径、中径和小径公差（mm）

螺距 P	公称直径 D	极限偏差					
		大径 d		中径 d_2		小径 d_1	
		上偏差	下偏差	上偏差	下偏差	上偏差	下偏差
mm	mm						
6	30～42	0	−300	−56	−522	0	−635
	44～60				−550		−646
	65～80				−572		−665
	120～1500				−585		−720
8	44～60	0	−400	−67	−620	0	−758
	65～80				−656		−765
	160～190				−682		−830
10	30～42	0	−550	−75	−650	0	−820
	44～60				−686		−854
	65～80				−710		−865
	200～220				−738		−900
12	30～42	0	−600	−82	−754	0	−892
	44～60				−772		−948
	65～80				−789		−955
	85～110				−800		−978
16	44～80	0	−800	−93	−877	0	−1108
	85～110				−920		−1135
	120～170				−970		−1190

附录 D　常用普通螺纹公差表

表 D-1　普通螺纹的基本偏差和顶径公差（摘自 GB/T 197—2003）

基本大径 D/mm		螺距	内螺纹中径公差 TD2					外螺纹中径 Td2						
			公差等级					公差等级						
>	≤	P/mm	4	5	6	7	8	3	4	5	6	7	8	9
5.6	11.2	0.75	85	106	132	170	—	50	63	80	100	125	—	—
		1	95	118	150	190	236	56	71	90	112	140	180	224
		1.25	100	125	160	200	250	60	75	95	118	150	190	236
		1.5	112	140	180	224	280	67	85	106	132	170	212	295
11.2	22.4	1	100	125	160	200	250	60	75	95	118	150	190	236
		1.25	112	140	180	224	280	67	85	106	132	170	212	265
		1.5	118	150	190	236	300	71	90	112	140	180	224	280
		1.75	125	160	200	250	315	75	95	118	150	190	236	300
		2	132	170	212	265	335	80	100	125	160	200	250	315
		2.5	140	180	224	280	355	85	106	132	170	212	265	335
22.4	45	1	106	132	170	212	—	63	80	100	125	160	200	250
		1.5	125	160	200	250	315	75	95	118	150	190	236	300
		2	140	180	224	280	355	85	106	132	170	212	265	335
		3	170	212	265	335	425	100	125	160	200	250	315	400

表 D-2　常用普通螺纹的中径公差（摘自 GB/T 197—2003）

螺距 P/mm	内螺纹的基本偏差 EI		外螺纹的基本偏差 es				内螺纹小径公差 TD1					外螺纹大径公差 Td1		
							公差等级					公差等级		
	G	H	e	f	g	h	4	5	6	7	8	4	5	6
1	+26		−60	−40	−26		150	190	236	300	375	112	180	280
1.25	+28		−63	−42	−28		170	212	265	335	425	132	212	335
1.5	+32		−67	−45	−32		190	236	300	375	485	150	236	375
1.75	+34	0	−71	−48	−34	0	212	265	335	425	530	170	265	425
2	+38		−71	−52	−38		236	300	375	475	600	180	280	450
2.5	+42		−80	−58	−34		280	355	450	560	710	212	335	530
3	+48		−85	−63	−48		315	400	500	630	800	236	375	600

附录 E　常用圆锥公差表

表 E-1　圆锥角公差数值（摘自 GB/T 11334—2005）

基本圆锥长度 L/mm		圆锥角公差等级					
		AT4			AT5		
		ATα		ATD	ATα		ATD
>	≤	μrad	角度公差	长度公差　μm	μrad	角度公差	长度公差　μm
16	25	125	26″	>2.0～3.2	200	41″	>3.2～5.0
25	40	100	21″	>2.5～4.0	160	33″	>4.0～6.3
40	63	80	16″	>3.2～5.0	125	26″	>5.0～8.0
63	100	63	13″	>4.0～6.3	100	21″	>6.3～10.0
100	160	50	10″	>5.0～8.0	80	16″	>8.0～12.5

基本圆锥长度 L/mm		圆锥角公差等级					
		AT6			AT7		
		ATα		ATD	ATα		ATD
>	≤	μrad	角度公差	长度公差　μm	μrad	角度公差	长度公差　μm
16	25	315	1′ 05″	>5.0～8.0	500	1′ 43″	>8.0～12.5
25	40	250	52″	>6.3～10.0	400	1′ 22″	>10.0～16.0
40	63	200	41″	>8.0～12.5	315	1′ 05″	>12.5～20.0
63	100	160	33″	>10.0～16.0	250	52″	>16.0～25.0
100	160	125	26″	>12.5～20.2	200	41″	>20.0～32.0

基本圆锥长度 L/mm		圆锥角公差等级					
		AT6			AT7		
		ATα		ATD	ATα		ATD
>	≤	μrad	角度公差	长度公差　μm	μrad	角度公差	长度公差　μm
16	25	800	2′ 45″	>12.5～20.0	1250	4′ 18″	>20～32
25	40	630	2′ 10″	>16.0～20.5	1000	3′ 26″	>25～40
40	63	500	1′ 43″	>20.0～30.0	800	2′ 45″	>32～50
63	100	400	1′ 22″	>25.0～40.0	630	2′ 10″	>40～63
100	160	315	1′ 05″	>32.0～50.0	500	1′ 43″	>50～80

注：圆锥角公差两种形式：

1. ATα 以角度单位（μrad、°、′、″）表示圆锥角公差值（1 μrad 等于半径为 1 m、弧长为 1 μm 所产生的角度，5 μrad≈1″，300 μrad≈1′）。

2. ATD 以线值单位（μm）表示圆锥角公差值。在同一圆锥长度内，ATD 值有两个，分别对应于 L 的最大值和最小值。

表 E-2　莫氏圆锥精度与尺寸

圆锥号数		锥度 C=2tan(α/2)	锥角 α	锥角偏差	大端直径	
					外锥体	内锥体
莫氏	0	1：19.212=0.052 05	2°58′54″	±120″	9.212	9.045
	1	1：20.047=0.049 88	2°51′26″	±120″	12.240	12.065
	2	1：20.020=0.049 95	2°51′41″	±120″	17.98	17.780
	3	1：19.922=0.050 20	2°52′32″	±100″	24.051	23.825
	4	1：19.254=0.051 94	2°58′31″	±100″	31.542	31.267
	5	1：19.002=0.052 63	3°00′53″	±80″	44.731	44.899
	6	1：19.180=0.052 14	2°59′12″	±70″	63.760	63.348

注：1.　莫氏锥度目前在钻头及铰刀的锥柄、车床零件等应用较多。

表 E-3　公制圆锥精度与尺寸

圆锥号数		锥度 C=2tan（α/2）	锥角 α	锥角偏差	大端直径
公制	4	1：20=0.05	2°51′51″	1°25′56″	4
	6	1：20=0.05	2°51′51″	1°25′56″	6
	80	1：20=0.05	2°51′51″	1°25′56″	80
	100	1：20=0.05	2°51′51″	1°25′56″	100
	120	1：20=0.05	2°51′51″	1°25′56″	120
	160	1：20=0.05	2°51′51″	1°25′56″	160
	200	1：20=0.05	2°51′51″	1°25′56″	200

注：1.公制圆锥号数表示圆锥的大端直径，如 80 号公制圆锥，它的大端直径即为 80 mm。

参考文献

［1］国家职业资格培训教程《车工》［M］　劳动和社会保障部、中国就业培训技术指导中心中国劳动社会保障出版社.

［2］技师培训教材《车工》［M］　机械工业技师考评培训教材编审委员会. 机械工业出版社

［3］全国技工学校机械类通用教材《车工工艺学》［M］. 中国劳动出版

［4］尚德香.机械制造工艺学［M］. 吉林：延边大学出版社，1987.

［5］机械制造实习［M］. 北京：清华大学出版社》2009.

［6］韦富基. 零件铣磨钳焊加工［M］. 北京：北京理工大学出版社 2011.